JIS Z 3410（ISO 14731）/WES 8103

特別級・1級

筆記試験問題と解答例

―2024年度版実題集―

（2019年春～2023年春実施分）

産報出版

まえがき

WES 8103による溶接技術者資格認定制度は1972年より認証が開始され，2001年にISO 3834およびISO 14731がJIS化（JIS Z 3400およびJIS Z 3410の制定）されたのに伴い，名称も溶接技術者から「溶接管理技術者」に変わりました。

いまやこのJIS Z 3410（ISO 14731）/WES8103資格は建築鉄骨，橋梁，圧力容器，造船，海洋構造物，重機械，化学プラント，発電設備等エネルギー施設など，あらゆる産業分野における溶接関係者必須のものとなっています。最近では工場認証あるいは官公庁における工事発注の際の要求事項として，WES 8103認証者の保有や常駐が要請されるケースも増えてきており，まさに社会に完全に定着した溶接資格といえるでしょう。

毎年春と秋の年2回，JIS Z 3410（ISO 14731）/WES8103に基づく「溶接管理技術者評価試験」が行われていますが，日本溶接協会の機関誌「溶接技術」では，この評価試験が行われるつど，実際に出題された筆記試験問題と解答例を速報の形で掲載していますが，本書は【特別級・1級】試験をとりまとめ全一冊にしたものです。

【特別級・1級】試験問題は2級の試験とは異なって，記述式問題が中心となっており，過去に出題された問題を知り，その対策を練ることは合格へのより近道となります。本書は実題集ということで，受験者にとっては評価試験の傾向を知る絶好の手引き書となっています。

この実題集によって一人でも多くの合格者が誕生し，全国各地で溶接管理技術者資格をもつ方々が活躍することを願ってやみません。

2023年12月

産報出版

目次

第1部　1級試験問題編

● 2023年6月4日出題　●実題問題 …………………… 6／【解答例】… 21
● 2022年11月6日出題　●実題問題 …………………… 28／【解答例】… 42
● 2022年6月5日出題　●実題問題 …………………… 49／【解答例】… 64
● 2021年11月7日出題　●実題問題 …………………… 72／【解答例】… 87
● 2021年6月6日出題　●実題問題 …………………… 94／【解答例】… 104
● 2020年11月1日出題　●実題問題 ……………… 113／【解答例】… 128
● 2019年11月3日出題　●実題問題 ……………… 136／【解答例】… 149
● 2019年6月9日出題　●実題問題 ……………… 156／【解答例】… 168

第2部　特別級試験問題編

● 2023年6月4日出題　●実題問題 ……………… 178／【解答例】… 189
● 2022年11月6日出題　●実題問題 ……………… 205／【解答例】… 217
● 2022年6月5日出題　●実題問題 ……………… 233／【解答例】… 245
● 2021年11月7日出題　●実題問題 ……………… 263／【解答例】… 273
● 2021年6月6日出題　●実題問題 ……………… 287／【解答例】… 298
● 2020年11月1日出題　●実題問題 ……………… 315／【解答例】… 326
● 2019年11月3日出題　●実題問題 ……………… 341／【解答例】… 352
● 2019年6月9日出題　●実題問題 ……………… 368／【解答例】… 379

※ 2020年度前期　1級・特別級試験問題掲載に関しまして

新型コロナウイルス感染症の拡大防止のため，2020年度前期 溶接管理技術者評価試験（筆記試験：2020年6月7日）は中止となりました。

そのため，本書には同試験問題を掲載しておりません。ご了承のほどよろしくお願い申し上げます。

JIS Z 3410（ISO 14731）/WES 8103

第1部

1級試験問題編

●2023年6月4日出題●

1級試験問題

問題1． ソリッドワイヤを用いるマグ溶接に関する次の各問いにおいて，正しい選択肢の記号に○印をつけよ。ただし，正答の選択肢は1つだけとは限らない。

(1) 他の溶接法との比較で正しいのはどれか。

イ．被覆アーク溶接に比べて，風の影響を受けにくい。

ロ．被覆アーク溶接に比べて，磁気吹きが発生しにくい。

ハ．サブマージアーク溶接に比べて，大電流が使用できる。

ニ．サブマージアーク溶接に比べて，溶接姿勢の制限が少ない。

(2) 一般に使用する溶接機器について正しいのはどれか。

イ．溶接電流の変化に応じてワイヤ送給速度をフィードバック制御する。

ロ．定電流特性溶接電源の適用によりアーク長を一定に保つことができる。

ハ．インバータ制御電源はサイリスタ制御電源に比べて細かい電流制御が可能となる。

ニ．ワイヤ径1.0mm以下の細径ワイヤや軟質ワイヤではプッシュ式送給装置を用いてワイヤの座屈を防止する。

(3) シールドガスに100%炭酸ガスを用いるマグ溶接について正しいのはどれか。

イ．低電流・低電圧域では短絡移行となる。

ロ．中電流・中電圧域ではCO_2の解離による発熱によりドロップ移行となる。

ハ．大電流・高電圧域ではスプレー移行となる。

ニ．大電流・高電圧域では大粒で大量のスパッタが発生しやすい。

(4) パルスマグ溶接について正しいのはどれか。

イ．ベース期間中に短絡移行となるようにベース電流を設定する。

ロ．1パルス1溶滴移行となるようにパルス電流とパルス期間を設定する。

ハ．溶滴移行形態はスプレー(プロジェクト）移行となる。

ニ．シナジックパルス溶接ではパルス（ピーク）電流のみを変化させることで入熱制御が可能となる。

(5) ワイヤの溶融現象について正しいのはどれか。

イ．ワイヤの溶融量はアーク発熱によるものとワイヤ突出し部での抵抗発熱によるものとの和で与えられる。

ロ．アーク発熱によるワイヤ溶融量は溶接電流の2乗に比例する。

ハ．抵抗発熱によるワイヤ溶融量は溶接電流に比例する。

ニ．溶滴の離脱には電磁的ピンチ効果が大きく影響する。

問題2． 次の文章は溶接アークについて述べたものである。文章中の（　　）内に適切な言葉を入れよ。

(1) アークは，中性粒子と荷電粒子とで構成された導電性を持つ（①　　）である。

(2) アーク電圧は，陽極近傍での陽極降下電圧と陰極近傍での陰極降下電圧，及び中間部分での（②　　）電圧からなっている。

(3) 大電流域では溶接電流の増加に伴ってアーク電圧は（③　　）する。

(4) Arに代えて熱損出の大きいHeをシールドガスに用いると，アーク電圧は（④　　）なる。

(5) アークで発生する単位時間当たりの熱エネルギー(供給電力)のうち，実際に母材へ投入されるエネルギーの比率をアークの（⑤　　）という。

(6) 電磁力が作用してアーク柱の断面を収縮させる。このような作用を（⑥　　）効果という。

(7) アークは冷却作用を受けると断面を収縮させ，熱損失を抑制しようとする。このような作用を（⑦　　）効果という。

(8) 電極近傍と母材表面とでは，電流密度の違いから大きな圧力差が生じる。この圧力差によって形成される気流を（⑧　　）気流という。

(9) 母材端部等では，アークが偏向することがある。この現象をアークの（⑨　　）という。

(10) 設問(9)の防止対策としては，母材への（⑩　　）接続位置の工夫，母材やジグの脱磁処理などがある。

問題３． ティグ溶接ついて，次の各問いに答えよ。

(1) 次のティグ溶接の起動方法の短所をそれぞれ１つ記せ。

高周波高電圧方式：

電極接触方式：

(2) 次のパルスティグ溶接の効果をそれぞれ１つ記せ。

低周波パルス

（パルス周波数：20Hz程度以下）：

中周波パルス

（パルス周波数：100Hz ～ 500Hz程度）：

問題４． レーザ溶接・切断に関する次の各問いにおいて，正しい選択肢の記号に○印をつけよ。ただし，正答の選択肢は１つだけとは限らない。

(1) レーザ光の特徴で正しいものはどれか。

イ．波長と位相が揃っている

ロ．波長とパルス周期が揃っている

ハ．白色性と集光性に優れている

ニ．集光性と指向性に優れている

(2) 鉄鋼材料に利用される主なレーザはどれか。

イ．青色レーザ（波長：445nm）

ロ．ルビーレーザ（波長：694nm）

ハ．ファイバーレーザ（波長：1.06 μm）

ニ．CO_2レーザ（波長：10.6 μm）

(3) レーザの伝送に使用されるのはどれか。

イ．ミラー

ロ．光ファイバ

ハ．コンジットケーブル

ニ．ノズル

(4) レーザ溶接の長所はどれか。

イ．材料の種類や表面状態の影響を受けない

ロ．エネルギー密度が低く，入熱が大きい

ハ．熱影響部幅が狭く母材の劣化が少ない

ニ．溶接ひずみや変形が少ない

(5) レーザ溶接の短所はどれか。

イ．磁場の影響を受けやすい

ロ．特別な安全対策が必要

ハ．高真空での施工が必要

ニ．開先の高精度な加工が必要

問題５．　調質高張力鋼とTMCP鋼に関する次の各問いに答えよ。

(1) 調質高張力鋼はどのような熱処理を施した鋼材か。

(2) TMCP鋼の製造方法について，従来の製造法と比較して述べよ。

(3) TMCP鋼の溶接性は，同強度レベルの非調質高張力鋼よりも優れている。その理由を述べよ。

問題６．　鋼アーク溶接部の組織と特性について，次の各問いに答えよ。

(1) 下表は低炭素鋼アーク溶接熱影響部の各領域の最高加熱温度と特徴をまとめたものである。表中①～③の領域の組織と機械的性質の特徴を述べよ。

<table>
<tr><th colspan="2">名　称</th><th>加熱温度範囲</th><th>特　徴</th></tr>
<tr><td rowspan="3">完全変態域</td><td>粗粒域</td><td>1250℃～溶融温度</td><td>①</td></tr>
<tr><td>混粒域</td><td>1100℃～1250℃</td><td>粗粒域と細粒域の中間の組織で，機械的性質もほぼ中間的な特徴を有する</td></tr>
<tr><td>細粒域</td><td>900℃～1100℃</td><td>②</td></tr>
<tr><td colspan="2">部分変態域
（二相加熱域）</td><td>750℃～900℃</td><td>③</td></tr>
<tr><td colspan="2">未変態域</td><td>750℃以下</td><td>組織は母材と同じで，機械的性質も母材とほぼ同等</td></tr>
</table>

①

②

③

(2) 熱影響部の最高硬さに及ぼす鋼の化学成分の影響を表す指標は何とよばれるか。

(3) 前問 (2) の値に上限が規定されることがある。上限を超えると，どのような問題が生じると懸念されるか，２項目記せ。

項目１：

項目２：

問題７．　溶接部の特性に関する次の各問いにおいて，正しい選択肢の番号に○印をつけよ。ただし，正答の選択肢は１つだけとは限らない。

(1) 溶込み率（希釈率）に関して，正しいのはどれか。

イ．溶込み率は，「溶込み深さ÷余盛高さ」で定義される

ロ．溶接入熱が大きくなると，溶込み率は大きくなる

ハ．溶接金属の組成は，溶込み率が小さくなると溶着金属組成に近くなる

ニ．溶込み率が大きくなると，冷却速度も大きくなる

(2) 溶接部の冷却について正しい記述はどれか。

イ．溶接入熱が大きくなると，溶接部の冷却は速くなる

ロ．予熱・パス間温度が高くなると，溶接部の冷却は速くなる

ハ．板厚が厚くなるほど，溶接部の冷却は速くなる

ニ．溶接部の冷却速度は，継手形式に依存しない

(3) 低温割れについて正しいのはどれか。

イ．防止策として予熱及び直後熱が有効である

ロ．割れの主要因は酸素である

ハ．約300℃以下で生じる

ニ．フェライト系ステンレス鋼では生じない

(4) 再熱割れについて正しいのはどれか。

イ．低融点不純物の液化によって粒界に生じる

ロ．溶融金属の凝固過程で溶接金属内に発生する

ハ．組成パラメータΔGやP_{SR}が大きい鋼材で発生しやすい

ニ．溶接後熱処理（PWHT）時に発生する

(5) マグ溶接において，溶接ワイヤとシールドガスとの組合せで正しい記述はどれか。

イ．混合ガス（アルゴン＋炭酸ガス）用の溶接ワイヤを100%炭酸ガスを用いて溶接した場合，溶接金属のSiとMn量が少なくなり，静的強さが低下する

ロ．混合ガス（アルゴン＋炭酸ガス）用の溶接ワイヤを100%炭酸ガスを用いて溶接した場合，溶接金属のSiとMn量が多くなり，静的強さが上昇する

ハ．100%炭酸ガス用の溶接ワイヤを混合ガス（アルゴン＋炭酸ガス）を用いて溶接した場合，溶接金属のSiとMn量が少なくなり，静的強さが低下する

ニ．100%炭酸ガス用の溶接ワイヤを混合ガス（アルゴン＋炭酸ガス）を用いて溶接した場合，溶接金属のSiとMn量が多くなり，静的強さが上昇する

問題8．　オーステナイト系ステンレス鋼の溶接に関する次の各問いに答えよ。

(1) 溶接金属に発生する凝固割れの発生機構を説明せよ。また，凝固割れの防止策を2つ挙げよ。

発生機構：

防止策１：

防止策２：

(2) ナイフラインアタックとはどのような現象か説明せよ。また，その防止策を１つ挙げよ。

現象：

防止策：

問題９． 軟鋼広幅平板の突合せ溶接継手の残留応力について，次の各問いに答えよ。

(1) x 軸上における，溶接線方向（y 方向）の残留応力 σ_y の分布を概略的に描け。

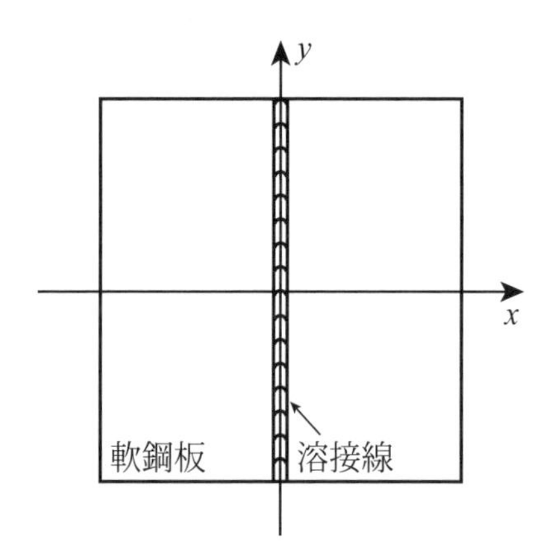

(2) 溶接線近傍の残留応力 σ_y の最大値はどの程度の大きさか。

(3) 溶接入熱が大きくなると，引張残留応力の最大値，及び引張残留応力の生じる範囲はどうなるか。

・引張残留応力の最大値：

・引張残留応力の生じる範囲：

(4) 残留応力の影響を受けやすい損傷形態を２つ挙げよ。

損傷形態１：

損傷形態２：

問題10.　溶接継手のぜい性破壊に関する次の各問いにおいて，正しい選択肢の記号に○印をつけよ。ただし，正答の選択肢は1つだけとは限らない。

(1) ぜい性破壊の特徴はどれか。

イ．低温で生じやすく，発生すると急速に伝播する

ロ．高温で長時間，一定荷重に保持された場合に発生しやすい

ハ．長時間の変動荷重下で発生しやすい

ニ．大きな塑性変形を伴う

(2) ぜい性破面の特徴はどれか。

イ．粒状にキラキラとした光沢がある

ロ．破面は平坦で，光沢がほとんどない

ハ．シェブロンパターン（山形模様）がみられる

ニ．ビーチマーク（貝殻模様）がみられる

(3) ぜい性破壊が生じる負荷応力条件はどれか。

イ．負荷応力が降伏応力以下では生じない

ロ．負荷応力が降伏応力以下でも生じる

ハ．負荷応力が降伏応力に達したときに生じる

ニ．負荷応力が引張強さに達したときに生じる

(4) ぜい性破壊源となりやすい溶接欠陥はどれか。

イ．ポロシティ

ロ．溶接割れ

ハ．スラグ巻込み

ニ．未溶着部

(5) 溶接継手が溶接線直角方向に負荷を受けるとき，ぜい性破壊強度を低下させる要因はどれか。

イ．溶接線方向の引張残留応力

ロ．溶接線方向の圧縮残留応力

ハ．角変形

ニ．縦収縮

問題11.　図のような同条件の完全溶込み溶接で作製された広幅溶接継手①と②があり，矢印方向に繰返し荷重を受けるときの疲労強度について考える。なお，両継手とも，余盛は残したままとなっている。次の各問いに答えよ。

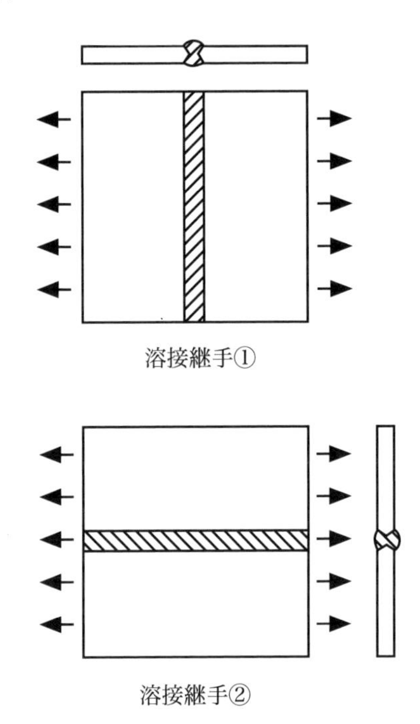

溶接継手①

溶接継手②

(1)　溶接継手①と溶接継手②を比較すると，一般にどちらの疲労強度が低いか。また，その理由を述べよ。

・疲労強度が低い方の継手：

・理由

(2)　溶接継手①において，母材が軟鋼の場合と高張力鋼の場合を比較すると，疲労強度の大小関係は次のどれか。正しい選択肢の記号に○印をつけよ。

イ．軟鋼継手の疲労強度＞高張力鋼継手の疲労強度

ロ．軟鋼継手の疲労強度≒高張力鋼継手の疲労強度

ハ．軟鋼継手の疲労強度＜高張力鋼継手の疲労強度

(3) 設問 (2) の解答の理由を述べよ。

問題12. 下図に示すように，床鋼板に鋼製ピースを全周すみ肉溶接で取り付ける。すみ肉溶接のサイズ S は，鋼構造設計規準に従って最小の寸法に設定する。溶接部に働く曲げモーメントは考えないものとして，継手の許容最大荷重 P を解答手順に従って求めよ。ただし，母材の降伏点は240N/mm^2，引張強さは440N/mm^{2}であり，許容引張応力は降伏点の2/3又は引張強さの1/2の小さい方とし，許容せん断応力は許容引張応力の60%で，$1/\sqrt{2}=0.7$ とする。

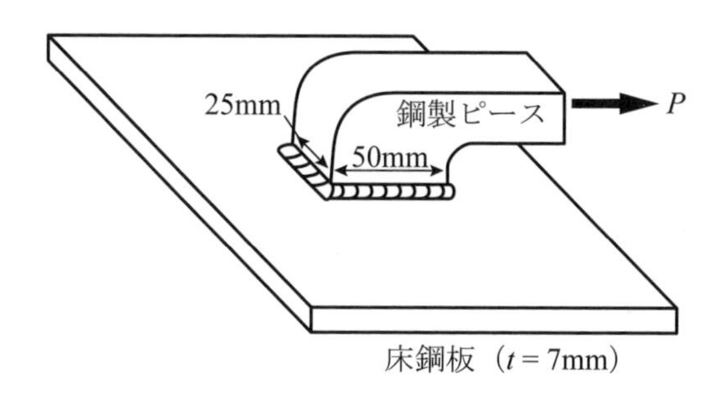

(1) 鋼構造設計規準によると，「すみ肉のサイズ S は，薄い方の母材厚さ t_1 以下でなければならない。また，板厚が6 mmを超える場合は，サイズ S は4 mm以上でかつ $1.3\sqrt{t_2}$（mm）以上でなければならない。ここで，t_2 は厚い方の母材厚さ。」となっている。これより，サイズ S は

①（　　）mm $\leqq S \leqq$ ②（　　）mm（小数点1位まで求める）

を満たす必要があり，鋼構造設計規準に従う最小サイズ S は，③（　　）mmとなる。

(2) このすみ肉溶接ののど厚は，小数点2位以下を切り捨てると，④（　　）mmとなる。

(3) 有効溶接長さは⑤（　　）mmなので，力を伝える有効のど断面積は⑥（　　）mm^{2}となる。

(4) すみ肉溶接なので，継手の許容応力は，⑦（　　）N/mm^2である。

(5) したがって，溶接継手の許容最大荷重Pは，⑧（　　）kNとなる。(小数点1位まで求める)

問題13.　品質に関する次の各問いにおいて，正しい選択肢の記号に○印をつけよ。ただし，正答の選択肢は1つだけとは限らない。

(1) PDCAサイクルにおいて，文字Cが表しているのはどれか。

イ．結果の修正

ロ．計画の立案

ハ．計画の実行

ニ．結果の検証

(2) 品質管理・品質保証における日本的なアプローチの特徴を示している組合せはどれか。

イ．マニュアル主義，契約社会

ロ．顧客の要求先取り，トップダウン

ハ．顧客の要求先取り，ボトムアップ

ニ．供給者の立場，購入者に保証

(3) 品質管理・品質保証における欧米的なアプローチの特徴を示している組合せはどれか。

イ．マニュアル主義，契約社会

ロ．契約重視，トップダウン

ハ．契約重視，ボトムアップ

ニ．供給者の立場，購入者に保証

(4) 購入者によって提供された技術データを製造業者が確認することを表す言葉はどれか。

イ．トレーサビリティ

ロ．プロセス

ハ．ドキュメント

ニ．レビュー

(5) JIS Z 3400：2013「金属材料の融接に関する品質要求事項」の附属書Ａに記載されている要素に含まれるものはどれか。

イ．設備の発注

ロ．母材の保管

ハ．不適合及び是正処置

ニ．工具の貸し出し

問題14. 板厚50mmの調質高張力鋼SM570Qをアーク溶接する場合，低温割れ発生防止のための溶接施工上の留意事項を５つ挙げよ。

項目１：

項目２：

項目３：

項目４：

項目５：

問題15. サブマージアーク溶接で厚板高張力鋼を突合せ溶接する場合のタック溶接作業について，次の各問いに答えよ。

(1) タック溶接の目的は何か。

(2) どのような溶接材料を使用すべきか。

(3) 予熱温度はどうすべきか。

(4) ビード長さはどの程度とすべきか。

(5) どのような溶接技能者が実施すべきか。

問題16. 鋼構造物の溶接施工時に割れが発生した。溶接割れ原因の推定のために，溶接管理技術者として実施すべきことを５つ挙げよ。

項目１：

項目２：

項目３：

項目４：

項目５：

問題17.　鋼溶接部に対して内部欠陥を検出する非破壊試験方法について，下表の通り比較した。空欄を埋めて下表を完成させよ。

試験方法	放射線透過試験（RT）	超音波探傷試験（UT）
適用する規格	JIS Z 3104	JIS Z 3060
検出方法とその特徴	透過法であり，試験体の両面に機器を設置する必要がある。	
検出しやすい欠陥の種類		
得られる欠陥の位置情報		溶接線方向の位置及び長さ，並びに横断面の位置（表面からの深さと溶接中心線からの距離）。
欠陥評価の方法	フィルム上で観察される欠陥像の種別，大きさなどにより評価する。	

問題18.　溶接部の非破壊試験に関する次の各問いにおいて，正しい選択肢の記号に○印をつけよ。ただし，正答の選択肢は１つだけとは限らない。

(1) 外観試験の対象となる欠陥はどれか。

イ．パス間の融合不良

ロ．アンダカット

ハ．目違い

ニ．ブローホール

(2) 高張力鋼溶接部の磁粉探傷試験において，一般に用いられる磁化方法はどれか。

イ．コイル法

ロ．プロッド法

ハ．極間法

ニ．通電法

(3) 鋼溶接部の磁粉探傷試験を実施する場合に，標準試験片を用いてあらかじめ把握しておく必要があるのはどれか。

イ．検出可能な割れの最小寸法

ロ．磁化力の強さ

ハ．漏洩磁束密度の大きさ

ニ．探傷有効範囲

(4) 溶剤除去性染色浸透液を用いる浸透探傷試験において，浸透処理を行ったあと表面の余分な浸透液を取り除くための，適切な除去処理はどれか。

イ．溶剤を試験体表面に塗布して，しばらく放置したあと試験体表面をふき取る

ロ．溶剤スプレーを試験体表面に吹き付けたあと，すぐに試験体表面を乾燥させる

ハ．試験体表面に溶剤の薄膜ができるようにして，しばらく放置してからふき取る

ニ．溶剤をつけたウエスを用いて試験体表面をふき取る

(5) 磁粉探傷試験と比較して浸透探傷試験の利点はどれか。

イ．表層部の欠陥も検出できる

ロ．非鉄金属にも適用できる

ハ．より微細な欠陥が検出できる

ニ．線状欠陥の方向の影響を受けない

問題19.　溶接作業における安全衛生に関する次の各問いにおいて，正しい選択肢の記号に○印をつけよ。ただし，正答の選択肢は１つだけとは限らない。

(1) 光により生じる障害はどれか。

イ．じん肺

ロ．皮膚炎

ハ．電気性眼炎

ニ．熱中症

(2) 電撃防止装置の使用が義務付けられている溶接作業場所はどれか。

イ．雨天時での屋外

ロ．タンク内部などの著しく狭あいな場所

ハ．墜落の危険性のある高さ２m以上の場所

ニ．地面に置かれた鋼板上

(3) 電撃防止装置を使用中で最も感電の危険性が高いのはどれか。

イ．溶接棒短絡時

ロ．アーク発生中

ハ．遅動時間中

ニ．遅動時間経過後，溶接開始前まで

(4) 交流被覆アーク溶接作業で感電の防止に有効なものはどれか。

イ．防じんマスクの着用

ロ．電撃防止装置の設置

ハ．保護めがねの使用

ニ．絶縁型溶接棒ホルダの使用

(5) 金属熱の防止に有効なものはどれか。

イ．溶接用頭巾の着用

ロ．局所排気装置の設置

ハ．遮光カーテンの使用

ニ．溶接用かわ製保護手袋の着用

問題20.　アーク溶接作業を行う場合の安全衛生について，次の各問いに答えよ。

(1) タンク内などの狭い閉鎖空間での一酸化炭素中毒を防止するために有効な装置及び個人用保護具をそれぞれ１つ挙げよ。

装置：

個人用保護具：

(2) 熱中症が疑われる症状を２つ挙げよ。

症状１：

症状２：

(3) 熱中症が疑われる溶接作業者への救急処置を１つ挙げよ。

●2023年６月４日出題　１級試験問題●
解答例

問題１． (1) ニ，(2) ハ，(3) イ，ニ，(4) ロ，ハ，(5) イ，ニ

問題２． ①電離気体（または，プラズマ)，②アーク柱，③増加（または，上昇)，④高く（または，大きく)，⑤効率（または，熱効率)，⑥電磁的ピンチ，⑦熱的ピンチ，⑧プラズマ，⑨磁気吹き，⑩ケーブル

問題３． (1)

高周波高電圧方式：
- ・強い電磁ノイズが発生し電波障害が生じやすい。
- ・電子機器やIT機器のノイズ対策が必要になる場合がある。
- ・ケーブル長が長くなると高周波勢力が減衰する。

電極接触方式：
- ・電極先端部が損傷する恐れがある。
- ・損傷した電極が溶接部に巻き込まれ欠陥となる恐れがある。
- ・スタート電流制御が必要になる。

(2)

低周波パルス
- ・溶融池の形成と凝固の制御が可能（母材への入熱制御が容易）になる。
- ・溶接姿勢，差厚継手，裏波溶接などで適正な溶融池の形成が可能になる。

中周波パルス
- ・アークの硬直性（指向性）が増加する。
- ・小電流時のアーク不安定やふらつきを抑制できる。
- ・薄板の高速溶接が可能になる。

問題４． (1) イ，ニ，(2) ハ，ニ，(3) イ，ロ，(4) ハ，ニ，(5) ロ，ニ

問題5． (1) 焼入焼戻し

(2) 従来法では（A_{r3}点よりかなり）高い温度で熱間圧延を行うのに対して，TMCP鋼ではスラブ加熱温度を低く抑え，制御圧延・加速冷却（A_{r3}点近傍で圧延し，圧延後に水冷）を行っている。

(3) TMCP鋼は，一般の熱間圧延鋼と比較して組織の微細化により強度を高めており，高強度化に必要な合金元素量が少なく，炭素当量が低いため。これにより，溶接時の予熱温度を低くでき，溶接部の硬化やぜい化も抑制できる。

問題6． (1)

①溶融境界線に接し結晶粒が粗大化した領域で，小入熱溶接では硬化が，大入熱溶接ではぜい化が生じやすい。

②再結晶（焼ならし効果）により結晶粒が微細化した領域で，一般にじん性が良好である。

③層状パーライトの形態がやや変化し（ぼやける），徐冷のときはフェライトとパーライトの混合組織でじん性は比較的良好であるが，急冷のときはしばしば島状マルテンサイトが生成してじん性が低下する。

(2) 炭素当量（C_{eq}）

(3) ①低温割れ感受性が高まる（低温割れが発生する）。②じん性が低下する。③延性が低下する。④SCC 感受性が高まる。など

問題7． (1) ロ，ハ，(2) ハ，(3) イ，ハ (4) ハ，ニ (5) イ，ニ

問題8． (1)

発生機構：オーステナイト系ステンレス鋼溶接部に発生する凝固割れは，溶接金属の凝固過程でP，S，Si，Nbなどがオーステナイトの柱状晶境界などに偏析することにより低融点液膜が残留し，これに凝固にともなう収縮ひずみが作用して最終凝固部が開口することによって発生する。

防止策：

①溶接金属中にδフェライトを適量（一般には５％以上）含有させる

②鋼材および溶接材料の不純物元素（P，Sなど）量を低減する

③梨形ビード形状とならない溶接条件・方法を採用する

④過大な入熱や高いパス間温度での施工を避ける，など

(2)

現象：SUS321やSUS347などの安定化ステンレス鋼を使用した場合，溶接熱サイクルにより約1200℃以上に加熱された（溶融線近傍の狭い）領域（安定化鋼の溶体化部）が，再び鋭敏化温度域に加熱されたとき，粒界腐食を生じることがある。この粒界腐食をナイフラインアタックとよぶ。

防止策：以下から１つ挙げる。

①再びNbCやTiCが形成されるように溶接後870℃～950℃で安定化熱処理を行う

②低炭素・窒素添加鋼，希土類元素添加鋼（ナイフラインアタック対策鋼）を使用する

問題９． (1)

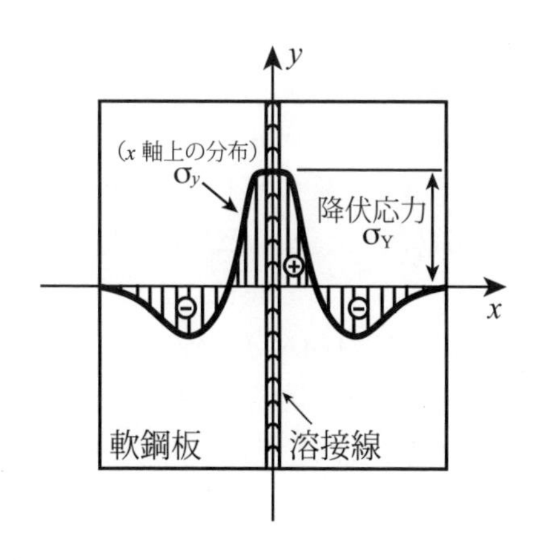

(2) 軟鋼の降伏応力程度

(3)

引張残留応力の最大値：変化しない。

引張残留応力の生じる範囲：広くなる。

(4) 次の中から２つ挙げる。

疲労破壊，ぜい性破壊，応力腐食割れ，水素ぜい化割れ

問題10. (1) イ，(2) イ，ハ，(3) ロ，(4) ロ，ニ，(5) ハ

問題11. (1)

・疲労強度が低い方の継手：溶接継手①

・理由：溶接継手①は溶接線に直角に負荷を受けていて，余盛止端が応力集中源となるため。なお，溶接継手②は溶接線に平行に負荷を受けているので，余盛止端は応力集中源として働きにくい。

【解説】溶接継手の疲労強度は残留応力にも影響される。継手②の溶接線方向の残留応力は，継手①の溶接線直角方向の残留応力よりも大きいが，継手②では余盛止端が応力集中源として働かないので，継手①の応力集中の影響の方が大きい。

(2) ロ

(3) 余盛がなく応力集中がない場合には，疲労強度は高強度鋼の方が大きい。余盛付き溶接継手の疲労強度は，余盛止端の応力集中係数に応じて低下する。同じ応力集中係数では，高強度鋼の方が応力集中による疲労強度の低下分が大きいため，高張力鋼継手の疲労強度は軟鋼継手とほとんど等しくなる。

問題12. ① 6.5，② 7，③ 6.5，④ 4.5，⑤ 150，⑥ 675，⑦ 96，⑧ 64.8

【解説】① $1.3\sqrt{t_2}=1.3\times\sqrt{25}=1.3\times5$　② t_1　④ $6.5\times1/\sqrt{2}=6.5\times0.7=4.55$→小数点２位以下を切り捨てて4.5　⑤ $(25+50)\times2=150$　⑥ $4.5\times150=675$　⑦許容引張応力は，$240\times2/3=160$ と $440\times$

1/2＝220の小さい方なので160N/mm²である。許容せん断応力は許容引張応力の60％なので，160×0.6＝96N/mm²となる。⑧96×675＝64800N＝64.8kN

問題13. (1) ニ，(2) ハ，ニ，(3) イ，ロ，(4) ニ，(5) ロ，ハ

問題14. 下記から５つ挙げる。

・溶接金属に含まれる拡散性水素量が少ない溶接法の採用
・溶接金属に含まれる拡散性水素量が少ない溶接材料の選定
・溶接材料の使用前乾燥
・予熱の実施（50℃～80℃程度）
・パス間温度の管理
・直後熱の実施（200℃～350℃で，0.5時間～数時間）
・拘束度が大きくならないような溶接順序の選定
・開先面の清掃，乾燥の実施（水分，有機物の付着防止）
・溶接中断時の保温処置
・入熱量の管理

問題15. (1) 部材同士を本溶接する前に固定するとともに，溶接中の開先間隔（形状）を保持するために行う。

(2) 本溶接のサブマージアーク溶接で得られる溶接金属組成と同等の溶接金属が得られる被覆アーク溶接棒または溶接ワイヤの使用を原則とする。強度および衝撃特性（要求される場合）等が同等のものを用いる。

(3) 本溶接で適用する予熱温度より30℃～50℃高い温度とする。

(4) 最小長さを40mm～50mm 程度とする。

(5) タック溶接で使用する溶接法の技量資格を有する者が望ましい。

問題16. 下記から５つ挙げる。

・調査計画書の作成

・割れ状況（割れの形状，寸法，位置，深さ，特徴（性状），発生範囲など）の調査
・材料証明書（ミルシートなど）の確認
・溶接施工記録（溶接法，溶接材料，溶接条件，予熱条件，天候など）の確認
・WPS（溶接施工要領書）の確認
・非破壊検査結果などの記録の確認
・溶接作業者の技量資格の確認
・関連資料および文献の調査
・関連事例の調査
・割れの再現試験
など

問題17.

試験方法	放射線透過試験（RT）	超音波探傷試験（UT）
適用する規格	JIS Z 3104	JIS Z 3060
検出方法とその特徴	透過法であり，試験体の両面に機器を設置する必要がある。	**（パルス）反射法であり，片面からの探傷が可能。**
検出しやすい欠陥の種類	**ブローホール，スラグ巻込みなどの体積をもつ欠陥。**	**溶込不良，融合不良，割れなどの面状欠陥。**
得られる欠陥の位置情報	**試験体表面に対して垂直な投影面での欠陥位置。**	溶接線方向の位置及び長さ，並びに横断面の位置（表面からの深さと溶接中心線からの距離）。
欠陥評価の方法	フィルム上で観察される欠陥像の種別，大きさなどにより評価する。	**表示器上のエコー高さの領域および溶接線方向の指示長さにより評価する。**

問題18. (1) ロ，ハ，(2) ハ，(3) ニ，(4) ニ，(5) ロ，ニ

問題19. (1) ロ，ハ，(2) ロ，ハ，(3) ハ，(4) ロ，ニ，(5) ロ

問題20. (1)

装置：送風機，局所排気装置

個人用保護具：送気マスク，空気呼吸器

(2) 以下より２つ挙げる。

①体温が高い

②皮膚が赤く熱く，乾いた状態

③ズキンズキンとする頭痛

④めまい，吐き気

⑤応答がおかしい，呼びかけに反応がない

⑥全身けいれん

など

(3) 以下より１つ挙げる。

①医療機関への搬送

②涼しい場所への移送

③脱衣と冷却

④水分と塩分の補給

など

●2022年11月6日出題●

1級試験問題

問題1．　アーク溶接法に関する次の各問いにおいて，正しい選択肢の記号に○印をつけよ。ただし，正しい選択肢は1つだけとは限らない。

(1)　垂下（定電流）特性電源を用いるアーク溶接法はどれか。

イ．被覆アーク溶接

ロ．プラズマアーク溶接

ハ．ミグ溶接

ニ．エレクトロスラグ溶接

(2)　定電圧特性電源を用いるアーク溶接法はどれか。

イ．被覆アーク溶接

ロ．プラズマアーク溶接

ハ．ミグ溶接

ニ．エレクトロスラグ溶接

(3)　シールドガスにAr又はHeを用いるアーク溶接法はどれか。

イ．被覆アーク溶接

ロ．プラズマアーク溶接

ハ．ミグ溶接

ニ．エレクトロスラグ溶接

(4)　ステンレス鋼のティグ溶接について正しいものはどれか。

イ．直流電源及び棒プラス極性が用いられる

ロ．直流電源及び棒マイナス極性が用いられる

ハ．交流電源が用いられる

ニ．清浄（クリーニング）作用を利用して強固な酸化皮膜を除去する

(5)　アルミニウム合金のティグ溶接に多用されているのはどれか。

イ．直流電源及び棒プラス極性

ロ．直流電源及び棒マイナス極性

ハ．交流定電流電源

ニ．直流定電圧電源

問題２．　太径ワイヤを用いるサブマージアーク溶接に関する次の各問いに答えよ。

(1) 次の文章の（　　）内に適切な言葉を入れよ。

交流（①　　）特性の電源を用い，アーク安定化のために（②　　）をフィードバックして（③　　）速度を制御している。また，（④　　）を利用して溶接金属を大気から保護する。

(2) マグ溶接と比較して優れている点を２つ，劣っている点を１つ挙げよ。

優れている点１：

優れている点２：

劣っている点１：

問題３．　ステンレス鋼の切断について，次の各問いに答えよ。

(1) ステンレス鋼にガス切断が適用できない理由を２つ記せ。

理由１：

理由２：

(2) 次の文章の（　　）内に適切な言葉を入れよ。

ステンレス鋼の熱切断には，（①　　）を添加するパウダ切断，窒素ガスを用いる（②　　）切断及び（③　　）切断が適用される。

問題４．　次の文章は，溶接用ロボットによるマグ溶接時のセンサについて述べている。文章中の（　　）内に適切な言葉を入れよ。なお，同じ言葉が入る場合もある。

(1) ワイヤタッチセンサは，（①　　）が母材に接触したときの（②　　）の変化を検出して，（③　　）を発生させずに母材や（④　　）の位置情報を取得する。

(2) アークセンサは，溶接中に溶接トーチを（⑤　　）させ，その時に生じる（⑥　　）長さの変動に伴う（⑦　　）の変化を検出して，（⑧　　）の検出を行う。

(3) 視覚センサを用いると継手の（⑨　　）形状や，溶接中の（⑩　　）形状を高精度に検出できる。

問題５．　次の各問いにおいて，正しい選択肢の記号に○印をつけよ。ただし，正しい選択肢は１つだけとは限らない。

(1) 一般構造用圧延鋼材の特性で，ある温度以下で著しく低下するのはどれか。

イ．引張強さ

ロ．降伏点または耐力

ハ．硬さ

ニ．シャルピー吸収エネルギー

(2) 建築構造用圧延鋼材（SN材）のC種において，板厚方向の絞り値が規定されている理由はどれか。

イ．十分に塑性変形してから破断させるため

ロ．じん性を高めるため

ハ．ラメラテアを防止するため

ニ．低温割れを防止するため

(3) 炭素鋼溶接熱影響部の硬さに影響するものはどれか。

イ．化学組成

ロ．溶接条件

ハ．拘束条件

ニ．水素量

(4) 溶接部の冷却速度について正しいのはどれか。

イ．溶接入熱が大きくなると，冷却速度は大きくなる

ロ．予熱温度・パス間温度が高くなると，冷却速度は大きくなる

ハ．板厚が厚くなるほど，冷却速度は大きくなる

ニ．溶接部の冷却速度は，継手形状に依存する

(5) 低温容器に用いられる鋼種はどれか。

イ．９%Ni鋼

ロ．Cr-Mo鋼

ハ．フェライト系ステンレス鋼

ニ．オーステナイト系ステンレス鋼

問題６．　右図は炭素量Ａの鋼の溶接熱影響部の各位置における熱サイクルと組織の関係を，鉄－炭素系状態図と対応させたものである。次の各問いに答えよ。

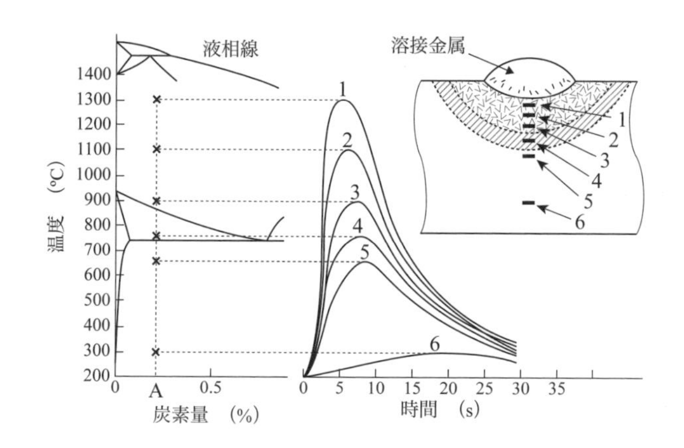

(1) 溶接熱影響部（１～４）でじん性が最も低下する領域の番号とその名称を答えよ。

領域の番号：

領域の名称：

(2) 溶接熱影響部 (1～4)でじん性が最も良好な領域の番号とその名称を答えよ。

領域の番号：

領域の名称：

(3) 問い (2) の組織形成メカニズムに関する次の文章中の（　　）内に適切な言葉を入れよ。

この鋼を室温から加熱していくと，（①　　）温度直上では（②　　）単相となるが，その成長は十分に起こっておらず，その状態から冷却されると，（③　　）に変態し，結晶粒は（④　　）になる。この組織形成は，（⑤　　）と呼ばれる熱処理の組織形成機構とよく似ている。

また，この場合，結晶粒が（④）なために，冷却中の変態の核生成サイトが増し，焼入れ性は（⑥　　）する。

問題７．　軟鋼のマグ溶接に使用する溶接ワイヤに関する次の各問いに答えよ。

(1) マグ溶接用ソリッドワイヤの化学成分の中で，軟鋼用被覆アーク溶接棒の心線に比べて多量に含有されている元素を２つ答えよ。また，これらの元素を多量に含有させる理由を答えよ。

元素１：

元素２：

理由：

(2) マグ溶接では，ソリッドワイヤやスラグ系フラックス入りワイヤが用いられる。フラックス入りワイヤがソリッドワイヤに比較して，次の項目においてどのような違いがあるかを答えよ。ただし，溶接条件及びワイヤ径は同じとする。

①溶接金属中の水素量：

②ビード外観：

③スラグの生成量：

④スパッタの発生量：

⑤溶込み深さ：

問題８．　オーステナイト系ステンレス鋼の溶接部で発生する腐食に関する次の各問いに答えよ。

(1) 溶融境界からやや離れた溶接熱影響部で耐食性が劣化する現象を何と呼ぶか。また，その発生要因を説明せよ。

現象の名称：

発生要因：

(2) 問い (1) の腐食の防止対策を3つ答えよ。

対策1：

対策2：

対策3：

(3) 溶接金属の孔食に関する次の文章中の（　　）内に適切な言葉を入れよ。

溶接金属では，凝固偏析によって（①　　）濃度が低下した箇所で孔食が発生しやすい。その防止対策としては，（②　　）℃以上の熱処理により耐孔食性に有効な元素の偏析を緩和することや（①）の量が多い溶接ワイヤの使用が有効である。

問題9． 右図 (a) に示すように，断面一様な長さl_0の鋼棒を温度0℃で剛体壁に固定し，温度T（℃）まで加熱したときに生じる熱応力を求める。下記の手順に従って（　　）内を解答せよ。なお，鋼の縦弾性係数E，線膨張係数α，降伏応力σ_Yは温度によらず一定で，加工硬化は生じないものとする。

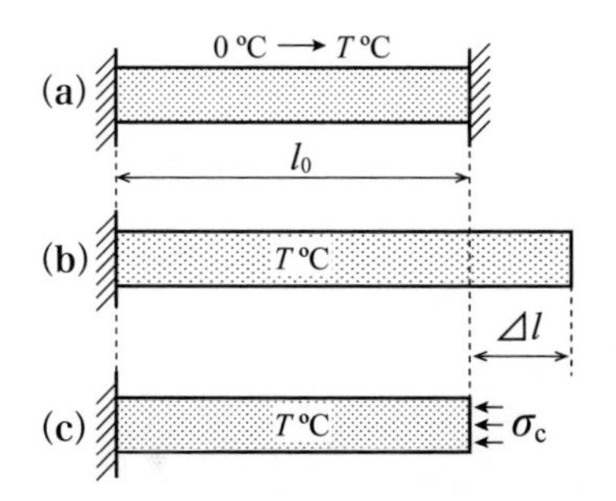

(1) 右図 (b) のように右側の剛体壁がないとすると，棒は自由に膨張できる。温度変化量はT（℃）なので，膨張量Δl=（①　　）となる。

(2) 右図 (a) の状態は，右図 (b) の状態から右図 (c) に示すように棒の右側に圧縮応力σ_cを作用させて，棒の長さを初期長さl_0にするときと同じである。右図（b）の状態から右図（c）の状態にしたときに生じるひずみεは，ε =（②　　）である。

(3) この応力σ_cは熱応力に相当するもので，②の解を用いてフックの法則から，σ_c=（③　　）と表される。

(4) 鋼の縦弾性係数E＝200GPa（200000MPa），線膨張係数α＝1×10^{-5}/℃，降伏応力σ_Y＝400MPaとすると，熱応力が圧縮降伏応力に達するときの温度Tは，T＝（④　　）℃となる。

(5) 右図（a）で，温度T＝500℃まで温度上昇させたときに生じる塑性ひずみε_Pは，④の温度から500℃まで温度上昇したときに生じるひずみで与えられるので，ε_P＝（⑤　　）である。

問題10.　溶接継手の疲労破壊に関する次の各問いにおいて，正しい選択肢の記号に○印をつけよ。ただし，正しい選択肢は1つだけとは限らない。

(1) 疲労破壊の特徴はどれか。

イ．低温で生じやすく，発生すると急速に伝播する

ロ．高温で長時間，一定荷重に保持された場合に発生しやすい

ハ．長時間の変動荷重下で発生しやすい

ニ．大きな塑性変形を伴う

(2) 疲労破面の特徴はどれか。

イ．破面は荒々しく，光沢がある

ロ．破面は平坦で，光沢がほとんどない

ハ．破面の変形が大きい

ニ．破面の変形が小さい

(3) 疲労破壊の生じる負荷応力条件はどれか。

イ．負荷応力が降伏応力以下では生じない

ロ．負荷応力が降伏応力以下でも生じる

ハ．負荷応力が降伏応力に達したときに生じる

ニ．負荷応力が引張強さに達したときに生じる

(4) 疲労き裂が発生しやすい溶接ビード形状はどれか。

イ．余盛角の小さなビード

ロ．余盛角の大きなビード

ハ．余盛幅の小さなビード

ニ．余盛止端の鋭いビード

(5) 溶接継手の疲労強度を低下させやすい残留応力と溶接変形はどれか。

イ．荷重に平行方向の引張残留応力

ロ．荷重に直角方向の引張残留応力

ハ．角変形

ニ．縦収縮

問題11.　構造用炭素鋼及びその溶接部のじん性の評価には，一般にVノッチシャルピー衝撃試験が行われる。次の各問いに答えよ。

(1) 吸収エネルギーと温度の関係を描き，その図に上部棚エネルギー，エネルギー遷移温度を記入せよ。

(2) じん性の評価には，エネルギー遷移温度と並んで，破面遷移温度も用いられる。破面遷移温度とはどのような温度か。

(3) ぜい性破壊抑制のためにはどのような材料を選定すればよいか。破面遷移温度と吸収エネルギーを用いて答えよ。

問題12.　下図のような引張荷重Pが作用する十字すみ肉溶接継手の許容最大荷重を，解答手順に従って算出せよ。なお，すみ肉溶接は等脚長で脚長＝サイズとし，各すみ肉継手の有効溶接長さは100mmとする。また，許容引張応力は150N/mm²，許容せん断応力は許容引張応力の0.6倍で，$1/\sqrt{2}=0.7$とする。

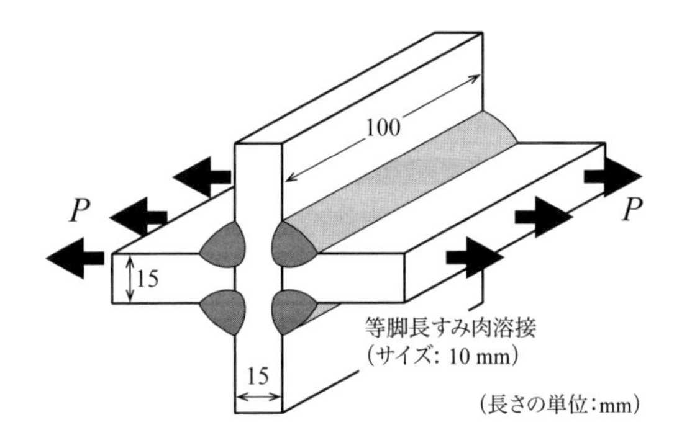

(1) 十字すみ肉継手の許容応力は，(　　) N/mm²である。

(2) 各すみ肉溶接部ののど厚は (　　) mmである。

(3) 荷重は上下一対のすみ肉溶接継手により伝達されるので，強度計算に用いる合計有効溶接長さは，(　　) mmである。

(4) したがって，力を伝える有効のど断面積は (　　) mm²となる。

(5) 許容最大荷重は，有効のど断面積×許容応力より，(　　) kNとなる。

問題13.　金属材料の融接に関する品質要求事項がJIS Z 3400：2013で規定されている。品質記録に含める項目を５つ挙げよ。

項目１：

項目２：

項目３：

項目４：

項目５：

問題14.　溶接品質マネジメントの文書に関する次の各問いに答えよ。

(1) 下記の英略語の和文名を記せ。

WPS：

pWPS：

WPAR：

(2) 次の文章中の（　　）内に適切な英略語を入れよ。

溶接施工法の承認方法の選択は，適用規格の要求事項に従うことが多く，このような要求事項がない場合は，当事者間で合意しなければならない。承認方法に試験材の溶接を含むならば，その試験材は（①　　）に従って溶接されなければならない。（②　　）は，適切な規格に定められた承認範囲だけでなく，すべての確認項目[必須項目（essential variable）及び付加的項目（additional variable)]を含める必要があり，検査員又は検査機関によって承認されなければならない。製造に使う溶接のための（③　　）は，特に要求がない限り製造事業者の責任のもとに，（④　　）に基づいて作成する。

問題15.　ガウジングに関する次の各問いにおいて，正しい選択肢の記号に○印をつけよ。ただし，正しい選択肢は1つだけとは限らない。

(1) エアアークガウジングで溝に付着して割れの原因となるのはどれか。

イ．クロム

ロ．タングステン

ハ．炭素

ニ．銅

(2) エアアークガウジングを使用できないのはどれか。

イ．耐候性鋼

ロ．アルミニウム合金

ハ．炭素鋼

ニ．ステンレス鋼

⑶ プラズマガウジングに使用する電極の材料はどれか。

イ．タングステン

ロ．ハフニウム

ハ．ジルコニウム

ニ．炭素

⑷ プラズマガウジングに使用するガスはどれか。

イ．酸素

ロ．アルゴン

ハ．水素

ニ．炭酸ガス

⑸ 突合せ溶接継手で裏はつりを実施する場合，はつり部分はどこか。

イ．初層部のすべて

ロ．初層部厚さの半分

ハ．初層の溶接欠陥のみ

ニ．板厚中央部まで

問題16.　板厚30mmの780N/mm^{2}級高張力鋼をマグ溶接する場合の溶接施工に関して次の各問いに答えよ。

⑴ 予熱の目的を挙げよ。

⑵ 予熱に用いられる加熱手段を２つ挙げよ。

方法１：

方法２：

⑶ 予熱温度及びパス間温度の確認に用いる器具を２つ挙げよ。

器具１：

器具２：

⑷ パス間温度の上限を設定する目的を２つ挙げよ。

目的１：

目的２：

⑸ 溶接完了後，30分～数時間行う直後熱の温度と目的を挙げよ。

温度：

目的：

問題17.　溶接部の磁粉探傷試験及び浸透探傷試験について，次の表の空欄に適切な語句を記せ。

試験方法	磁粉探傷試験（MT）	浸透探傷試験（PT）
検出可能なきずの位置	表面及び表面直下のきず	①
検出しやすいきずの方向	②	きずの方向の影響を受けない
使用する機器・材料	③	④
適用可能な材料	⑤	材料の制約を受けない

問題18.　溶接部の非破壊試験に関する次の各問いにおいて，正しい選択肢の記号に○印をつけよ。ただし，正しい選択肢は１つだけとは限らない。

(1) 外観試験（目視試験）の対象となる項目はどれか。

イ．余盛高さ

ロ．溶接熱影響部の硬さ

ハ．母材のラミネーションの広がり

ニ．パス間の融合不良

(2) 放射線透過試験で透過写真を撮影するときに用いることのできる放射線はどれか。

イ．α線

ロ．β線

ハ．γ線

ニ．X線

(3) JIS Z 3104「鋼溶接継手の放射線透過試験方法」で，透過写真の必要条件として要求されるのはどれか。

イ．透過写真の濃度範囲

ロ．放射線のエネルギー

ハ．透過度計の識別最小線径

ニ．フィルム感度

(4) 超音波斜角探傷試験において，きずエコーの深さ方向の位置を求めるために用いるのはどれか。

イ．エコー高さ

ロ．ビーム路程

ハ．探触子の屈折角

ニ．探触子の周波数

(5) JIS Z 3060「鋼溶接部の超音波探傷試験方法」により，きずの分類を行う場合に考慮する項目はどれか。

イ．きずの種類

ロ．きずの深さ位置

ハ．きずエコー高さの領域

ニ．きずの指示長さ

問題19.　溶接作業の安全衛生に関する次の各問いにおいて，正しい選択肢の記号に○印をつけよ。ただし，正しい選択肢は1つだけとは限らない。

(1) CO_2レーザが引き起こす眼の障害はどれか。

イ．網膜障害

ロ．緑内障

ハ．白内障

ニ．角膜炎

(2) 感電の危険性が高いのはどれか。

イ．溶接機の無負荷電圧が高い

ロ．溶接ケーブルが太い

ハ．溶接ケーブルが長い

ニ．溶接ワイヤ送給速度が大きい

(3) 溶接用保護面で防止できる障害はどれか。

イ．電気性眼炎

ロ．感電

ハ．金属熱

ニ．じん肺

(4) 型式検定が必要なものはどれか。

イ．溶接用保護面

ロ．防じんマスク

ハ．絶縁型溶接棒ホルダ

ニ．電撃防止装置

(5) 粉じん障害防止規則で義務付けられているのはどれか。

イ．定期的な健康診断

ロ．全体換気装置の設置

ハ．休憩設備の設置

ニ．洗浄設備の設置

問題20.　アーク溶接で発生する溶接ヒュームについて，次の各問いに答えよ。

(1) 溶接ヒュームとは何か，簡単に説明せよ。

(2) 溶接ヒュームのばく露防止に有効な個人用保護具を２つ挙げよ。

保護具１：

保護具２：

(3) 溶接ヒュームのばく露防止に有効な環境対策を２つ挙げよ。

対策１：

対策２：

●2022年11月６日出題　１級試験問題●
解答例

問題１． (1)　イ，ロ，(2)　ハ，(3)　ロ，ハ，(4)　ロ，(5)　ハ

問題２． (1)

①垂下（定電流），②アーク電圧（電圧でも可），③ワイヤ送給，④フラックス

(2)

優れている点１，２：

以下から２つ挙げる。

- 大電流が使用でき，能率的である。
- アークがフラックスで覆われているため，遮光の必要がなく，風の影響も少ない。
- 溶接金属の表面全体が厚いスラグで覆われているため，ビード外観が美麗である。
- 磁気吹きに強い交流電源が使用される。
- スパッタやヒュームの発生が少ない。

劣っている点１：

以下から１つ挙げる。

- 溶接姿勢に制限がある。
- フラックスの散布および回収が必要である。
- 装置が比較的大型で高価である。
- 複雑な工作物や曲面，小形部材への適用が困難である。
- 入熱量が大きく，熱影響部の軟化やぜい化を生じることがある。
- 薄板への適用が困難である。

問題３． (1)

理由１，２：

・酸化物（クロム酸化物）の融点が母材の融点より高い。
・スラグが切断表面を覆って，燃焼（酸化反応）を妨げる。
・スラグの流動性が悪く，切断面へ強固に付着する。
・付着したスラグが剥離しにくい。

(2)

①鉄粉，②プラズマ，③レーザ※②と③は入れ替わっても良い

問題4． ①溶接ワイヤ，②電圧 or 電流，③アーク，④溶接線 or 開先，⑤ウィービング or 回転，⑥ワイヤ突出し，⑦溶接電流，⑧溶接線 or 開先中心，⑨開先，⑩溶融池

問題5． (1) ニ，(2) ハ，(3) イ，ロ，(4) ハ，ニ，(5) イ，ニ

問題6． (1)

領域の番号：1

領域の名称：粗粒域

(2)

領域の番号：3

領域の名称：細粒域

(3)

①A_{C3}（A_3も可），②オーステナイト，③フェライト・パーライト（フェライトも可），④細粒（微細も可），⑤焼ならし（焼準，ノルマも可），⑥低下

問題7． (1)

元素1，2：Si，Mn

理由：溶接金属中の脱酸反応を促進させ，酸素を低減する。これにより，溶接金属のじん性を向上させるとともに，COガスの発生を抑制し，ポロシティを低減させる。

(2)

①溶接金属中の水素量：多い
②ビード外観：滑らかで美しい
③スラグの生成量：多い
④スパッタの発生量：少ない
⑤溶込み深さ：浅い

問題８． (1)
現象の名称：鋭敏化（ウェルドディケイ，粒界腐食も可）
発生要因：溶接熱サイクルにより結晶粒界にCr炭化物が析出し，その近傍にCr濃度が低下した領域（Cr欠乏層）が形成され，母材より耐食性が劣化することによって発生する。
(2)
対策１，２，３：
以下から３つを挙げる。
①低炭素ステンレス鋼の使用（SUS304L，SUS316Lなど）
②NbまたはTiを添加した安定化ステンレス鋼の使用（SUS347，SUS321）
③鋭敏化温度域（500℃～800℃）の冷却速度を大きくする（例えば，以下のような方法でも可）。
・入熱を小さくする
・低入熱溶接法の適用
・水冷しながらの溶接
・パス間温度の制限
④1000℃～1100℃以上の固溶化熱処理（溶体化熱処理）の実施
(3)
①Cr（Moも可），②1000～1200の範囲であれば可

問題９． (1) $\alpha T l_0$
(2) $-\alpha T (\varepsilon = -\Delta l / (l_0 + \Delta l) \approx -\Delta l / l_0 = -\alpha T)$
(3) $-E \alpha T$

(4) 200（$-E\alpha T=-\sigma_{Y}$より，$T=\sigma_{Y}/E\alpha$）

(5) −0.003（200℃から500℃までの温度上昇は300℃。したがって，300℃の温度上昇で生じるひずみを求めればよいので，$\varepsilon_{P}=-1\times10^{-5}\times300=-0.003$）

問題10. (1) ハ，(2) ロ，ニ，(3) ロ，(4) ロ，ニ，(5) イ，ハ

問題11. (1)

次のどちらの図でもよい。

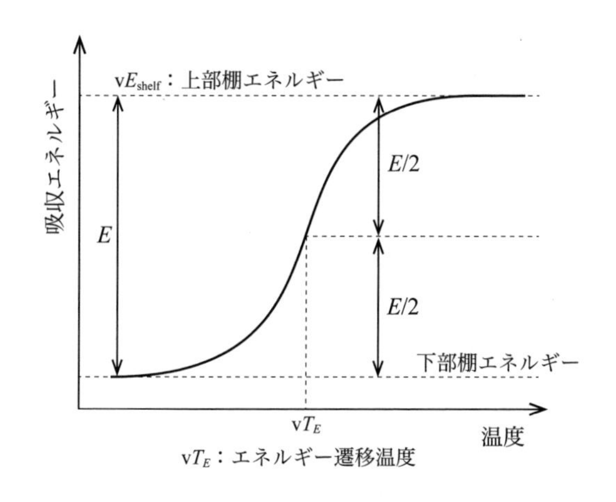

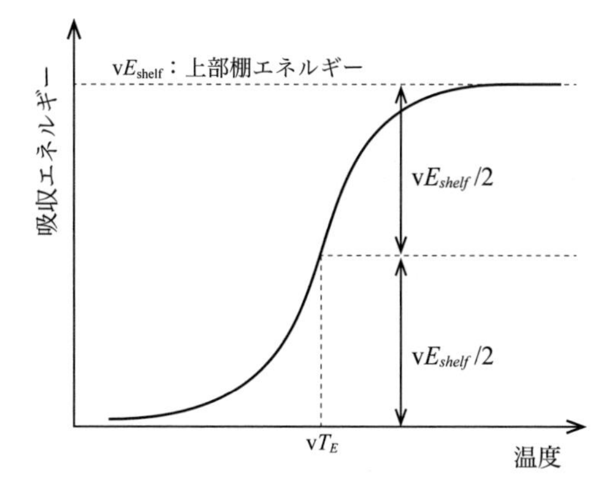

(2)

ぜい性破面率（延性破面率）が50%となる温度

(3)

破面遷移温度が使用温度よりも十分低く，使用温度での吸収エネルギーの高い材料を選定する。

問題12. (1) 90，(2) 7，(3) 200，(4) 1,400，(5) 126

【解説】のど厚＝サイズ／$\sqrt{2}$

有効のど断面積＝のど厚×有効溶接長さ

許容最大荷重＝有効のど断面積×許容応力＝1400×90＝126000N→126kN

問題13. 項目１～５：

以下から５つ挙げる。

- ・要求事項／テクニカルレビューの記録
- ・材料検査成績書
- ・溶接材料検査成績書
- ・溶接施工要領書
- ・溶接施工承認記録（WPQR）
- ・溶接技能者または溶接オペレータの適格性証明書(qualification certificate)
- ・非破壊試験要員の証明書
- ・熱処理施工要領書および記録
- ・非破壊試験および破壊試験要領ならびに記録
- ・寸法記録
- ・補修記録および不適合報告書
- ・要求された場合，その他の文書

問題14. (1)

WPS：承認（確認）された溶接施工要領書

pWPS：承認前（確認前）の溶接施工要領書
WPAR：溶接施工法承認記録
(2) ①pWPS，②WPARまたはWPQR（PQR），③WPS，④WPARまたはWPQR（PQR）

問題15. (1) ハ，ニ，(2) ロ，(3) イ，(4) ロ，ハ，(5) イ

問題16. (1) 低温割れの防止（硬化組織生成の防止，拡散性水素の低減）
(2)
方法1，2：
以下から2つ挙げる。
ガス炎，電気ヒータ，電磁誘導加熱，加熱炉，赤外線加熱
(3)
器具1，2：
以下から2つ挙げる。
表面温度計，熱電対，温度チョーク
(4)
目的1，2：
・溶接部のじん性低下の防止
・溶接部の強度低下の防止
(5)
温度：200℃～350℃の範囲であればよい。
目的：拡散性水素を放出させて低温割れを防止する。

問題17.

試験方法	磁粉探傷試験（MT）	浸透探傷試験（PT）
検出可能なきずの位置	表面および表面直下のきず	①表面に開口したきず
検出しやすいきずの方向	②磁束に直交する方向	きずの方向の影響を受けない

使用する機器・材料	③ 磁化装置(電磁石, 磁化電源と電極など）および磁粉	④ 浸透液，洗浄剤，（乳化剤）現像液など
適用可能な材料	⑤ 強磁性体 （炭素鋼，低合金鋼，高張力鋼など）	材料の制約を受けない

問題18. (1) イ，(2) ハ，ニ，(3) イ，ハ，(4) ロ，ハ，(5) ハ，ニ

問題19. (1) ハ，ニ，(2) イ，(3) イ，(4) ロ，ニ，(5) ロ，ハ

問題20. (1)

溶接時の熱によって蒸発した物質が冷却されて固体の微粒子となったもの。

(2)

保護具１，２：

以下から２つ挙げる。

・防じんマスク

・電動ファン付き呼吸用保護具（PAPR）

・送気マスク

(3)

対策１，２：

以下から２つ挙げる。

・全体換気装置の使用

・局所排気装置の使用

・プッシュプル型排気装置の使用

・送風機の使用

・ヒューム吸引トーチの使用

●2022年６月５日出題●

１級試験問題

問題１．　次の文章は，溶接の機構面からの分類とその特徴及び溶接法の名称について述べている。文章中の（　　）内に適切な言葉を入れよ。

溶接は，その接合機構面から（①　　），（②　　）及びろう接に分類される。

①は，被溶接材（母材）の接合部を加熱・溶融して，溶融金属を生成し，その溶融金属を凝固させることによって接合する方法であり，（③　　）や（④　　）などがその溶接法の代表例である。

②は，接合部へ摩擦熱や電気抵抗によるジュール熱（抵抗発熱）などの熱エネルギーを加えた後に，（⑤　　）を加えて接合する方法であり，（⑥　　）や（⑦　　）がその溶接法の代表例である。

ろう接は，母材より（⑧　　）が低い溶加材（ろう材）を溶融し，（⑨　　）を利用して，接合面の隙間にろう材を充填することによって，母材を溶融させずに接合する方法であり，（⑩　　）はその代表例である。

問題２．　アーク溶接では，フラックスやガスを利用してシールドを行う。それぞれの概要，特徴を簡単に記せ。また，それぞれに該当する溶接法の名称を１つ挙げよ。

(1) フラックスを利用する方法

概要と特徴：

該当する溶接法：

(2) ガスを利用する方法

概要と特徴：

該当する溶接法：

問題3.　次の文章は，エレクトロスラグ溶接について述べている。文章中の（　　）内の言葉のうち，正しいものを1つ選び，その記号に○印をつけよ。

エレクトロスラグ溶接では，溶接開始時に①（イ．高周波，ロ．アーク，ハ．プラズマ気流，ニ．クリーニング作用）を発生させて，②（イ．母材，ロ．ノズル，ハ．ワイヤ，ニ．フラックス）を溶融し，開先内にスラグ浴を作る。スラグ浴が形成されると③（イ．高周波，ロ．シールドガス，ハ．プラズマ気流，ニ．アーク）は消滅し，ワイヤと母材間の溶融スラグ中を流れる電流の④（イ．電磁ピンチ力，ロ．電磁対流，ハ．抵抗発熱，ニ．放射熱）で加熱された⑤（イ．スラグ，ロ．熱電子，ハ．陽イオン，ニ．シールドガス）が母材及びワイヤを溶融して，溶融池を形成する。

エレクトロスラグ溶接には⑥（イ．固定，ロ．溶融，ハ．消耗，ニ．通電）ノズル式エレクトロスラグ溶接と呼ばれるものがある。その方法では，開先内に絶縁固定したノズル（中空パイプ）を配置し，ノズル内にワイヤを送給する。ノズルの心材には鋼管が用いられ，この鋼管は溶接の進行とともに溶融して⑦（イ．スラグ，ロ．ヒューム，ハ．スパッタ，ニ．溶接金属）の一部となる。

溶接電源には直流⑧（イ．垂下，ロ．定電流，ハ．定電圧，ニ．上昇）特性電源又は交流垂下特性電源が用いられる。フラックスには，⑨（イ．被覆アーク溶接，ロ．サブマージアーク溶接，ハ．マグ溶接，ニ．ティグ溶接）用の溶融フラックスを適用し，ワイヤにはアーク溶接用ソリッドワイヤを用いるが，溶接部の⑩（イ．冷却速度が遅い，ロ．冷却速度が速い，ハ．加熱速度が遅い，ニ．加熱速度が速い）ため，強度・じん性確保を目的とした合金元素を多く含むワイヤを選定しなければならない。

問題4.　溶接に用いられる主なセンサに関する以下の問いにおいて，正しい選択肢の記号に○印をつけよ。ただし，正答の選択肢は1つだけとは限らない。

(1) 溶接ワイヤが母材と接触した時の電圧変化を検出して，母材位置を認識するセンサはどれか。

イ．超音波センサ

ロ．アークセンサ

ハ．ワイヤタッチセンサ

ニ．光センサ

(2) アーク電圧の変化を検出して，トーチ高さを一定に制御するのはどれか。

イ．ACC

ロ．AVC

ハ．FMS

ニ．CIM

(3) レーザスリット光やCCD カメラを利用して，溶接線・溶融池形状などを検出するセンサはどれか。

イ．超音波センサ

ロ．アークセンサ

ハ．光センサ

ニ．温度センサ

(4) 溶接中の溶接線倣い制御に適用できるセンサはどれか。

イ．ワイヤタッチセンサ

ロ．アークセンサ

ハ．光センサ

ニ．温度センサ

(5) 溶接休止中に適用できるセンサはどれか。

イ．ワイヤタッチセンサ

ロ．アークセンサ

ハ．光センサ

ニ．加速度センサ

問題5．　鋼材と溶接性に関する以下の問いにおいて，正しい選択肢の記号に◯印をつけよ。ただし，正答の選択肢は１つだけとは限らない。

(1) 一般構造用圧延鋼材の特性で，ある温度以下で著しく低下するのはどれか。

イ．引張強さ

ロ．降伏点または耐力

ハ．硬さ

ニ．シャルピー吸収エネルギー

(2) 溶接部の冷却速度について正しいのはどれか。

イ．溶接入熱が大きくなると，冷却速度は大きくなる

ロ．予熱・パス間温度が高くなると，冷却速度は大きくなる

ハ．板厚が厚くなると，冷却速度は大きくなる

ニ．溶接部の冷却速度は，継手形状に依存する

(3) 高温高圧ボイラなどの圧力容器に用いられる鋼種はどれか。

イ．９%Ni鋼

ロ．フェライト系ステンレス鋼

ハ．Cr-Mo鋼

ニ．オーステナイト系ステンレス鋼

(4) ガスシールドアーク溶接用のスラグ系フラックス入りワイヤが，ソリッドワイヤに比べて優れているのはどれか。

イ．合金元素が添加しやすい

ロ．溶接金属中の拡散性水素量が少ない

ハ．溶接金属のじん性が高い

ニ．深い溶込みが得られる

(5) サブマージアーク溶接用ボンドフラックスの特徴はどれか。

イ．耐吸湿性に優れている

ロ．合金元素の添加が容易

ハ．高速溶接性に優れる

ニ．大入熱溶接に適用される

問題6．　次の文章は，高張力鋼の製造方法と特徴について述べている。（　　）内に適切な言葉を入れよ。

調質高張力鋼は圧延後，種々の熱処理が施されて製品となる。A_{C3}変態点以上の①（　　）組織から急冷する②（　　）と呼ばれる熱処理をした後に，再びA_{C1} 変態点以下の温度域で保持する③（　　）と呼ばれる熱処理を行う。このようにして製造された鋼材の組織は，微細な④（　　）が分散析出した⑤（　　）組織となり，強度とじん性のバランスに優れた鋼となる。これに対し，非調質高張力鋼では，通常，圧延後に⑥（　　）と呼ばれる熱処理を施し，⑦（　　）組織を微細化し，じん性の改善を図っている。

一方，制御圧延と加速冷却を組み合わせた加工熱処理法で製造された⑧（　　）鋼は，冷却速度と水冷開始・停止温度を制御することにより，変態生成相の割合を調整し，かつ，結晶粒を微細化することで強化されているため，⑨（　　）の添加が抑制でき，同じ強度レベルの通常熱間圧延鋼材に比べて，⑩（　　）又はP_{CM}が低いため，溶接熱影響部の硬化が少ないなど溶接性に優れた鋼である。

問題7．　炭素鋼の溶接時に生じるブローホールに関する以下の問いに答えよ。

(1) ブローホールの生成機構を述べよ。

(2) 溶接速度を遅くするとブローホールが減少する理由を述べよ。

(3) 溶接速度以外のブローホールの防止策を３つ挙げよ。

防止策１：

防止策２：

防止策３：

問題8．　ステンレス鋼に関する以下の問いに答えよ。

(1) オーステナイト系ステンレス鋼は，極低温の用途にも利用される。その理由を述べよ。

(2) フェライト系ステンレス鋼の溶接金属では，低じん性となることがある。その理由を述べよ。

(3) オーステナイト系ステンレス鋼の溶接熱影響部で生じる粒界腐食の発生機構を述べよ。

(4) オーステナイト系ステンレス鋼の溶接熱影響部で，低融点化合物が原因で生じる高温割れは何か。

問題９．　図に示すように，厚さhの平板を先端半径Rの押し金具で曲げるローラ曲げ試験を考える。曲げ試験で，平板は図のように押し金具に沿って半円状に変形し，中立面は平板厚さ中央に存在するものとして以下の問いに答えよ。

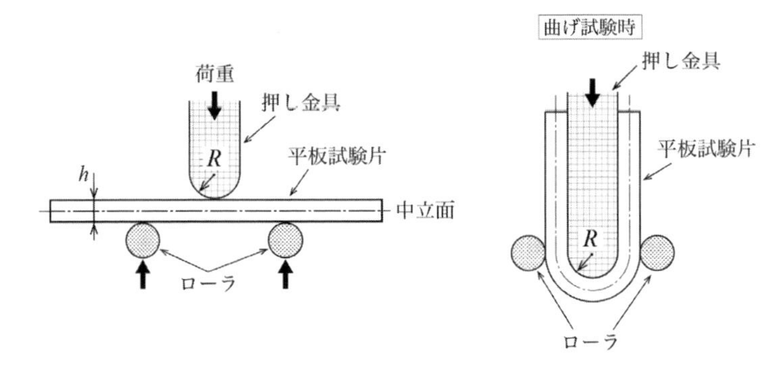

(1) 曲げ試験時の平板中立面での半円の円周長さはいくらか。

(2) 曲げ試験時の平板外面での半円の円周長さはいくらか。

(3) 前問（1），（2）より，曲げ試験時の平板外面のひずみはいくらか。

(4) 平板外面のひずみを20％以内にするには，曲げ半径Rを平板厚さhの何倍以上にすればよいか。

問題10．　突合せ溶接継手の強度に関する以下の問いにおいて，正しい選択肢の記号に○印をつけよ。ただし，正答の選択肢は１つだけとは限らない。

(1) 継手の許容最大荷重に影響を及ぼす因子はどれか。

イ．安全率
ロ．母材の縦弾性係数
ハ．余盛止端形状
ニ．溶接残留応力

(2) 継手の座屈強度に影響を及ぼす因子はどれか。

イ．安全率
ロ．母材の縦弾性係数
ハ．余盛止端形状
ニ．溶接残留応力

(3) 継手のぜい性破壊強度に影響を及ぼす因子はどれか。

イ．母材の引張強さ
ロ．母材の縦弾性係数
ハ．余盛止端形状
ニ．溶接残留応力

(4) 継手の疲労強度に影響を及ぼす因子はどれか。

イ．母材の引張強さ
ロ．母材の縦弾性係数
ハ．余盛止端形状
ニ．溶接残留応力

(5) 余盛なし継手の疲労強度に影響を及ぼす因子はどれか。

イ．母材の引張強さ
ロ．母材の縦弾性係数
ハ．溶接金属部の幅
ニ．溶接残留応力

問題11.　軟鋼平板の表面にオーステナイト系ステンレス鋼で肉盛溶接する場合について，以下の問いに答えよ。なお，オーステナイト系ステンレス鋼の線膨張係数は，軟鋼に比べて約1.5倍大きい。

(1) 肉盛溶接直後，どのような溶接変形が生じているか。正しいものを1つ選び，○印を付けよ。

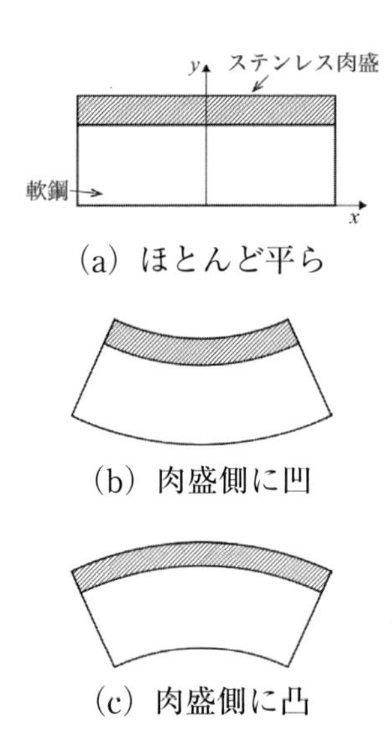

(a) ほとんど平ら

(b) 肉盛側に凹

(c) 肉盛側に凸

(2) 肉盛溶接後に常温まで冷却したとき，どのような溶接変形が生じているか。正しいものを１つ選び，○印を付けよ。

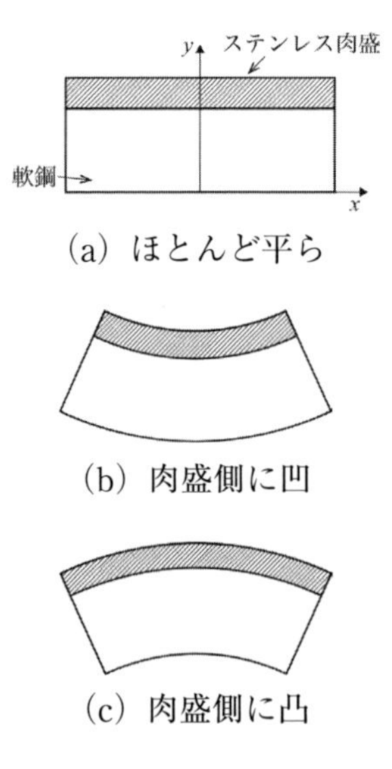

(a) ほとんど平ら

(b) 肉盛側に凹

(c) 肉盛側に凸

(3) 肉盛溶接後に常温まで冷却したとき，AB断面にはx方向残留応力が生じる。冷却後は前問 (2) のような変形が生じることを考えて，x方向残留応力のy方向分布を定性的に図示せよ。

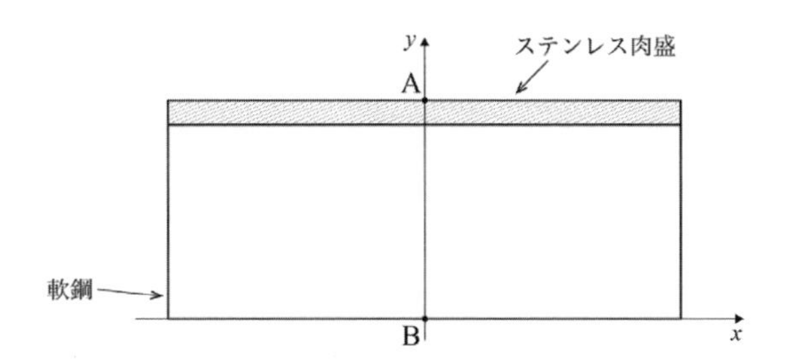

(4) x方向残留応力の合力はいくらか。

問題12.　軟鋼を母材として完全溶込み溶接で作製されたT継手（図 (a)）と，すみ肉溶接で作製されたT継手（図 (b)）があり，それぞれせん断荷重（*P*）を受けている。すみ肉T継手の許容最大荷重を完全溶込みT継手と等しくするには，すみ肉サイズ*S*をいくらにすればよいか，解答手順に従って答えよ。ただし，母材の降伏点は240N/mm²，引張強さは440N/mm²で，許容引張応力は降伏点の2/3又は引張強さの1/2の小さい方とし，許容せん断応力は許容引張応力の60%で，$1/\sqrt{2}=0.7$とする。

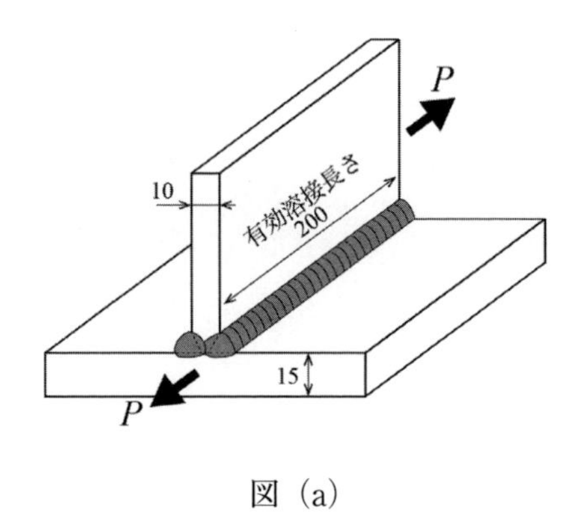

図 (a)

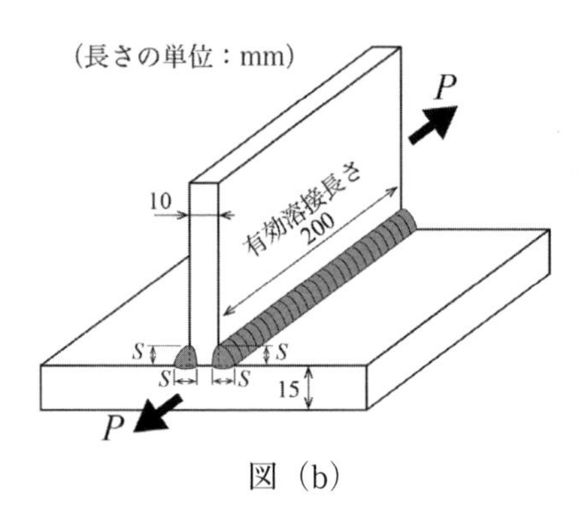

図（b）

(1) 図（a）の完全溶込みT継手では，許容応力は①（　　）N/mm²，有効のど断面積は②（　　）mm²なので，許容最大荷重P_{max}は，③（　　）Nとなる。

(2) 図（b）のすみ肉T継手では，許容応力は④（　　）N/mm²，有効のど断面積は⑤（　　）×S[mm²]なので，許容最大荷重P_{max}は，⑥（　　）×S[N]となる。

(3) ③の許容最大荷重＝⑥の許容最大荷重より，すみ肉T継手のサイズSは⑦（　　）mmとなる。（小数点1位まで求める）

問題13.　鋼材及び溶接材料の管理は，溶接継手の品質確保に重要である。必要な管理項目を鋼材に関して2つ，溶接材料に関して3つ挙げよ。

(1) 鋼材

管理項目1：

管理項目2：

(2) 溶接材料

管理項目1：

管理項目2：

管理項目3：

問題14.　溶接作業の識別及びトレーサビリティを確実にするために，確認する項目を５つ挙げよ。

項目１：

項目２：

項目３：

項目４：

項目５：

問題15.　JIS Z 3422-1：2003「金属材料の溶接施工要領及びその承認－溶接施工法試験」に関する以下の問いにおいて，正しい選択肢の記号に○印をつけよ。

(1) 多層盛溶接による突合せ継手で，試験材の板厚が20mmの場合，承認される板厚範囲はどれか。

イ．５mm～20mm

ロ．10mm～20mm

ハ．10mm～40mm

ニ．20mm～40mm

(2) 完全溶込みの板の突合せ溶接の場合，必ず要求される試験はどれか。

イ．溶接金属引張試験

ロ．横方向曲げ試験

ハ．縦方向引張試験

ニ．縦方向曲げ試験

(3) 片面溶接の試験材の場合，承認される溶接はどれか。

イ．片面溶接のみ

ロ．片面溶接及び両面溶接のみ

ハ．片面溶接及び裏当て金付きの溶接のみ

ニ．片面溶接，両面溶接及び裏当て金付きの溶接

(4) 試験材の予熱温度が100℃の場合，承認される予熱温度の下限値はどれか。

イ．25℃

ロ．50℃

ハ．75℃

ニ．100℃

(5) 試験に100%炭酸ガスを用いるマグ溶接を使用した場合，承認される溶接法はどれか。

イ．100%炭酸ガスを用いるマグ溶接のみ

ロ．100%炭酸ガスを用いるマグ溶接及び被覆アーク溶接

ハ．100%炭酸ガスを用いるマグ溶接及び混合ガスを用いるマグ溶接

ニ．全てのマグ溶接

問題16.　鋼溶接部に発生する割れについて以下の問いに答えよ。

(1) 軟鋼のサブマージアーク溶接やマグ溶接では，典型的な凝固割れである梨（なし）形ビード割れが発生する懸念がある。これを防止する対策を考える。

①この割れを防止するための適切な溶込み形状について述べよ。

②前問①の溶込み形状を得るために施工面でとる対策を２つ挙げよ。

対策１：

対策２：

(2) 低合金耐熱鋼や高張力鋼溶接部にPWHTを行うと，再熱割れを生じることがある。この割れは，HAZの粗粒域に発生する粒界割れである。この割れを防止するための対策を２つ挙げよ。

対策１：

対策２：

問題17.　下表に示す溶接欠陥検出に最も適した非破壊試験方法を，語群から１つ選び，その略称を記せ。また，欠陥性状からみた選定理由を述べよ。

［語群］

アコースティック・エミッション試験（AE），外観試験（VT），浸透探傷試験（PT），磁粉探傷試験（MT），赤外線サーモグラフィ試験（TT），超音波探傷試験（UT），放射線透過試験（RT），漏れ試験（LT）

	検出しようとする欠陥	試験方法	欠陥性状からみた選定理由
(1)	V開先多層盛鋼溶接部のパス間の融合不良		
(2)	高張力鋼溶接継手のジグ跡の微細な割れ		
(3)	すみ肉鋼溶接部のアンダカット		
(4)	SUS304溶接部の表面割れ		
(5)	アルミニウム溶接部のブローホール		

問題18.　溶接部の非破壊試験に関する以下の問いにおいて，正しい選択肢の記号に○印をつけよ。ただし，正答の選択肢は1つだけとは限らない。

(1) JIS Z 3104による放射線透過試験で，透過写真の必要条件として規定しているのはどれか。

イ．きずの像のコントラスト

ロ．試験部の濃度範囲

ハ．透過度計の識別最小線径

ニ．階調計の濃度

(2) 超音波斜角探傷試験において，欠陥の深さ位置を推定するために必要なのはどれか。

イ．屈折角

ロ．ビーム路程

ハ．溶接線方向の探触子位置

ニ．溶接中心線からの探触子位置

(3) 鋼溶接部の磁粉探傷試験に適用できる磁化方法はどれか。

イ．プロッド法

ロ．コイル法

ハ．電流貫通法

ニ．極間法

(4) 屋外配管溶接部の浸透探傷試験で，溶剤除去性染色浸透液を用いる場合に適する現像方法はどれか。

イ．湿式現像法

ロ．乾式現像法

ハ．速乾式現像法

ニ．無現像剤法

(5) 溶接後の外観試験の対象となるのはどれか。

イ．ビード下割れ

ロ．開先面の融合不良

ハ．ラミネーション

ニ．オーバラップ

問題19.　マグ溶接作業における安全衛生に関する以下の問いにおいて，正しい選択肢の記号に○印をつけよ。ただし，正答の選択肢は1つだけとは限らない。

(1) 溶接作業者の火傷防止に適しているのはどれか。

イ．呼吸用保護具

ロ．かわ製保護手袋

ハ．溶接棒ホルダ

ニ．頭部保護帽（産業用安全帽）

(2) 酸素欠乏症の防止に適しているのはどれか。

イ．防じんマスク

ロ．ヒューム吸引トーチ

ハ．電動ファン付き呼吸用保護具

ニ．送気マスク

(3) 皮膚に障害を起こす有害因子はどれか。

イ．溶接ヒューム

ロ．アーク光

ハ．スパッタ

ニ．アルゴン

(4) 溶接ヒュームへのばく露防止に有効なのはどれか。

イ．全体換気装置

ロ．かわ製保護手袋

ハ．局所排気装置

ニ．保護めがね

(5) 熱中症の危険信号はどれか。

イ．目が痛くてまぶしい

ロ．高い体温

ハ．咳や息切れ

ニ．ズキンズキンとする頭痛

問題20.　交流被覆アーク溶接を行う場合の災害防止対策について，以下の問いに答えよ。

(1) 感電事故の防止対策を２つ挙げよ。

対策１：

対策２：

(2) スパッタによる火災の防止対策を１つ挙げよ。

対策１：

(3) 高所作業での墜落・落下対策を２つ挙げよ。

対策１：

対策２：

●2022年６月５日出題　１級試験問題●
解答例

問題１．　①融接，②圧接，③被覆アーク溶接，④マグ溶接，⑤機械的圧力（圧力），⑥抵抗スポット溶接，⑦摩擦圧接，⑧融点（溶融温度），⑨毛管現象（毛細管現象，ぬれ），⑩ろう付（はんだ付）

※③，④は順不同，サブマージアーク溶接，ティグ溶接，ミグ溶接，レーザ溶接，なども可。⑥，⑦は順不同，プロジェクション溶接，シーム溶接，アプセット溶接，フラッシュ溶接，ガス圧接，なども可

問題２．（1）

概要と特徴：

被覆剤（フラックス）の溶融によって発生するガスまたは散布したフラックスで，溶融金属を大気から保護する。また，生成した溶融スラグが溶融金属の表面を覆い，溶融金属の酸化や窒化を防止する。ビード表面は凝固スラグで覆われるため，溶接後に凝固スラグの除去が必要である。

該当する溶接法：

被覆アーク溶接，サブマージアーク溶接，セルフシールドアーク溶接から１つ挙げる。

（2）

概要と特徴：

アルゴン，炭酸ガスまたはそれらの混合ガスなどを溶接部近傍に吹き付けて，溶融金属が大気と接触することを防ぎ，溶融金属を大気から保護する。ソリッドワイヤを用いると凝固スラグの生成はわずかであり，凝固スラグの剥離はほぼ必要ない。

該当する溶接法：

マグ溶接，ミグ溶接，ティグ溶接などから１つ挙げる。

問題３． ①ロ，②ニ，③ニ，④ハ，⑤イ，⑥ハ，⑦ニ，⑧ハ，⑨ロ，⑩イ

問題４． (1) ハ，(2) ロ，(3) ハ，(4) ロ，ハ，(5) イ，ハ

問題５． (1) ニ，(2) ハ，ニ，(3) ハ，ニ，(4) イ，(5) ロ，ニ

問題６． ①オーステナイト，②焼入れ，③焼戻し，④炭化物（セメンタイト），⑤焼戻しマルテンサイト，⑥焼ならし，⑦フェライト，⑧TMCP，⑨合金元素（Ｃでも可），⑩炭素当量C_{eq}

問題７． (1)

次のうちいずれかを記載する。

①大気や雰囲気から溶接金属に混入する水素や窒素は，液体と固体では溶解度に著しい差があるため，凝固時にガスが放出され，大気中に抜けきれない場合にブローホールとして残存する。

②溶融金属中の炭素と酸素の反応により生成したCOガスが気泡となり，ブローホールとして残存する。

(2)

溶接速度が遅くなると，凝固速度が遅くなって，溶融金属中のガスが溶融池表面まで浮上して，大気中に放出されやすい。

(3) 溶接速度以外のブローホールの防止策を３つ挙げよ。

防止策１，２，３：

以下から３つ挙げる。

①防風対策を行う。

②適正なガス流量で，溶接雰囲気のシールドを完全にする。

③ノズル－母材間距離（ノズル高さ）を適切に保つ。

④ノズルに付着したスパッタを定期的に除去する。

⑤溶接棒，フラックスを適切に乾燥する。

⑥予熱を行い，凝固速度を遅くする。

⑦鋼材に付着している油，ペイント，さびなどを除去し，開先面

を綺麗にする。
⑧溶接電流・電圧を大きくする（入熱を大きくする）。

問題8． (1)

オーステナイト系ステンレス鋼は，面心立方構造であり極低温に至るまでぜい性破壊しないため。

(2)

フェライト系ステンレス鋼の溶接金属は，結晶粒が粗大化しやすいため。シグマ相ぜい化，475℃ぜい化によるじん性低下も起こり得る。

(3)

溶接熱サイクルによって結晶粒界にCr炭化物が析出し，その近傍にCr 濃度が低下した領域（Cr欠乏層）が形成されるため（鋭敏化を起こすため）。

(4)

液化割れ

問題9． (1)

$\pi(R+h/2)$

(2)

$\pi(R+h)$

(3)

$[\pi(R+h)-\pi(R+h/2)]/\pi(R+h/2)$

$=h/(2R+h)$

(4)

$h/(2R+h)\leq 1/5$より，$R\geq 2h$

すなわち，曲げ半径Rを平板厚さhの２倍以上にすればよい。

問題10． (1) イ，(2) ロ，ニ，(3) ハ，ニ，(4) ハ，ニ，(5) イ，ニ

問題11. (1)

(c) 肉盛側に凸

(2)

(b) 肉盛側に凹

【解説】肉盛溶接したステンレス鋼側の収縮が軟鋼に比べて大きいため，(b) のように変形する。

(3)

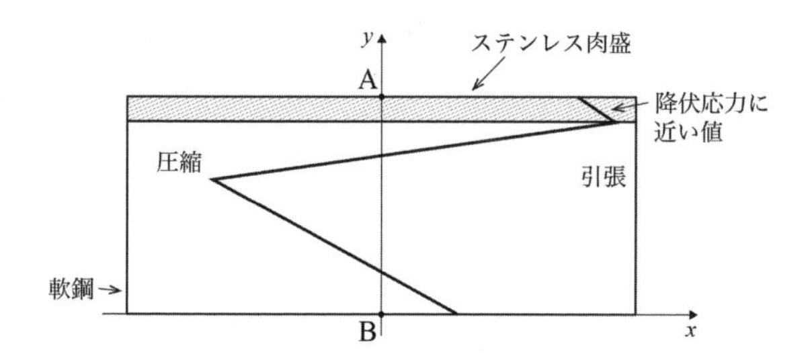

【解説】

ステンレス鋼肉盛溶接部の自由収縮が軟鋼によって拘束されるので，ステンレス鋼肉盛側には引張応力が生じる。軟鋼にはそれに釣り合う圧縮応力が生じるが，軟鋼の外表面部（肉盛側とは反対側）にも曲げ変形による引張応力が発生する。平板には外力が作用していないので，AB断面でのx方向残留応力は，残留応力の和が０，かつ残留応力による曲げモーメント和が０になるように分布する。

(4)

ゼロ

問題12. (1)

①96，②2000，③192000

【解説】①許容引張応力は，240×2/3＝160と440×1/2＝220の小さい方なので160N/mm^{2}である。許容せん断応力は許容引張応力の60%なので，160×0.6＝96N/mm^{2}となる。②10×200＝2000mm^2，

③$96\times2000=192000$N

(2)

④96，⑤280，⑥26880

【解説】④①と同じ，⑤$0.7S\times200\times2=280S$，⑥$96\times280S=26880S$[N]

(3)

⑦7.2

【解説】⑦$192000=26880S$より，$S=7.14$mm →7.2mm

問題13. (1) 鋼材

管理項目１，２：

以下から２つ挙げる。

①材料証明書（ミルシート）と現物との照合

②鋼種の識別

③鋼材運搬時のキズ防止

④保管要領

⑤鋼材表面の防錆処理の実施

⑥材料の歩留まり

⑦残材の識別

(2) 溶接材料

管理項目１，２，３：

以下から３つ挙げる。

①溶接材料の保管，払い出し

②溶接材料の選定と誤用防止

③溶接棒の乾燥（乾燥温度と時間）

④大気中放置時間

⑤サブマージアーク溶接用フラックスの乾燥（乾燥温度と時間）

⑥フラックスとワイヤの組合せ

⑦高張力鋼用溶接棒の保温と使用時注意事項

問題14.　項目１～５：

以下から５つ挙げる。

①製造生産計画

②工程票（ルーティングカード）

③溶接物における溶接位置

④非破壊試験要領および要員

⑤補修位置と条件

⑥一時的取付品の位置

⑦溶接技能者および溶接オペレータと所有資格

⑧鋼材および溶接材料の識別およびミルシート

⑨施工日時，天候（温度・湿度）

⑩施工場所とその環境条件

⑪溶接施工要領書

⑪-1 予熱・後熱の有無と条件

⑪-2 溶接条件

⑪-3 PWHT の有無と条件

⑪-4 溶接装置（自動溶接および全自動溶接装置）

問題15. (1) ハ，(2) ロ，(3) ニ，(4) ニ，(5) イ

問題16. (1)

①

ビード幅が広く溶込みが浅い溶込み形状にする。

（ビード幅（W）/溶込み深さ（H）の値を１以上にする）

②

対策１, ２：

以下から２つ挙げる。

・開先角度を広くする。

・溶接電流を下げて溶接速度を遅くする。

・溶接入熱を小さくする。

(2)

対策1，2：

以下から2つ挙げる。

・再熱割れの発生しにくい成分の母材（ΔG，P_{SR}の小さい材料）を選択する

・溶接入熱の低減によるHAZの粗粒化抑制

・テンパビードによる粗粒HAZの微細化

・ビード止端部の仕上げによる応力集中の緩和

問題17.

	検出しようとする欠陥	試験方法	欠陥性状からみた選定理由
(1)	V開先多層盛鋼溶接部のパス間の融合不良	UT	表面と平行な面状の内部欠陥である。
(2)	高張力鋼溶接継手のジグ跡の微細な割れ	MT	強磁性体材料の表面およびその近傍の割れである。
(3)	すみ肉鋼溶接部のアンダカット	VT	発生位置が止端部に特定され目視で対象となる欠陥である。
(4)	SUS304溶接部の表面割れ	PT	非磁性体材料の表面開口きずである。
(5)	アルミニウム溶接部のブローホール	RT	球状の内部欠陥である。

問題18. (1) ロ，ハ，(2) イ，ロ，(3) イ，ニ，(4) ハ，(5) ニ

問題19. (1) ロ，ニ，(2) ニ，(3) ロ，ハ，(4) イ，ハ，(5) ロ，ニ

問題20. (1)

対策1，2：

以下より2つ挙げる。

・交流アーク溶接機用自動電撃防止装置の使用

・絶縁型ホルダの使用
・かわ製保護手袋の使用
・絶縁性の安全靴の使用
・足カバー，腕カバー，前掛けなどの使用

(2)

対策1：

以下より1つ挙げる。

・可燃物をあらかじめ除去しておく
・防炎シートの設置
・遮へい板の設置

(3)

対策1：

対策2：

以下より2つ挙げる。

・手すりや足場の設置
・ハーネス型墜落制止用器具（安全帯）の使用
・工具や材料などを落下させない適切な処置
・制限荷重の遵守
・足場の上に重量物を置かない
・足場上を走ったり，飛び降りたりしない

●2021年11月7日出題●

1級試験問題

問題1． 次の文章は，各種溶接・接合法ついて述べたものである。以下の問いにおいて，正しい選択肢の記号に○印をつけよ。ただし，正答の選択肢は1つだけとは限らない。

(1) 太径ワイヤを用いるサブマージアーク溶接について正しいものはどれか。

イ．一般に直流・定電圧特性電源を用いる

ロ．炭酸ガスをシールドに用いる

ハ．アーク電圧をフィードバックしてワイヤ送給速度を制御する

ニ．じん性が良好な熱影響部（HAZ）が得られる

(2) エレクトロガスアーク溶接について正しいものはどれか。

イ．一般に直流・定電圧特性電源を用いる

ロ．炭酸ガスをシールドに用いる

ハ．アーク電圧をフィードバックしてワイヤ送給速度を制御する

ニ．じん性が良好な熱影響部（HAZ）が得られる

(3) プラズマアーク溶接について正しいものはどれか。

イ．ノズル電極による熱的ピンチ効果を利用する

ロ．炭酸ガスを作動ガスに用いる

ハ．金属の溶接には非移行式プラズマを用いる

ニ．ノズル電極の穴径を小さくしすぎるとシリーズアークが発生する

(4) レーザ溶接について正しいものはどれか。

イ．金属の溶接には一般に紫外領域のレーザ光を用いる

ロ．金属蒸気の影響を受けにくい

ハ．材料の種類によらず安定した溶込みが得られる

ニ．薄鋼板を高速に溶接できる

(5) 摩擦攪拌接合（FSW）について正しいものはどれか。

イ．ツール回転運動による摩擦熱を利用して母材を溶融する

ロ．接合部では塑性流動が生じ組織が微細化される

ハ．高融点材料の接合が容易である

ニ．アーク溶接に比べて溶接変形や残留応力を低減できる

問題2． 細径ワイヤを用いるマグ溶接やミグ溶接では，定電圧特性の直流電源を採用し，一般にワイヤは定速送給される。下図中には電源の外部特性と，アーク長L_0（適正溶接状態）でのアーク特性曲線，及びその時の溶接電流I_0を示している。アーク長が長くなった場合（L_1）と，アーク長が短くなった場合（L_2）のそれぞれのアーク特性曲線，及び各アーク長での溶接電流（I_1，I_2）を下図に記入せよ。また，アーク長が適正溶接状態から変動した場合のワイヤ溶融速度とアーク長の変化を説明せよ。

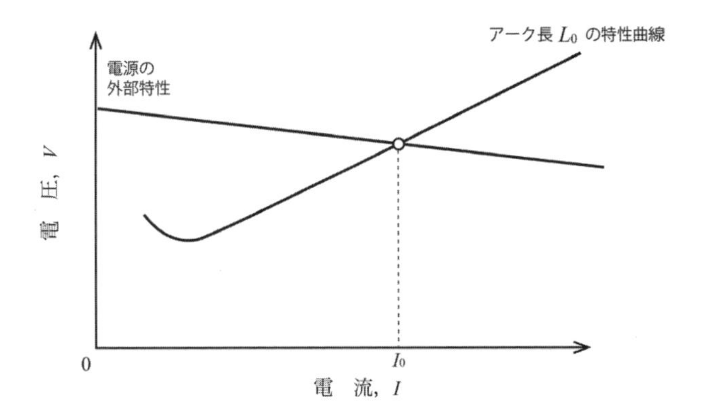

ワイヤ溶融速度とアーク長の変化：

問題3． 混合ガス（80%アルゴン＋20%炭酸ガス）をシールドガスに採用したソリッドワイヤのマグ溶接の特性について，以下の文章中の（　　）内に適切な言葉を入れよ。なお，同じ番号の（　　）には同じ言葉が入る。

(1) 小電流域では①（　　）移行，中電流域では②（　　）移行，③（　　）電流以上の大電流域では④（　　）移行となる。

(2) 100%炭酸ガスをシールドガスに採用した場合に比べて⑤（　　）が拡がり，ビード外観は美麗になる。

(3) サイリスタ制御電源に比べて⑥（　　）制御電源では，⑦（　　）発生量を抑制できる。さらに，⑧（　　）波形を細かく制御することで⑦（　　）発生量を大幅に抑制できる。

(4) パルスマグ溶接では，⑨（　　）とパルス期間を適切に設定すれば溶滴の移行形態は⑩（　　）移行となり，⑦（　　）発生量を大幅に抑制できる。

問題4．　次の文章は，溶接用ロボットによるマグ溶接について述べている。以下の文章中の（　　）内に適切な言葉を入れよ。

(1) あらかじめロボットに動作を教えてそのまま再現させる方式を（　　）形という。

(2) アークを発生させていない状態でロボットに動作を教える方法を（　　）という。

(3) 三次元CADデータなどを利用してコンピュータ画面上でロボットに動作を教える方法を（　　）という。

(4) 溶接ワイヤを利用して母材の位置情報などを認識するものを（　　）センサという。

(5) 溶接中の電流変化を利用して溶接線を倣うものを（　　）センサという。

問題5．　次の文章は鋼とその溶接性について述べている。正しい選択肢の記号に○印をつけよ。ただし，正答の選択肢は1つだけとは限らない。

(1) 建築構造用圧延鋼材（SN材）のB種及びC種で上限値が規定されているのはどれか。

イ．引張強さ

ロ．炭素当量

ハ．伸び

ニ．降伏比

(2) 溶接部の冷却速度について正しいのはどれか。

イ．溶接入熱が大きくなると，冷却速度は大きくなる

ロ．予熱・パス間温度が高くなると，冷却速度は大きくなる

ハ．板厚が厚くなるほど，冷却速度は大きくなる

ニ．溶接部の冷却速度は，継手形状に依存する

(3) 低炭素鋼の溶接熱影響部で最高硬さを示す加熱温度範囲はどれか。

イ．750～900 ℃

ロ．900～1100 ℃

ハ．1100～1250 ℃

ニ．1250～1540℃

(4) 低温割れについて正しいのはどれか。

イ．割れの主原因は酸素である

ロ．300℃以下で生じる

ハ．硬化組織ほど生じやすい

ニ．フェライト系ステンレス鋼では生じない

(5) 高温用鋼について正しいのはどれか。

イ．クリープ特性が要求される

ロ．9%Ni鋼は代表的な高温用鋼である

ハ．Crは高温用鋼の重要元素である

ニ．P_{CM}が低く低温割れ感受性が低い

問題6．　下図は780N/mm^{2}級高張力鋼の溶接用連続冷却変態図（CCT図）の一例である。図の太実線は連続冷却変態曲線，点線は冷却曲線である。以下の問いに答えよ。

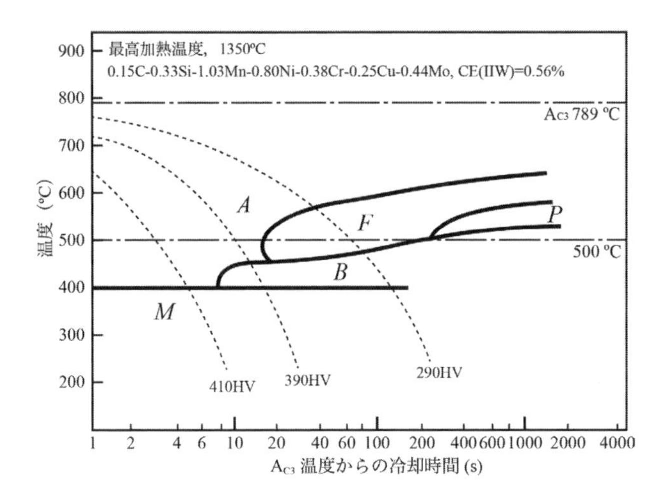

(1) 採用した溶接条件では，A_{C3}温度から500℃までの冷却速度が約4℃/sであった。溶接熱影響部の組織はどのような組織になるか。

(2) 設問（1）の溶接条件での溶接熱影響部の硬さはおおよそいくらか。

(3) 設問（1）の溶接条件より溶接入熱量を小さくすると，冷却曲線は左右いずれの方向に移動するか。また，それに伴い溶接熱影響部の硬さはどのように変化するか。

(4) この鋼に合金元素を加えて炭素当量を高めると，太実線の変態曲線は左右いずれの方向に移動するか。また，それに伴い溶接熱影響部の硬さは，冷却条件が同じ場合，どのように変化するか。

問題7.　鋼の溶接材料に関する以下の問いに答えよ。

(1) 高張力鋼を被覆アーク溶接する場合，低水素系溶接棒を使用する理由を答えよ。

(2) イルミナイト系溶接棒を用いた場合の溶接金属のじん性は，低水素系溶接棒を用いた場合に比べて一般に低い。その理由を答えよ。

(3) マグ溶接用ソリッドワイヤの化学成分の中で，軟鋼用被覆アーク溶接棒心線に比べて多量に含有されている元素を2つ答えよ。

また，これらの元素を多量に含有させる理由を答えよ。

元素1：

元素2：

理由：

(4) サブマージアーク溶接用ボンドフラックスが，溶融フラックスに比べて優れている特徴を答えよ。

問題8． オーステナイト系ステンレス鋼の溶接部で発生する割れに関する以下の問いに答えよ。

(1) 凝固割れを助長する主な元素を2つ答えよ。

(2) 凝固割れを防止するには，溶接金属をどのような組織にすべきか答えよ。

(3) 設問 (2) の組織を予想し，溶接材料の選定に使用される図の名称を答えよ。

(4) 溶接熱影響部において，粒界に存在する低融点化合物が局部溶融することで生じる割れの名称を答えよ。

(5) めっきや塗料に含まれるZn と反応して粒界に生じる割れの名称を答えよ。

問題9． 下図のような断面積が同じ矩形断面はり（幅 b，高さ h）と正方形断面はり（幅 a，高さ a）がある。両はりが同じ大きさの曲げモーメント M を受けるとき，矩形断面はりの最大曲げ応力を正方形断面はりの1/2にするには，矩形断面はりの寸法をどのように設定すればよいか，下記の手順に従って（　）内を解答しながら考えよ。なお，矩形断面はりの断面二次モーメント I は，$I = bh^3/12$ で与えられる。

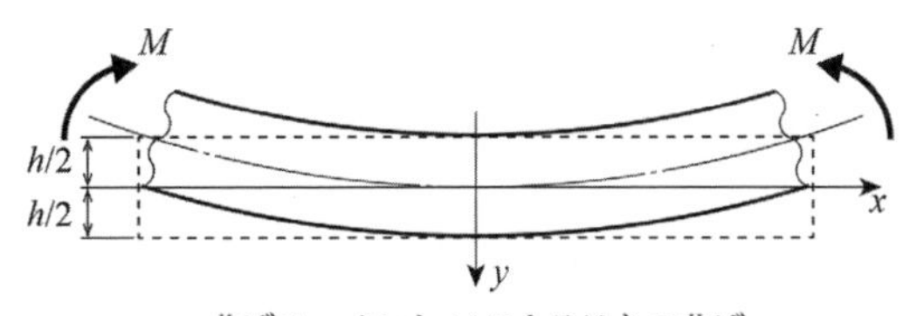

曲げモーメント M によるはりの曲げ

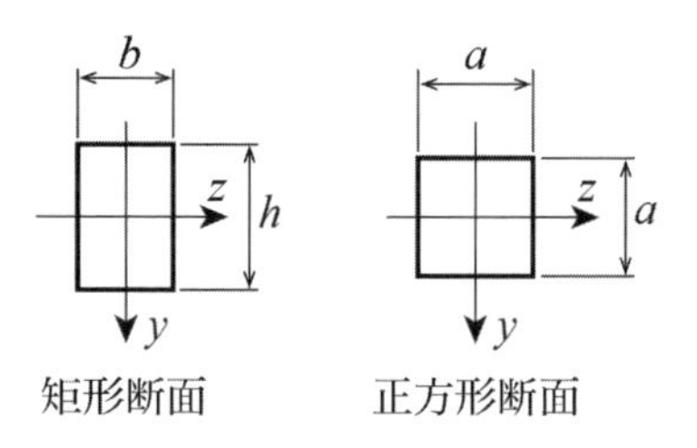

(1) はりの曲げ応力σは，中立軸からの距離をyとすると，次式で与えられる。

$$\sigma = M \times \frac{(\qquad)}{I}$$

(2) したがって，矩形断面はりの最大曲げ応力σ_{max}は，次のように表される。

$$\sigma_{max} = M \times \frac{12}{bh^3} \times (\qquad)$$

(3) 一方，正方形断面はりの最大曲げ応力σ_{max}は，設問（2）において$b=h=a$とおけばよいので，次のようになる。

$$\sigma_{max} = M \times \frac{12}{a^4} \times (\qquad)$$

(4) したがって，「矩形断面はりの最大曲げ応力＝（1/2）×正方形断面はりの最大曲げ応力」の関係と，「矩形断面はりと正方形断面はりの断面積が同じ（$bh=a^2$）」の条件から，

$h=$(　　　　)，$b=$(　　　　)となる。

問題10.　次の文章は溶接継手の残留応力及び溶接変形について述べている。以下の問いにおいて，正しい選択肢の記号に○印をつけよ。ただし，正答の選択肢は1つだけとは限らない。

(1) 引張残留応力の生成要因はどれか。

イ．加熱時の溶接部の引張塑性ひずみ

ロ．加熱時の溶接部の圧縮塑性ひずみ

ハ．冷却時の溶接金属部の収縮ひずみ
ニ．冷却時の溶接金属部の膨張ひずみ

(2) 軟鋼及び高張力鋼の平板突合せ溶接継手における最大引張残留応力の記述で正しいのはどれか。
イ．軟鋼継手，高張力鋼継手ともに降伏応力程度
ロ．軟鋼継手では降伏応力程度，高張力鋼継手では降伏応力より小さい場合が多い
ハ．軟鋼継手では降伏応力より小さい場合が多い，高張力鋼継手では降伏応力程度
ニ．軟鋼継手，高張力鋼継手ともに降伏応力より明らかに小さい

(3) 平板突合せ溶接継手の残留応力は，溶接入熱が大きくなるとどうなるか。
イ．最大引張残留応力，引張残留応力の生成範囲ともに大きくなる
ロ．最大引張残留応力は大きくなるが，引張残留応力の生成範囲は変化しない
ハ．最大引張残留応力は変化しないが，引張残留応力の生成範囲は大きくなる
ニ．最大引張残留応力，引張残留応力の生成範囲ともに変化しない

(4) 角変形の生成要因はどれか。
イ．母材と溶接金属の静的強度差
ロ．母材と溶接金属の線膨張係数差
ハ．継手表面側と裏面側の縦収縮差
ニ．継手表面側と裏面側の横収縮差

(5) 横収縮量に影響を及ぼす因子はどれか。
イ．開先の断面積
ロ．母材の縦弾性係数
ハ．溶接金属の降伏応力
ニ．溶接入熱量

問題11.　次の溶接継手をJIS Z 3021の溶接記号で表せ。

(1) V形開先，完全溶込み溶接（裏波溶接）

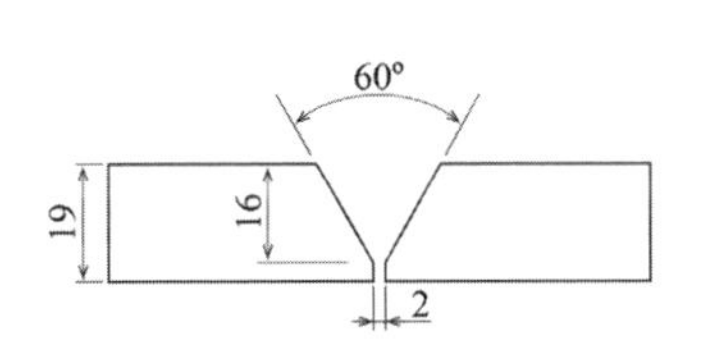

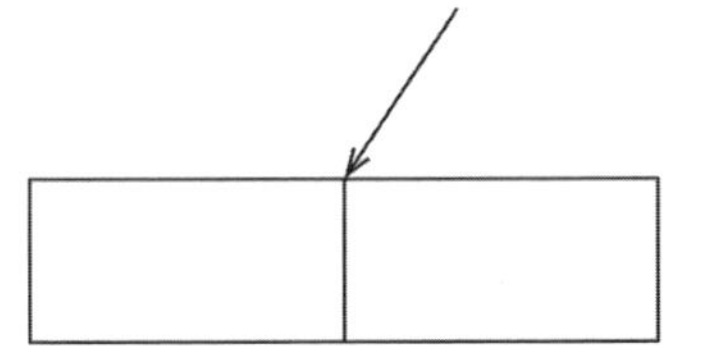

(2) V形開先，完全溶込み溶接，裏当て金使用，表面切削仕上げ

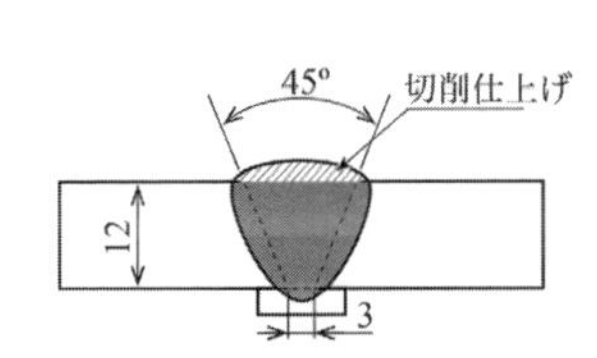

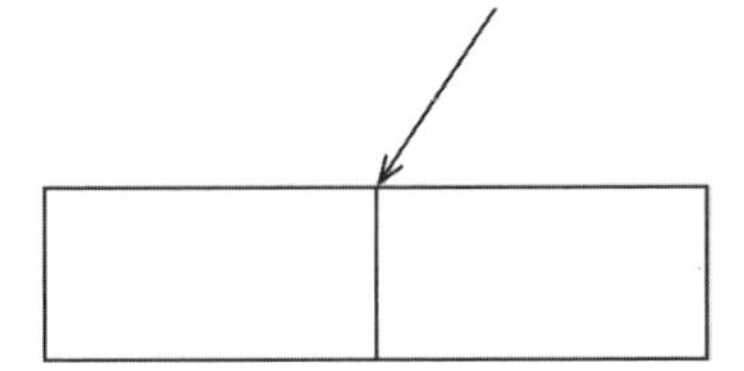

(3) H形開先，部分溶込み溶接

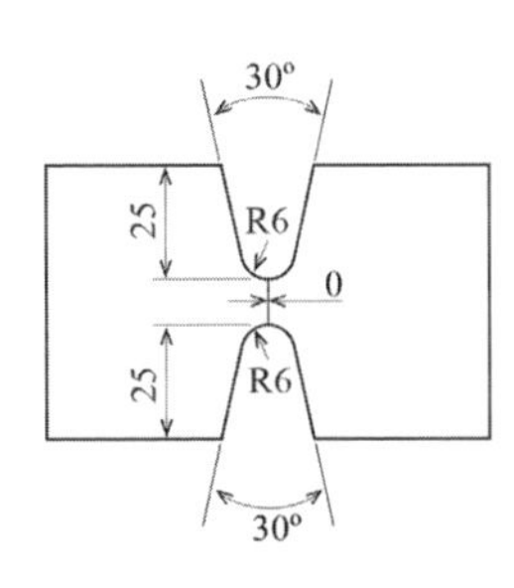

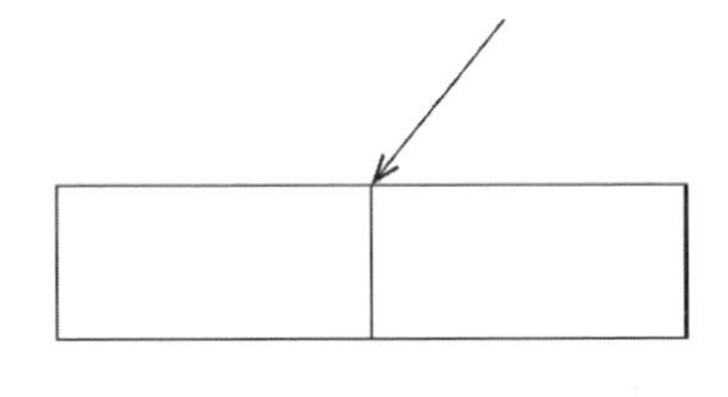

(4) 鋼管の突合せV 形開先継手，全周現場溶接，溶接後に鋼管内部線源の全周放射線透過試験

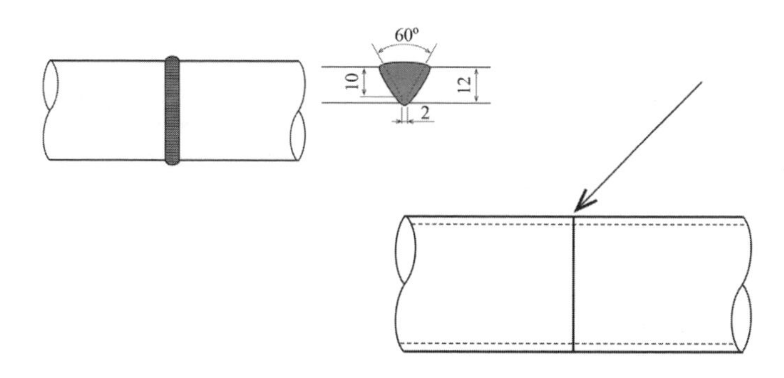

問題12.　下図のような引張荷重Pが作用する両面当て金すみ肉溶接継手の許容最大荷重を224kNとしたとき，必要なすみ肉溶接のサイズはいくらか，解答手順に従って算出せよ。なお，すみ肉溶接は等脚長で，サイズは脚長に等しいとし，各すみ肉継手の有効溶接長さは200mmとする。また，許容引張応力は140N/mm^2，許容せん断応力は80N/mm^{2}で，$1/\sqrt{2}=0.7$とする。

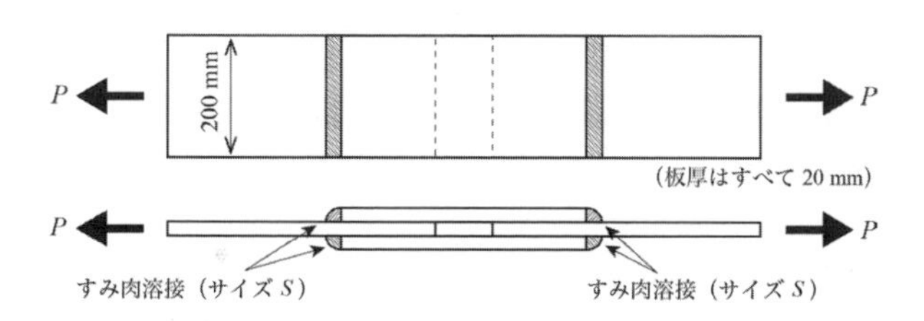

(1) 当て金継手の許容応力は，①（　　）N/mm^{2}である。

(2) 荷重は表裏一対のすみ肉溶接継手により伝達されるので，強度計算に用いる合計有効溶接長さは，②（　　）mm である。

(3) 必要サイズをSとすると，各すみ肉溶接部ののど厚は③（　　）× Smmである。

(4) したがって，力を伝える有効のど断面積は④（　　）× Smm^2

となる。

(5) 許容最大荷重＝有効のど断面積×許容応力より，必要なすみ肉溶接のサイズSは，⑤（　　）mmとなる。

問題13. 次の文章は，溶接管理について述べたものである。以下の問いにおいて，正しい選択肢の記号に○印をつけよ。ただし，正答の選択肢は1つだけとは限らない。

(1)「品質マネジメントシステム－要求事項」(JIS Q 9001) で，規定されている項目はどれか。

イ．品質方針
ロ．作業の安全・衛生
ハ．溶接材料の適合性
ニ．溶接施工要領書

(2)「溶接の品質要求事項」(JIS Z 3400) で，規定されている項目はどれか。

イ．トレーサビリティ
ロ．設計コンセプト
ハ．溶接施工要領書
ニ．工程作成ソフトウェア導入

(3)「溶接管理－任務及び責任」(JIS Z 3410) で，規定されている項目はどれか。

イ．継続的改善
ロ．設備投資計画
ハ．生産計画
ニ．溶接後熱処理

(4)「溶接管理－任務及び責任」(JIS Z 3410) で，溶接前の点検，試験及び検査に該当する項目はどれか。

イ．継手の準備状況の確認
ロ．タック溶接の確認
ハ．裏はつり

ニ．非破壊検査の適用

(5)「溶接管理－任務及び責任」(JIS Z 3410) で，溶接中の点検，試験及び検査に該当する項目はどれか。

イ．溶接材料の識別

ロ．予熱・パス間温度の確認

ハ．溶接順序の確認

ニ．溶接技能者の適格性証明書の有効性確認

問題14.　鋼のアーク溶接に関する溶接施工要領を承認するための溶接施工法試験がJIS Z 3422-1:2003で規定されており，規定された事項を承認範囲外への変更を行う場合は，新たな溶接施工法試験を必要とする。炭素鋼板を用いた突合せ継手（完全溶込み）をマグ溶接で施工する場合に，承認範囲外への変更に該当する事項を5つ挙げよ。

項目1：

項目2：

項目3：

項目4：

項目5：

問題15.　ロボット溶接にはマグ溶接が多用されている。その理由を5つ挙げよ。

理由1：

理由2：

理由3：

理由4：

理由5：

問題16.　鋼構造物の溶接によるひずみ・変形の抑制に効果のある施工段階の対策を5つ挙げよ。

対策1：

対策2：

対策3：

対策4：

対策5：

問題17.　鋼突合せ溶接部の放射線透過試験をJIS Z 3104に従って実施するときの，一般的な撮影配置を右図に示す。以下の問いに答えよ。

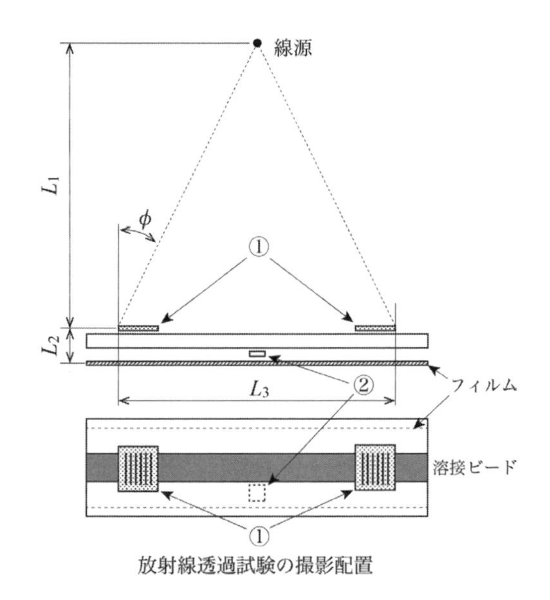

放射線透過試験の撮影配置

(1) 図中の①及び②の名称を記し，①の使用目的を簡潔に記述せよ。

①の名称：

②の名称：

①の使用目的：

(2) A級の像質で試験する場合，線源から試験部の線源側表面までの距離L_1は，試験部の溶接線方向の有効長さL_3の2倍以上と規定されている。このように，有効長さL_3に対して線源からの距離L_1を十分長くとるのはなぜか，その理由を簡潔に記せ。

問題18.　次の文章は溶接部の非破壊試験について述べている。以下の問いにおいて，正しい選択肢の記号に○印をつけよ。ただし，正答の選択肢は一つだけとは限らない。

(1) 超音波斜角探傷試験で検出されたエコーにより，きずの深さ位置を求めるのに用いるのはどれか。

イ．エコー高さ

ロ．ビーム路程

ハ．探触子の屈折角

ニ．探触子の周波数

(2) JIS Z 3060「鋼溶接部の超音波探傷試験方法」で，きずの分類に用いる指標はどれか。

イ．きずの種類

ロ．きずの深さ位置

ハ．きずのエコー高さ

ニ．きずの指示長さ

(3) 磁粉探傷試験が適用できる材料はどれか。

イ．SUS304

ロ．SM400

ハ．SN490

ニ．A5083

(4) 溶剤除去性染色浸透探傷試験に用いる浸透液に必要な性質はどれか。

イ．ぬれ性が良いこと

ロ．粘性が高いこと

ハ．引火点が低いこと

ニ．水溶性であること

(5) 溶接後の外観試験における確認項目はどれか。

イ．開先角度

ロ．ルート面

ハ．余盛高さ

ニ．熱影響部の硬さ

問題19.　次の文章は溶接作業における安全衛生について述べている。以下の問いにおいて，正しい選択肢の記号に○印をつけよ。ただし，正答の選択肢は一つだけとは限らない。

(1) 溶接電流250Aのガスシールドアーク溶接に適したフィルタープレートの遮光度番号はどれか。

イ．8
ロ．10
ハ．12
ニ．14

(2) 短時間のアーク溶接によって眼に障害を起こしやすい光線はどれか。

イ．紫外線
ロ．ブルーライト
ハ．赤外線
ニ．X線

(3) CO_2レーザ光が眼に入ると起こりやすい障害はどれか。

イ．白内障
ロ．網膜障害
ハ．結膜炎
ニ．角膜炎

(4) かわ製手袋を使用する目的はどれか。

イ．感電防止
ロ．金属熱防止
ハ．爆発防止
ニ．火傷防止

(5) 感電防止に有効な対策はどれか。

イ．冷房服の着用
ロ．絶縁ホルダーの使用
ハ．母材の接地
ニ．全体換気装置の使用

問題20. タンク，ボイラ，反応塔の内部など狭あいな場所においてマグ溶接を行う場合，どのような障害や災害が起きやすいか，障害や災害の例を2つ挙げ，それぞれの防止策を記せ。

例1：

防止策1：

例2：

防止策2：

●2021年11月7日出題　1級試験問題●
解答例

問題1. (1) ハ，(2) イ，ロ，(3) イ，ニ，(4) ニ，(5) ロ，ニ

問題2.

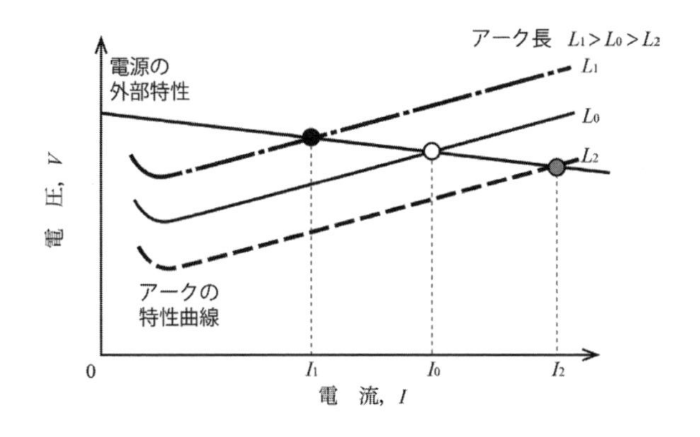

ワイヤ溶融速度とアーク長の変化：

アーク長がL_0からL_1へと長くなった場合には溶接電流がI_0からI_1へと低下してワイヤ溶融速度も低下し，アーク長がL_0からL_2へと短くなった場合には溶接電流がI_0からL_2へと増加してワイヤ溶融速度も増加するため，元のアーク長L_0へ戻そうとする作用が生じる。このように，細径ワイヤを定速送給するマグ溶接やミグ溶接で

は定電圧特性電源を用いることで，電源の自己制御作用によって特別なアーク長制御を付加しなくてもアーク長を元の長さに復元・維持することができる。

問題3．　①短絡，②グロビュール（ドロップ），③臨界，④スプレー，⑤アーク，⑥インバータ，⑦スパッタ，⑧溶接電流，⑨パルス電流，⑩プロジェクト（スプレー，1パルス1ドロップ）

問題4．　(1) プレイバック（ティーチングプレイバック），(2) ティーチング（オンラインティーチング），(3) オフラインティーチング，(4) ワイヤタッチ，(5) アーク

問題5． (1) ロ，ニ，(2) ハ，ニ，　(3) ニ，(4) ロ，ハ，　(5) イ，ハ

問題6． (1) フェライト，ベイナイト，マルテンサイトの混合組織（$\Delta t_{8/5}$ = (789 − 500) /4 ≒ 72(s)）

(2) 290HV

(3)

方向：左方向へ移動する

硬さ：硬さは上昇する

(4)

方向：右方向へ移動する

硬さ：硬さは上昇する

問題7． (1) 溶接金属中の拡散性水素を少なくし，低温割れの発生を防ぐため。

(2) 低水素系溶接棒を用いた場合に比べて，溶接金属中の酸素量が多いため。

(3)

元素1，2：Si，Mn

理由：溶接金属中の脱酸反応を促進させ，酸素を低減する。これにより，じん性低下やポロシティ（ブローホール，ピット）を抑制する。

(4)

以下から1つ挙げる。

・合金元素や炭酸塩を容易に添加しやすい
・大入熱溶接も可能
・じん性に優れる
・乾燥後の拡散性水素量が少ない

問題8． (1) P，S（Si，Nb も可）

(2) オーステナイト中にδフェライトが数%（5 ～ 10%）程度含有した組織にする。

(3) シェフラ組織図（デュロング組織図）

(4) 液化割れ

(5) 亜鉛ぜい化割れ（液体金属ぜい化割れ）

問題9． (1) y

(2) $h/2$

(3) $a/2$

(4) $h=2a$，$b=a/2$

問題10． (1) ロ，ハ，(2) ロ，(3) ハ，(4) ニ，(5) イ，ニ

問題11． (1)

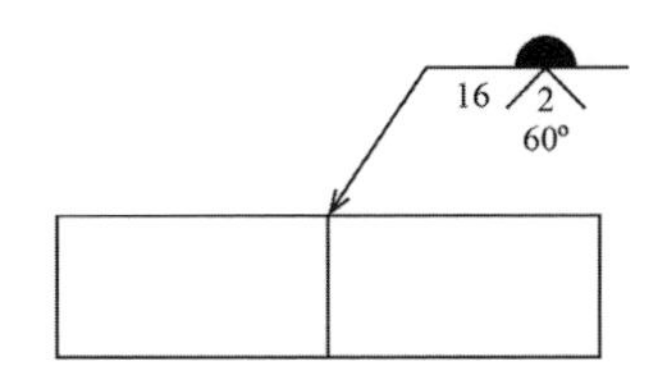

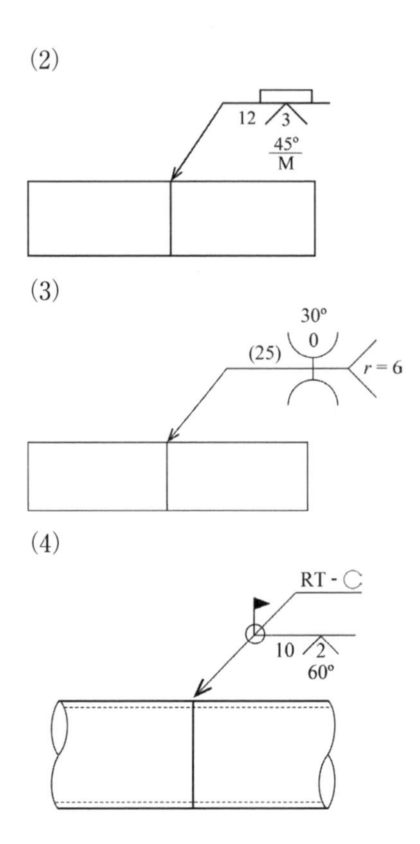

問題12. ①80，②400，③0.7，④280，⑤10

【解説】のど厚＝サイズ／$\sqrt{2}$

許容最大荷重＝のど厚×有効溶接長さ×許容応力より，

224000=280S × 80 → S=10mm

問題13. (1) イ，(2) イ，ハ，(3) ハ，ニ，(4) イ，ロ，(5) ロ，ハ

問題14. 項目1～5：

次のうち５つ挙げる。

・製造事業者

・母材の材料区分

・母材の厚さ
・溶接方法
・溶接姿勢
・継手の種類
・溶加材
・電流の種類
・入熱
・予熱温度
・パス間温度
・水素放出のための後熱
・溶接後熱処理
・シールドガスの種類
・ワイヤシステム

問題15. 理由1～5：

次の項目から5つ挙げる。

・溶接トーチが小型である。
・溶接方向やトーチ角度を変えやすい。
・溶融池，溶接線を観察しやすい。
・長時間の連続溶接ができる。
・生成スラグ量が少なく，スラグ除去作業が軽減される（ソリッドワイヤの場合)。
・新たな器具を付加せずにセンサの機能をもたせることができる(タッチセンサ，アークセンサなど)。
・シールド方式が簡便。
・溶接材料（ワイヤ，シールドガス）の供給操作（開始および停止）を遠隔，自動で行える。
・全姿勢溶接に適用できる。
・アークの発生を自動で遠隔制御できる。

問題16. 対策1～5：

次の項目から５つ挙げる。

・部材寸法精度の向上
・組立（取付）精度の向上
・開先精度の向上
・拘束ジグによる部材拘束
・過大脚長や過大余盛をなくす
・逆ひずみ法の適用
・裏側加熱の適用（すみ肉 T 継手など）
・部材の中央から自由端に向けて溶接する
・溶着量の大きい継手を先に溶接するなど溶接順序を工夫する
・後退法，対称法，飛石法を採用する
・ブロック法，カスケード法を採用する
・部材切断時の変形抑制（プラズマ切断，レーザ切断などの適用）
・高エネルギー密度溶接法の採用(レーザ溶接，電子ビーム溶接など)

問題17. (1)

①の名称：透過度計

②の名称：階調計

①の使用目的：識別される最小の線径の値により透過写真の像質を評価し，JISに規定される必要条件を満足していることを確認する（撮影条件の良否を判断する）ために用いる。

(2)

図のように試験部の端部では，試験体表面に対して放射線が斜め（角度：ϕ）に照射される。このときϕの値が大きくなるほど透過厚さは大となり，また，横割れのようなきずに対して斜め照射となるため検出が困難となる。このため，A級の像質で試験する場合は，ϕの値が約15度以下となるように，L_1とL_3の関係を，$L_1 \geqq 2 \times L_3$と規定している。

問題18. ⑴ ロ，ハ，⑵ ハ，ニ，⑶ ロ，ハ，⑷ イ，⑸ ハ

問題19. ⑴ ハ，⑵ イ，⑶ イ，ニ，⑷ イ，ニ，⑸ ロ，ハ

問題20.　以下より２つ挙げる。

例１：酸欠（シールドガスによる）

防止策１：空気中の酸素濃度を18%以上に保つよう換気をする。
送気マスク，空気呼吸器などを使用する。

例２：一酸化炭素中毒

防止策２：溶接で発生するCOガス濃度を低減するため，換気を行う。
送気マスクや空気呼吸器を使用する。

例３：爆発

防止策３：作業前に，可燃性ガスや引火性液体が存在していないか確認する。
存在している場合には排気，除去作業を行う。

例４：溶接ヒュームによる金属熱

防止策４：防じんマスク，換気，空気呼吸器および局所排気装置の使用。

例５：感電

防止策５：かわ手袋，安全靴，各種（腕，足）カバー，前掛けなどの保護具の装着。
ケーブル類の帯電部を絶縁する。

●2021年６月６日出題●

１級試験問題

問題１．　次の文章は，アーク溶接について述べている。以下の問いにおいて，正しい選択肢の記号に○印をつけよ。ただし，正答の選択肢は１つだけとは限らない。

(1) 溶接アークについて正しいものはどれか。

イ．アークへの供給電力はアーク電圧と溶接電流との積で与えられる

ロ．溶接入熱は供給電力を溶接速度で除したものである

ハ．熱効率は溶接中の電極温度に対する母材の温度上昇の割合である

ニ．サブマージアーク溶接の熱効率は50％程度である

(2) 磁気吹きについて正しいものはどれか。

イ．磁気吹きは熱的ピンチ効果の著しい非対称性によって生じる

ロ．磁気吹きは直流溶接よりも交流溶接で発生しやすい

ハ．溶接線近傍に大きな鋼ブロックがあるとアークは鋼ブロックと反対側に振れる

ニ．母材端部に近づくとアークは母材中央部側に振れる

(3) 大気からの遮蔽にフラックスを利用する溶接法はどれか。

イ．被覆アーク溶接

ロ．プラズマアーク溶接

ハ．エレクトロガスアーク溶接

ニ．セルフシールドアーク溶接

(4) 非溶極式溶接法はどれか。

イ．被覆アーク溶接

ロ．プラズマアーク溶接

ハ．エレクトロガスアーク溶接

ニ．セルフシールドアーク溶接

(5) アルミニウム合金のティグ溶接について正しいものはどれか。
　イ．直流定電流電源を用いる
　ロ．シールドガスに窒素を用いる
　ハ．棒プラス極性時に得られるクリーニング(清浄)作用を利用する
　ニ．母材表面の酸化皮膜の融点は母材の融点と同程度である

問題２． JIS C 9300-1に基づいて，交流アーク溶接機の使用率に関する以下の問いに答えよ。

(1) 次の文章の（　　）内の数字又は語句のうち，正しいものを1つ選び，その記号に○印をつけよ。

溶接機の許容使用率は，①（イ．1，ロ．5，ハ．10，ニ．20）分間に対するアーク発生時間の割合（%）と規定されており，以下で定義される。

②（イ．（使用溶接電流／定格出力電流）×定格使用率（%），ロ．（使用溶接電流／定格出力電流）^{2}×定格使用率（%），ハ．（定格出力電流／使用溶接電流）×定格使用率（%），ニ．（定格出力電流／使用溶接電流）^{2}×定格使用率（%））

(2) 定格出力電流200A，定格使用率50%の交流アーク溶接機を用いて，溶接電流150Aで動作させた場合に，溶接機の焼損のおそれのない連続溶接可能時間は何分か。整数値で答えよ。

(3) 前問（2）の交流アーク溶接機を用いて30分の連続溶接を行う際に使用できる最大溶接電流値を求めよ。ただし，$\sqrt{0.5}=0.7$とせよ。

問題３． アーク溶接と比較したレーザ溶接の長所を３つ，短所を２つ挙げよ。

長所１：
長所２：
長所３：
短所１：
短所２：

問題４．　各種切断法について以下の問いに答えよ。

(1) 低炭素鋼のガス切断が容易に行える理由を２つ挙げよ。

理由１：

理由２：

(2) 以下の文章中の（　　）内に適切な言葉を入れよ。

(2-1) 薄鋼板の高速・高精度な熱切断には①（　　）切断が適している。

(2-2) 板厚30mmのアルミニウム合金の熱切断には②（　　）切断が適している。

(2-3) 金属やセラミックスの非熱切断には，③（　　）を混入した④（　　）切断を用いる。

(2-4) 炭素鋼のプラズマ切断の切断効率を向上させるために⑤（　　）を作動ガスに用いる場合には，電極材料に⑥（　　）を用いる。

問題５．　次の文章は鋼材及び溶加材について述べている。以下の問いにおいて，正しい選択肢の記号に○印をつけよ。ただし，正答の選択肢は１つだけとは限らない。

(1) 一般構造用圧延鋼材（SS材）で規定している元素以外に溶接構造用圧延鋼材（SM材）で規定している元素はどれか。

イ．P

ロ．C

ハ．S

ニ．Mn

(2) 建築構造用圧延鋼材（SN材）のC種において，板厚方向の絞り値が規定されているのはなぜか。

イ．十分に塑性変形してから破断させるため

ロ．じん性を高めるため

ハ．ラメラテアを防止するため

ニ．低温割れを防止するため

(3) TMCP鋼が同じ強度レベルの焼入・焼戻し鋼に比べて優れているのはどれか。
イ．線膨張係数が小さい
ロ．溶接熱影響部の硬化が少ない
ハ．溶接継手の疲労強度が高い
ニ．溶接変形が少ない
(4) 高温高圧ボイラなどの圧力容器に用いられる鋼種はどれか。
イ．9%Ni鋼
ロ．Cr-Mo鋼
ハ．フェライト系ステンレス鋼
ニ．Ni基合金
(5) ガスシールドアーク溶接用のスラグ系フラックス入りワイヤがソリッドワイヤに比べて優れているのはどれか。
イ．合金元素を添加しやすい
ロ．美麗なビード外観が得られる
ハ．深い溶込みが得られる
ニ．溶接金属中の酸素量が少ない

問題6．　溶接構造用圧延鋼材SM490のアーク溶接継手に関する以下の問いに答えよ。
(1) 母材の組織は何か。
(2) 最高硬さを示すのは熱影響部のどの領域か。
(3) 最高硬さに及ぼす鋼の化学成分の影響を表す指標は何とよばれるか。
(4) 冷却速度が大きくなると増加する組織は何か。
(5) 冷却速度に影響する因子を2つ挙げよ。

問題7．　鋼の溶接材料に関する以下の問いに答えよ。
(1) 被覆アーク溶接棒における被覆材の役割を2つ挙げよ。
(2) サブマージアーク溶接用ボンドフラックスが，溶融フラックスに比べて優れている特徴を１つ挙げよ。

(3) 20%炭酸ガス＋80%アルゴン混合ガス用のソリッドワイヤを用い，100%炭酸ガスをシールドガスとしてマグ溶接した場合，溶接金属中のSi，Mn濃度と引張強さはどうなるか。

問題８． オーステナイト系ステンレス鋼の溶接部で発生する腐食に関する以下の問いに答えよ。

(1) 以下の文章中の括弧内に適切な言葉を入れよ。

オーステナイト系ステンレス鋼の溶接金属では，Crや①（　　）が貧化した箇所で孔食が生じやすい。対策には，②（　　）℃以上の熱処理により耐孔食性に有効な元素の偏析を緩和することや，Crや①の量が多い溶接材料の使用が有効となる。

(2) 応力腐食割れとはどのような割れか。また，応力腐食割れが発生する環境中に含まれる代表的なイオン種は何か。

応力腐食割れ：

イオン種：

(3) 応力腐食割れが，溶接熱影響部より溶接金属で発生しにくい理由を述べよ。

問題９． 丸棒引張試験では，標点距離の変化を計測し，ひずみ（公称ひずみ）を次のように求める。

ひずみ＝標点距離の変化量／初期標点距離

以下の問いに答えよ。

(1) 最大荷重点でのひずみの塑性成分を何というか。

(2) 最大荷重を過ぎて以降は，ひずみは２つの成分の和となる。

ひずみ＝（くびれ発生までの長さ変化量＋くびれによる長さ変化量）／初期標点距離

破断後の第１項「くびれ発生までの長さ変化量／初期標点距離」は，何を表しているか。

(3) 丸棒引張試験片の平行部内に２つの標点距離 l_1=20mm,

l_2=40mmを設けて破断伸びを測定し，次の値を得た。ただし，l_1 は l_2 の内側に設けられ，くびれは l_1 内で生じているものとする。

標点距離 l_1 に対して：破断伸び=0.4

標点距離 l_2 に対して：破断伸び=0.3

このとき，前問（1）の値を求めよ。

問題10.　ぜい性破壊について，以下の問いに答えよ。

(1) ぜい性破壊を生じる３要因を挙げよ。

(2) ぜい性破壊防止のためにはどのような材料を選定すればよいか。シャルピー衝撃試験の破面遷移温度と吸収エネルギーを用いて答えよ。

(3) 溶接継手が溶接線に直角方向に引張荷重を受けるとき，角変形が大きいとぜい性破壊強度が低下するのはなぜか。

問題11.　次の文章は，溶接継手の残留応力について述べている。以下の問いにおいて正しいものを１つ選び，その記号に○印をつけよ。

(1) 平板の突合せ溶接継手で，引張残留応力が最も大きいのはどれか。

イ．溶接始終端での溶接線方向の残留応力

ロ．溶接始終端での溶接線直角方向の残留応力

ハ．溶接継手中央部での溶接線方向の残留応力

ニ．溶接継手中央部での溶接線直角方向の残留応力

(2) 前問（1）の最大引張残留応力は，軟鋼平板ではどの程度の大きさか。

イ．降伏応力の２倍

ロ．引張強さ

ハ．降伏応力

ニ．降伏応力の半分

(3) 薄肉円筒の周溶接部では，周方向の残留応力はどうなっているか。

イ．圧縮の残留応力

ロ．引張の残留応力

ハ．入熱が大きいと引張の残留応力，小さいと圧縮の残留応力

ニ．入熱が小さいと引張の残留応力，大きいと圧縮の残留応力

(4) 薄肉円筒の周溶接部では，軸方向の残留応力はどうなっているか。

イ．円筒外表面，内表面ともに引張の残留応力

ロ．円筒外表面，内表面ともに圧縮の残留応力

ハ．円筒外表面では引張の残留応力，内表面では圧縮の残留応力

ニ．円筒外表面では圧縮の残留応力，内表面では引張の残留応力

(5) T継手すみ肉溶接部の，溶接線方向の残留応力はどうなっているか。

イ．圧縮の残留応力

ロ．引張の残留応力

ハ．入熱が大きいと引張の残留応力，小さいと圧縮の残留応力

ニ．入熱が小さいと引張の残留応力，大きいと圧縮の残留応力

問題12.　図のような完全溶込み溶接によるT継手とすみ肉溶接によるT継手がある。荷重Pが図に示す方向に作用するとき，すみ肉T継手の許容荷重を完全溶込みT継手と同じ値とするには，すみ肉溶接の脚長はいくらにすべきか，解答手順にしたがって考えよ。ただし，すみ肉溶接は等脚長で脚長＝サイズとし，両継手の板幅（紙面に垂直方向）は500mm，許容引張応力は140N/mm^2，許容せん断応力は70N/mm^{2}で，応力集中は考えない。また，有効溶接長さには板幅をとり，$\sqrt{2}$=1.4とする。

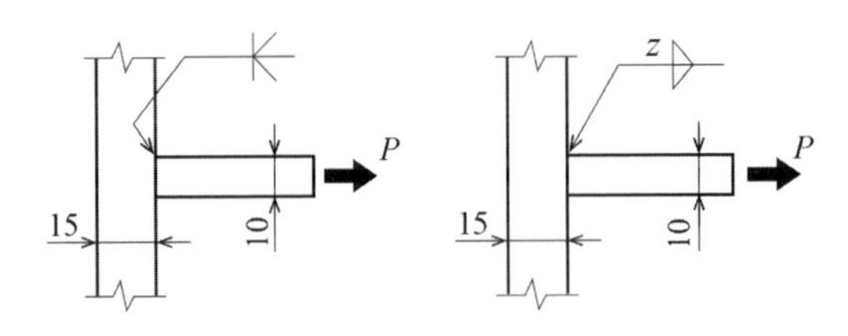

(1) まず，完全溶込み溶接T継手の許容荷重を求める。
　のど厚は①（　　）mm，有効溶接長さは500mm，許容応力は②（　　）N/mm^{2}なので，許容荷重は③（　　）kNとなる。
(2) 次に，すみ肉溶接T継手の許容荷重を求める。
　脚長をz（mm）とすると，のど厚は④（　　）mm，合計有効溶接長さは⑤（　　）mm，許容応力は⑥（　　）N/mm^{2}なので，許容荷重は⑦（　　）kNとなる。
(3) 完全溶込み溶接T継手の許容荷重＝すみ肉溶接T継手の許容荷重より，すみ肉溶接の必要脚長は⑧（　　）mmとなる。

問題13.　鋼のアーク溶接に関する溶接施工要領を承認するための溶接施工法試験がJIS Z 3422-1:2003で規定されている。この規定で，板の突合せ溶接（完全溶込み）の継手に要求される試験の種類を5つ挙げよ。
種類1：
種類2：
種類3：
種類4：
種類5：

問題14.　完全溶込みの突合せ継手開先溶接時に行う裏はつりに関する以下の問いに答えよ。
(1) 裏はつり作業の留意点を2つ挙げよ。
留意点1：
留意点2：
(2) 裏はつり方法を2つ挙げよ。
方法1：
方法2：

問題15.　鋼板をアーク溶接する場合，突合せ継手の両端部に鋼製のタブ板を取り付ける場合がある。鋼製タブ板の効果を2つ挙げ，簡潔に説明せよ。

効果①：

説明①：

効果②：

説明②：

問題16.　高張力鋼の溶接で低温割れを防ぐため，下記の項目について有効な手段を述べよ。

(1) 鋼材（母材）

(2) 被覆アーク溶接棒

(3) 溶接法（被覆アーク溶接を除く）

(4) 溶接施工

(5) 溶接後の処理

問題17.　鋼突合せ溶接部の表面欠陥を検出する非破壊試験方法について，以下の問いに答えよ。

(1) 溶接後の目視試験では，どのような不完全部を検査すべきか。4つ挙げよ。

(2) 高張力鋼の溶接後に発生する微細な表面及び表面下の割れを検出するために磁粉探傷試験を実施する場合について，下記の (a) 及び (b) について簡潔に説明せよ。

(a) 適用する磁化方法の種類とその選定理由

(b) 磁粉探傷試験を実施する時期

問題18.　次の文章は，溶接部の非破壊試験について述べたものである。(　　) 内の語句のうち，正しいものを選び，その記号に○印をつけよ。ただし，正答の選択肢は1つだけとは限らない。

(1) 放射線透過試験では，X線又は①（イ．α線，ロ．β線，ハ．γ線，ニ．δ線）を試験体に照射して，透過写真を撮影する。後者は，②（イ．試験体の厚さが薄い，ロ．微細な割れを検出する，ハ．他の作業と混在する，ニ．配管を内部線源で撮影する）場合に適している。

(2) 超音波探傷試験は，③（イ．融合不良，ロ．ブローホール，ハ．ラメラテア，ニ．アンダカット）の検出に有効である。また，放射線透過試験と比較して，検出したきずの④（イ．種類，ロ．形状，ハ．深さ位置，ニ．寸法）を推定するのに有利である。

(3) 浸透探傷試験で使用する浸透液の性能としては，ぬれ性があり，⑤（イ．粘性が高く引火点が低い，ロ．粘性が高く引火点が高い，ハ．粘性が低く引火点が低い，ニ．粘性が低く引火点が高い）ことが要求される。

問題19.　次の文章は安全衛生について述べたものである。（　　）内の語句のうち，正しいものを選び，その記号に○印をつけよ。ただし，正答の選択肢は1つだけとは限らない。

(1) アーク溶接などの業務に就かせる場合，少なくとも（イ．学科と実技，ロ．実技と設計，ハ．設計と学科，ニ．実技と保全）教育を含む特別教育を行わなければならない。

(2) 熱中症の危険信号は（イ．体温が高くなる，ロ．水ぶくれを生じる，ハ．めまいや吐き気が生じる，ニ．頻繁に咳をする）などである。

(3) 熱中症の対策として，（イ．防じんマスク，ロ．ファン付作業服（クールスーツ），ハ．溶接用前掛け，ニ．局所冷房）の使用が有効である。

(4) 溶接ヒュームは，高温のアーク熱によって
（イ．電離したシールドガス，ロ．蒸発した金属，ハ．蒸発したフラックス，ニ．軟化したコンタクトチップ）が大気で冷却され，粉じん状になったものである。

(5) 呼吸用保護具を選択及び使用するとき，（イ．ISO認証，ロ．粒子捕集効率，ハ．顔面との密着性確保，ニ．吸湿性）の確認が重要である。

問題20.　溶接作業時に発生する可能性のある健康障害と防止対策について，以下の問いに答えよ。

(1) 有害光によって生じる急性障害及び慢性障害をそれぞれ１つ挙げよ。

急性障害：

慢性障害：

(2) 有害光に対する個人用保護具を１つ挙げよ。

(3) 溶接ヒュームによって生じる急性障害及び慢性障害をそれぞれ１つ挙げよ。

急性障害：

慢性障害：

●2021年６月６日出題　１級試験問題●
解答例

問題１. (1) イ，ロ，(2) ニ，(3) イ，ニ，(4) ロ，(5) ハ

問題２. (1)

①ハ，②ニ

(2)

許容使用率の式に，問題で与えられた数値を代入すると，許容使用率＝ $(200/150)^2 \times 50 = 88$ (%) 小数点以下を切り捨てて８分。

(3)

許容使用率の式に，問題で与えられた数値を代入すると，

$(200/I)^2 \times 50 = 100$ (%)

$I = 200 \times \sqrt{(50/100)} = 200 \times 0.7 = 140A$

問題３　長所：以下より３つ挙げる。

(1) 小入熱で，熱影響部幅が狭く母材の劣化が少ない。

(2) ビード幅が狭く，1パスで深い溶込みが得られる。
(3) 溶接ひずみや変形が少ない。
(4) 磁場の影響を受けない。
(5) ミラーまたはファイバーでの伝送が可能である。
(6) タイムシェアリングやスキャナ溶接によって，1つの発振器で複数箇所をほぼ同時に溶接できる。
(7) 薄板の高速溶接が可能である。
(8) 高融点材料および非金属材料（セラミックスなど）の溶接が可能である。
(9) トーチ－母材間距離（ワークディスタンス）を長くできる。

短所：以下より2つ挙げる。
(1) 材料の種類や表面状態によってレーザ光の吸収率が異なるため，溶込み深さや溶接現象が変化しやすい。
(2) アルミニウムや銅など，レーザ光の吸収率が低い材料の溶接が困難である。
(3) 高い開先加工精度およびビームねらい精度が要求される。
(4) 金属蒸気，溶接ヒューム，プラズマ化したシールドガスなどによってレーザ光が吸収され溶込み深さが変化する。
(5) レーザ光に対する特別な安全対策が必要である。
(6) 装置が高価である。

問題4． (1)

以下から2つ挙げる。
(1) 鉄の酸化反応によって十分な発熱量（反応熱）が得られる。
(2) 酸化鉄の融点が母材の融点よりも低い。
(3) 予熱炎だけで，切断開始部を容易に発火温度以上に加熱できる。
(4) 溶融金属/溶融スラグ（スラグ）の流動性がよい。
(5) ドロス（スラグ）の母材からのはく離が容易である。
(6) 酸化反応（燃焼）を妨げる母材化学成分/不純物が少ない。

(7) 鉄の発火温度が母材の融点よりも低い。

(8) 切断材の燃焼温度が，その溶融温度より低い。

(2)

①レーザ，②プラズマ，③研磨剤（アブレシブ），④（アブレシブ）ウォータジェット，⑤空気（酸素），⑥ハフニウム（Hf）またはジルコニウム（Zr）

問題5． (1) ロ，ニ，(2) ハ，(3) ロ，(4) ロ，ニ，(5) イ，ロ

問題6． (1) フェライト＋パーライト

(2) 粗粒域（溶融線境界部）

(3) 炭素当量（Ceq）

(4) マルテンサイト（およびベイナイト）

(5)

次のうちから２つ挙げる。

①母材の板厚

②溶接入熱（溶接電流，アーク電圧，溶接速度，熱効率）

③予熱・パス間温度

④板の初期温度（外気温）

⑤継手形状

⑥溶接長

⑦風速

問題7． (1)

次のうちから２つ挙げる。

①ガスの発生および溶融スラグ形成による外気の遮断

②アークの安定化

③合金元素の添加

④溶融スラグによる脱酸・精錬

⑤良好なビード整形

(2)

次のうちから１つ挙げる。

①合金元素が容易に添加できる

②炭酸塩を添加できる

③じん性に優れる

(3)

100%炭酸ガスでは溶融池の脱酸が進み，Si，Mnがスラグとして排出されるため溶接金属中のSi，Mn濃度は混合ガスを用いた場合より低くなる。そのため，引張強さは所定の値より低下する。

問題８． (1) ①Mo，②1100

(2)

応力腐食割れ：材料を特定の腐食環境中で引張応力状態に置いた場合，腐食作用に助長されて一定時間経過後に生じる割れ

イオン種：塩化物イオン（Cl^-）

(3) 溶接金属中には応力腐食割れ感受性の低いδフェライトが含まれているため。

問題９． (1) 一様伸び（均一伸び）

(2) 一様伸び（均一伸び）

【解説】最大荷重に達するまではひずみは標点距離内で一様（均一）であるが，最大荷重を過ぎるとくびれが生じてくびれ部で選択的に変形が進行し，それ以外の部分は変形しない。

(3)

くびれによる長さ変化量をΔとすると，

$一様伸び + \Delta /20=0.4$

$一様伸び + \Delta /40=0.3$

この連立方程式を解いて，一様伸び=0.2（または20%）

問題10． (1)

・引張応力

・き裂・切欠き（応力集中）

・低じん性（低温，高ひずみ速度，材質劣化も可）

(2) 破面遷移温度が低く，使用温度での吸収エネルギーの高い材料を選定する。

(3) 角変形を元に戻すようなモーメントが生じ，そのモーメントによる曲げ応力が重畳するため。（また，曲げ応力は余盛止端部で最も大きくなる）

問題11. (1) ハ，(2) ハ，(3) ロ，(4) ニ，(5) ロ

問題12. ①10，②140，③700，④z/1.4（0.7zも可），⑤1000，⑥70，⑦50z（49zも可），⑧14（14.3も可）

【解説】

完全溶込み溶接継手の許容荷重＝のど厚×有効溶接長さ×許容引張応力，

すみ肉溶接継手の許容荷重＝のど厚×有効溶接長さ×許容せん断応力，

のど厚＝サイズ/$\sqrt{2}$で，この問題ではすみ肉溶接は2箇所あるので，合計有効溶接長さを採用する。

問題13. 次のうち5つ挙げる。

・目視試験

・放射線透過試験または超音波探傷試験

・表面割れ検出（浸透探傷試験または磁粉探傷試験）

・横方向引張試験

・横方向曲げ試験

・衝撃試験

・硬さ試験

・マクロ／ミクロ試験

問題14. (1)

次のうち２つ挙げる。

・初層溶接部をすべて除去する。

・裏はつりにより形成される開先は裏溶接で欠陥が発生しないような形状とする。例えば，開先底部がU形で裏表面に広がった形状。

・裏はつり部に欠陥や残渣が残っていないことを確認する。

・安全対策（耳栓や防じんマスク着用，はつり金属の周辺への飛散防止）

(2)

次のうち２つ挙げる。

・エアアークガウジング

・プラズマアークガウジング

・ガスガウジング

・グラインダ研削

・機械切削

問題15. 下記から２つ挙げる。

①効果：溶接欠陥の防止

説明：溶接始端には，溶込不良，融合不良，ブローホールなどが，溶接終端には，クレータ割れ，融合不良などが発生する可能性が高い。これらの欠陥を本溶接ビードに残さず，タブ板内に逃がす。

②効果：ビード形状の整形

説明：ビードの始終端は溶融金属の凝固条件が定常部と異なることや，終端では溶着量が不足することなどのため，ビード形状不良が発生しやすい。始終端をタブ板内として，本溶接ビードを安定した形状のものとする。

③効果：本溶接部でのタック溶接の省略

説明：溶接長の短い継手の場合，鋼製タブ板で継手内の変形を防止してタック溶接を省略できる。

④効果：終端割れ防止

説明：タブ板を母材に強固に取り付ければ，本溶接での回転変形を抑制して終端割れの防止に寄与する。（例えば，大入熱サブマージアーク溶接）

⑤効果：磁気吹き防止

説明：母材端部にタブ板を取り付けることで，アーク柱周辺の磁場を均等にして母材内での磁気吹きを防止する。

問題16. (1)

炭素当量（Ceq）、または溶接割れ感受性組成（P_{CM}）の低い鋼材を使用する。

(2)

・低水素系溶接棒を使用する。

・溶接棒を適切に乾燥し，吸湿しないように取り扱う。

(3)

・ソリッドワイヤを用いるガスシールドアーク溶接（ティグ溶接，マグ溶接，ミグ溶接）の採用

・電子ビーム溶接，レーザ溶接などの採用

(4)

下記のうち，１つ挙げればよい。

・予熱を行う。

・溶接入熱を大きめに設定する。

・開先を清浄にする。

・溶接部の拘束を小さくする。

(5)

直後熱を行う。

問題17. (1)

次のうち４つ挙げる。

・目違い
・余盛高さ
・アンダカット
・ビード形状（凹凸など）
・溶接による変形（角変形など）
・割れ
・ピット
・オーバラップ
・その他（アークストライク跡，スパッタの付着，クレータ処理不良など）

(2)

(a)

通常溶接部の磁粉探傷試験の磁化方法としては，極間法またはプロッド法が用いられるが，ここでは極間法（ヨーク法）を選定する。その理由は，高張力鋼溶接部への適用であり，プロッド法を用いるとスパークによる急熱急冷に起因する割れの発生が懸念されるため。

(b)

高張力鋼では低温割れの発生が懸念されるため，溶接完了後24～48時間経過した後に非破壊試験を実施する。

問題18. ①ハ，②ニ，③イ，ハ，④ハ，⑤ニ

問題19. (1) イ，(2) イ，ハ，(3) ロ，ニ，(4) ロ，ハ，(5) ロ，ハ

問題20. (1)

急性障害：電気性眼炎，表層性角膜炎，結膜炎，光線皮膚炎，視力低下

慢性障害：白内障，網膜障害

(2) 溶接用保護面，保護（遮光）めがね，溶接用かわ製保護手袋，

足・腕カバー，頭巾など

(3)

急性障害：金属熱，呼吸困難

慢性障害：じん肺，気管支炎，化学性肺炎，気胸

●2020年11月1日出題●

1級試験問題

問題1．　次の文章は，アーク溶接について述べている。以下の問いにおいて，正しい選択肢の記号に○印をつけよ。ただし，正答の選択肢は1つだけとは限らない。

(1) アーク電圧について正しいのはどれか。

イ．アーク電圧は陰極降下電圧と陽極降下電圧の和である

ロ．アーク長が長くなるとアーク電圧は高くなる

ハ．アーク長が同じ場合，シールドガスの種類によってアーク電圧は変化しない

ニ．アーク長が一定の場合，大電流域では，溶接電流の増加に伴ってアーク電圧は緩やかに上昇する

(2) 溶接アーク現象について正しいのはどれか。

イ．プラズマ気流の流速は10m/s程度である

ロ．平行な導体に同一方向の電流が通電されると，導体間には電磁力による引力が発生する

ハ．アークが冷却作用を受けて断面を収縮させる作用を電磁的ピンチ効果と呼ぶ

ニ．トーチを母材に対して傾けた場合，アークは電極と母材との最短距離で発生する

(3) ソリッドワイヤを用いるマグ溶接での溶滴移行現象について正しいのはどれか。

イ．小電流・低電圧域ではシールドガス組成によらず短絡移行となる

ロ．グロビュール移行からスプレー移行へ推移する溶接電流値をベース電流という

ハ．シールドガス中のArへのCO_2混合比率が20%の場合，中電流・中電圧域では反発移行となる

ニ．シールドガス中のArへのCO_2混合比率が20%の場合，大電流・高電圧域ではスプレー移行となる

(4) 溶接ビード形成について正しいのはどれか。

イ．溶接電流と溶接速度を一定にして，アーク電圧を高くするとビード幅と溶込み深さは増大する

ロ．溶接電流とアーク電圧を一定にして，溶接速度を速くするとビード幅と溶込み深さは増大する

ハ．アーク電圧と溶接速度を一定にして，溶接電流を増加させるとビード幅と溶込み深さは増大する

ニ．小電流・低溶接速度域では，溶落ちや穴あきが発生しやすい

(5) プラズマアークについて正しいのはどれか。

イ．プラズマアークを発生させるための作動（プラズマ）ガスにはArとCO_2の混合ガスを用いる

ロ．移行式プラズマは非移行式プラズマに比べて熱効率が悪いものの，非導電材料に適用できる

ハ．ノズル電極の穴径を小さくしすぎるとシリーズアークが発生する場合がある

ニ．プラズマ溶接では，スタンドオフ（ノズル電極－母材間距離）を長くしても溶込み深さは大きく変化しない

問題2．　次の文章は，ティグ溶接について述べている。下記の文章中の（　　）内に適切な言葉を入れよ。

(1) ティグ溶接のシールドガスにはArやHeなどの（①　　）ガスを用いる。電極材料の（②　　）は高融点金属であるが，酸化すると融点が急激に低下してしまう。

(2) パルス周波数が数Hz程度の低周波パルス溶接は，初層の裏波溶接など，母材への（③　　）制御が必要な場合に効果を発揮する。パルス周波数が300～500Hz程度の中周波パルス溶接ではアークの（④　　）性が増加し，小電流時のアーク不安定やふらつきを抑制できる。

(3) ステンレス鋼の溶接には，(⑤　　) 垂下（定電流）特性電源及び棒（⑥　　）極性が用いられる。これは集中した指向性の強い（⑦　　）が得られ，電極の消耗も少ないためである。

(4) アルミニウム合金の溶接には，一般に（⑧　　）垂下（定電流）特性電源が用いられる。これは棒（⑨　　）極性の時に得られる（⑩　　）作用を利用するためである。

問題３． アーク溶接電源及びワイヤ送給装置について以下の問いに答えよ。

(1) アーク溶接に用いられるインバータ制御電源の利点を，サイリスタ制御電源と比べて２つ挙げよ。

利点１：

利点２：

(2) 次の文章は，ワイヤ送給方式について述べている。文章中の（　　）内の言葉のうち，正しいものを１つ選び，その記号に○印をつけよ。

①（イ．プッシュ・プル，ロ．プル，ハ．プッシュ，ニ．フィードバック）式ワイヤ送給は，マグ溶接及びミグ溶接に多用されているワイヤ送給方式である。

②（イ．プッシュ・プル，ロ．プル，ハ．プッシュ，ニ．フィードバック）式ワイヤ送給は，トーチと送給装置を一体化してコンジットケーブルを介さずに直結されるため，細径ワイヤやアルミニウムなどの軟質ワイヤでも良好な送給性能が得られる。

③（イ．プッシュ・プル，ロ．プル，ハ．プッシュ，ニ．フィードバック）式ワイヤ送給は，トーチ（コンジット）ケーブルが長い場合などでも優れた送給特性が得られ，ロボット溶接などで適用が拡大している。

問題４． 次の文章は，アーク溶接ロボットについて述べている。文章中の（　　）内の言葉のうち，正しいものを１つ選び，その記号に○印をつけよ。

(1) アーク溶接には，比較的狭い設置範囲で広い動作範囲を確保できる（イ．多関節形，ロ．直交座標形，ハ．極座標形，ニ．円筒座標形）ロボットが多く用いられている。

(2) ロボットの動作指令の入力には（イ．マニピュレータ，ロ．ポジショナ，ハ．ティーチングペンダント，ニ．溶接トーチ）を用いる。

(3) あらかじめロボットに動作を教えることを
（イ．トレーニング，ロ．センシング，ハ．シミュレーション，ニ．ティーチング）という。

(4) あらかじめ教えた動作をロボットに再現させる制御方式を（イ．プレイバック，ロ．数値制御，ハ．オフライン，ニ．オンライン）方式という。

(5) コンピュータ上でロボットの動作をシミュレートして動作を教えることを（イ．プレイバックティーチング，ロ．数値制御ティーチング，ハ．オフラインティーチング，ニ．オンラインティーチング）という。

問題5．　次の問いにおいて，正しい選択肢の記号に○印をつけよ。ただし，正答の選択肢は1つだけとは限らない。

(1) 一般構造用圧延鋼材の特性で，ある温度以下で著しく低下するものはどれか。

イ．硬さ
ロ．降伏点又は耐力
ハ．シャルピー吸収エネルギー
ニ．引張強さ

(2) 建築構造用圧延鋼材（SN材）のB種及びC種にあって，A種にない規定はどれか。

イ．降伏点または耐力
ロ．炭素当量
ハ．伸び

ニ．降伏比

(3) 490N/mm²級の鋼材において，普通圧延鋼と比べたTMCP鋼の特徴はどれか。

イ．炭素当量が低い

ロ．溶接変形が少ない

ハ．予熱温度の低減が可能

ニ．溶接熱影響部で硬化しやすい

(4) 液化ガスを貯蔵・輸送するための低温容器に用いられる鋼種はどれか。

イ．Cr-Mo鋼

ロ．9%Ni鋼

ハ．フェライト系ステンレス鋼

ニ．オーステナイト系ステンレス鋼

(5) マグ溶接用ソリッドワイヤの化学成分の中で，軟鋼用被覆アーク溶接棒心線に比べて含有量の多い成分はどれか。

イ．C　ロ．Si　ハ．Mn　ニ．Al

問題6． 次の図はHT780鋼の溶接用連続冷却変態図（CCT図）の一例である。図の太実線は連続冷却変態曲線，点線は冷却曲線である。次の問いに答えよ。

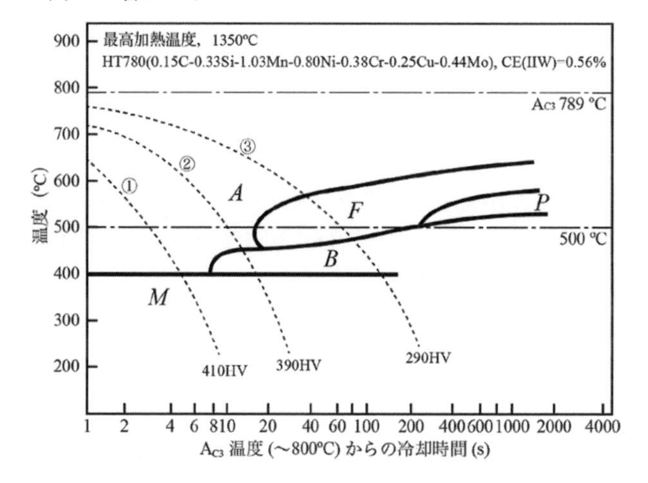

(1) 冷却曲線①で冷却した場合，A_{C3}温度からの冷却時間が２秒の時の組織を答えよ。

(2) 採用した溶接条件での冷却曲線は③であった。溶接熱影響部の組織はどのようになるか。

(3) 前問（2）の溶接条件より入熱を小さくすると，③の冷却曲線は左右いずれの方向に移動するか。

(4) 冷却曲線②で冷却したときに溶接熱影響部のマルテンサイト組織を増やすには，この鋼の炭素当量をどのようにすべきか。

(5) 前問（4）の場合，鋼の焼入性はどうなるか。

問題７．　低温割れに関する以下の問いに答えよ。

(1) 低温割れの発生要因を３つ挙げよ。

要因１：

要因２：

要因３：

(2) 予熱により低温割れが防止できる理由を記せ。

(3) 予熱以外の低温割れ防止策を４つ挙げよ。

防止策１：

防止策２：

防止策３：

防止策４：

問題８．　オーステナイト系ステンレス鋼の溶接熱影響部で発生する粒界腐食に関する以下の問いに答えよ。

(1) 粒界腐食が発生する機構（メカニズム）を説明せよ。

(2) 粒界腐食が発生する場所は，溶融境界からやや離れた領域になる理由を記せ。

(3) 粒界腐食の防止策を３つ挙げよ。

防止策１：

防止策２：

防止策３：

問題９．　次の文章は，内圧を受ける両端閉じの円筒殻，及び球殻について述べている。以下の問いに答えよ。なお，選択問題では正しいものを１つ選び，その記号に○印をつけよ。

(1) 欠陥形状・寸法が同じ場合，円筒殻の軸方向に平行な欠陥と垂直な欠陥の危険度について，正しいのはどれか。

イ．両欠陥の危険度は同じ

ロ．軸方向に平行な欠陥の方が，危険度が高い

ハ．軸方向に垂直な欠陥の方が，危険度が高い

ニ．どちらの危険度が高いかは，材料のじん性による

(2) その理由を記せ。

(3) 内圧が２倍になると，円筒殻の周方向応力と軸方向応力は，どう変化するか。

イ．ともに1/2倍になる

ロ．ともに２倍になる

ハ．周方向応力は２倍になるが，軸方向応力は1/2倍になる

ニ．軸方向応力は２倍になるが，周方向応力は1/2倍になる

(4) 板厚が２倍になると，円筒殻の周方向応力と軸方向応力は，どう変化するか。

イ．ともに1/2倍になる

ロ．ともに２倍になる

ハ．周方向応力は２倍になるが，軸方向応力は1/2倍になる

ニ．軸方向応力は２倍になるが，周方向応力は1/2倍になる

(5) 同じ内圧を受ける円筒殻と球殻で半径が同じ場合，球殻に生じる応力と円筒殻の応力の関係で正しいのはどれか。

イ．球殻に生じる応力＝２×円筒周方向応力

ロ．球殻に生じる応力＝円筒周方向応力

ハ．球殻に生じる応力＝２×円筒軸方向応力

ニ．球殻に生じる応力＝円筒軸方向応力

問題10.　断面積Aが同じ3本の丸棒が初期温度0℃で剛体板に取り付けられ，中央の棒①だけがT℃温度上昇したときに生じる熱応力を以下の手順で求める。次の問いに答えよ。なお，丸棒は弾性体で初期長さl_0=1（単位長さ）とし，縦弾性係数E，線膨張係数αは温度によらず一定とする。

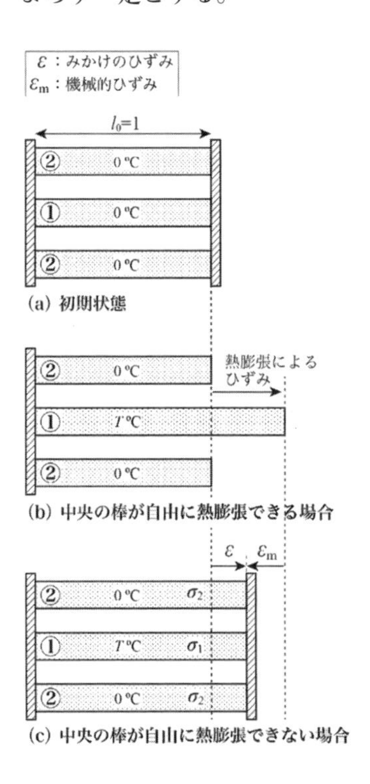

(1) 中央の棒①が自由に熱膨張できるとき（図(b)），棒①に生じるひずみはいくらか。

(2) 3本の丸棒が剛体板に取り付けられていて，中央の棒①が自由に熱膨張できないとき（図(c)），棒①に生じる熱応力をσ_1，棒②に生じる熱応力をσ_2とする。σ_1とσ_2の関係はどのように表されるか。

(3) 図(c)において，みかけのひずみをε，機械的ひずみをε_m

とする。εは，ε_mと前問（1）の熱膨張ひずみを用いてどのように表されるか。

(4) 棒②に生じる熱応力σ_2は，$\sigma_2 = E_\varepsilon$で，棒①に生じる熱応力σ_1は，$\sigma_1 = E \times$（　　）である。括弧内を埋めよ。

(5) 棒①と棒②のみかけのひずみは同じなので，前問（3）と（4）より，σ_1とσ_2の関係が次のように導かれる。右辺を具体的に記せ。

$\sigma_2 / E =$

(6) 前問（2）の式と（5）の式を連立させて解くと，熱応力σ_1，σ_2が次のように求まる。

$\sigma_1 = K_1 \times E \alpha T$，$\sigma_2 = K_2 \times E \alpha T$

K_1，K_2はいくらか。

問題11.　図に示す溶接継手の有効のど断面積を求めよ。なお，長さの単位はmmで，$1/\sqrt{2} = 0.7$とする。

(1) 溶接線が荷重方向から45°傾いた完全溶込み突合せ溶接継手

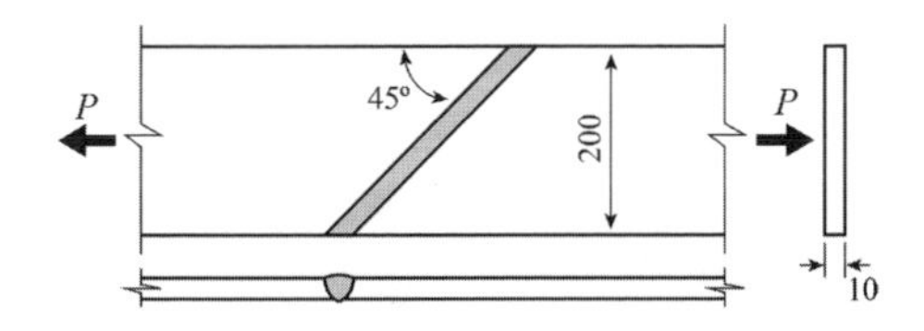

(2) 板厚の異なる平板の完全溶込み突合せ溶接継手

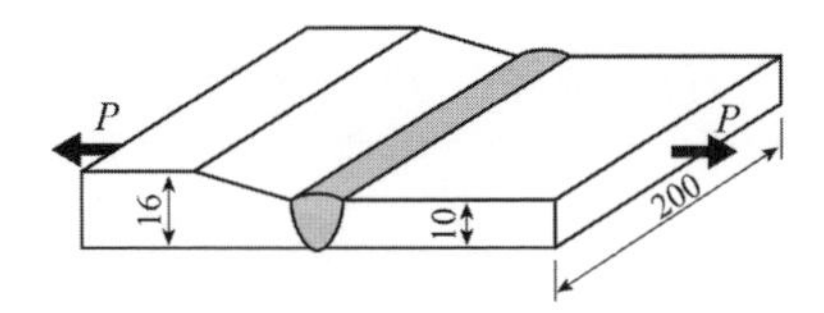

(3) 部分溶込み突合せ溶接継手

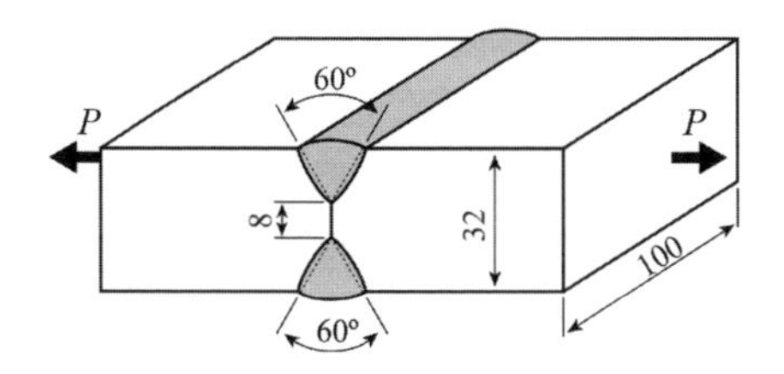

(4) 鋼構造設計規準による，被覆アーク溶接で作製された部分溶込みT形突合せ溶接継手

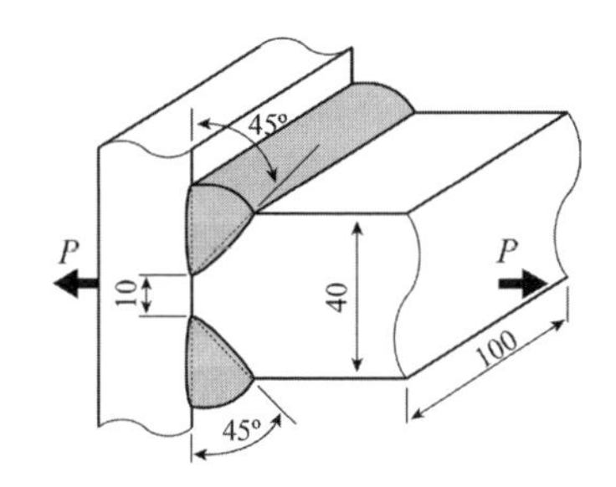

(5) T形すみ肉溶接継手

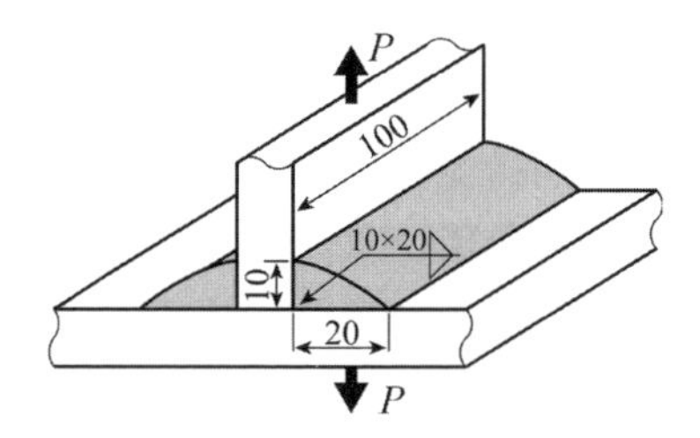

問題12.　次の文章は，溶接継手の許容応力について述べている。(　　) 内に適切な言葉又は数字を記せ。

溶接継手の許容応力には，母材の許容応力を用いる。外力が静荷重の場合，材料の静的強さが許容応力の基準となり，一般に許容応力は（①　　）又は（②　　）の何分の1の形で与えられる。荷重の大きさや使用条件に不確実な要因が多い場合には，（③　　）を低く，すなわち（④　　）を大きくとる。鋼構造設計規準では，引張及び圧縮の応力に対する④の値として（⑤　　）が用いられている。

　せん断応力に対する許容応力は，引張応力に対する許容応力よりも小さく，

$$せん断応力に対する許容応力 = \frac{引張応力に対する許容応力}{（⑥\quad）}$$

である。この場合の④の値は，鋼構造設計規準では（⑦　　）である。

溶接継手に繰返し荷重が作用する場合には，許容応力は静荷重の場合よりも小さくなり，（⑧　　）が許容応力の基準となる。溶接継手では⑧が明確でない場合が多く，ある特定の破断寿命に対する応力振幅を用いる。これは（⑨　　）とよばれ，一般に（⑩　　）万回の破断寿命に対する応力振幅が採用されている。

問題13.　JIS Z 3400：2013「金属材料の融接に関する品質要求事項」で規定されているテクニカルレビューに含まれる項目を5つ挙げよ。

項目1：

項目2：

項目3：

項目4：

項目5：

問題14.　厚板の高張力鋼・低合金鋼などの溶接構造物の部材組立時に，ストロングバックなどの一時的取付品を使用する場合の留意事項・処置を次の3つの段階について述べよ。

(1)　取付け時の留意事項（2つ挙げよ）

留意事項1：

留意事項2：

(2) 取外し時の留意事項（１つ挙げよ）
留意事項：
(3) 取外し後の処置（２つ挙げよ）
処置１：
処置２：

問題15.　JIS Z 3700：2009「溶接後熱処理方法」に規定されている内容について，文章中の（　　）内の言葉のうち，正しいものを１つ選び，その記号に○印をつけよ。
(1) 母材の区分P-1の最低保持温度は，（イ．425℃，ロ．595℃，ハ．675℃，ニ．745℃）である。
(2) 母材の区分P-1の溶接部の厚さが50mmの場合には，溶接後熱処理での最小保持時間は，（イ．１時間，ロ．２時間，ハ．３時間，ニ．４時間）である。
(3) 母材板厚を$t$mmとすると，被加熱部の加熱速度は，（イ．$220\times5/t$，ロ．$220\times10/t$，ハ．$220\times25/t$，ニ．$220\times50/t$）℃/h以下とする。
(4) 被加熱部を加熱炉に入れる，又は加熱炉から取り出すときの炉内温度は，（イ．300℃，ロ．350℃，ハ．425℃，ニ．500℃）未満とする。
(5) 保持時間中の被加熱部全体にわたる温度差は，（イ．30℃，ロ．55℃，ハ．85℃，ニ．120℃）以下とする。

問題16.　マグ溶接で発生しやすい次の溶接欠陥を防止するための施工対策について述べよ。
(1) 融合不良の防止策（２つ挙げよ）
防止策１：
防止策２：
(2) ポロシティの防止策（２つ挙げよ）
防止策１：

防止策２：

(3) アンダカットの防止策（１つ挙げよ）

防止策：

問題17. 板厚20mmの余盛付き平板突合せ鋼溶接部の非破壊試験について，以下の問いに答えよ。

(1) 超音波探傷試験を適用する場合，垂直探傷と斜角探傷のいずれが適しているか。また，その理由を２つ記せ。

探傷法：

理由１：

理由２：

(2) 放射線透過試験を適用する場合，透過写真上で余盛部は母材に比べてどのように観察されるか。また，ブローホールはどのように検出されるか。それらの理由もあわせて記せ。

余盛の観察像：

理由：

ブローホールの検出像：

理由：

問題18. 鋼溶接部の非破壊試験に関する以下の問いにおいて，正しい選択肢の記号に○印をつけよ。ただし，正答の選択肢は１つだけとは限らない。

(1) 溶接後の目視試験（VT）の項目として挙げられるのはどれか。

イ．開先面の融合不良

ロ．ビードの不整

ハ．余盛高さ

ニ．スラグ巻込み

(2) 磁粉探傷試験（MT）において試験体に磁極を接触させる方法はどれか。

イ．軸通電法

ロ．電流貫通法

ハ．極間法

ニ．プロッド法

(3) 磁粉探傷試験（MT）を適用できない材料はどれか。

イ．TMCP鋼

ロ．オーステナイト系ステンレス鋼

ハ．低合金鋼

ニ．アルミニウム合金

(4) 浸透探傷試験（PT）に用いる浸透液に必要な性質はどれか。

イ．ぬれ性が高い方が良い

ロ．ぬれ性が低い方が良い

ハ．粘性が低い方が良い

ニ．粘性が高い方が良い

(5) 溶剤除去性浸透探傷試験（PT）で正しい除去処理はどれか。

イ．溶剤を試験体表面に塗布して，ウエスでふき取る

ロ．溶剤のスプレーを試験体表面に吹き付けた後，ウエスでふき取る

ハ．試験体表面に溶剤の薄膜ができるように塗布した後，乾燥させる

ニ．溶剤を染み込ませたウエスを用いて，試験体表面をふき取る

問題19.　以下の問いにおいて，正しい選択肢の記号に○印をつけよ。ただし，正答の選択肢は1つだけとは限らない。

(1) アーク溶接を行う場合，防じんマスクの粒子捕集効率はどれか。

イ．80％以上

ロ．85％以上

ハ．90％以上

ニ．95％以上

(2) 100％炭酸ガスを用いる狭隘部のマグ溶接では，二酸化炭素は作業空間でどうなるか。

イ．上層部に滞留

ロ．下層部に滞留

ハ．中間層に滞留

ニ．全体に拡散

⑶ 溶接作業で用いる器具のうち型式検定を受けなければならないのはどれか。

イ．溶接棒ホルダ

ロ．防じんマスク

ハ．溶接用かわ製保護手袋

ニ．電撃防止装置

⑷ 電撃防止装置を用いた場合，アークを発生させていないときの溶接棒ホルダと母材との間の電圧を何とよぶか。

イ．短絡電圧

ロ．アーク電圧

ハ．無負荷電圧

ニ．安全電圧

⑸ 作業場のガス濃度が18%未満になると，送気マスクを使用しなければならないのはどれか。

イ．酸素

ロ．窒素

ハ．アルゴン

ニ．二酸化炭素

問題20.　アーク溶接時の安全衛生について以下の問いに答えよ。

⑴ 電気性眼炎の症状を１つ答えよ。

⑵ 金属熱の原因と症状をそれぞれ１つ答えよ。

原因：

症状：

⑶ 電動ファン付き呼吸用保護具の長所と使用上の注意点をそれぞれ１つ答えよ。

長所：
注意点：

●2020年11月１日出題　１級試験問題●

解答例

問題１． (1) ロ，ニ，(2) ロ，(3) イ，ニ，(4) ハ，(5) ハ，ニ

問題２． ①不活性（貴，希），②タングステン（タングステン合金），③入熱，④硬直（指向），⑤直流，⑥マイナス，⑦アーク，⑧交流，⑨プラス，⑩清浄（クリーニング）

問題３． (1)

下記から２つ挙げる。

①溶接変圧器の動作周波数が数kHz ～数10 kHz と高く，変圧器の動作周波数に応じた速度で電流・電圧の制御ができるので，高速・精密制御が可能となり，制御の応答性が良くなる。

②変圧器の動作周波数に変圧器の大きさ（体積）はほぼ反比例するため，変圧器を小さくでき，電源が小型・軽量になる。

③電源の力率・効率が良くなり，省エネになる。

④溶接性が改善される（アークのスタート性向上，スパッタ低減）。

(2) ①ハ，②ロ，③イ

問題４． (1) イ，(2) ハ，(3) ニ，(4) イ，(5) ハ

問題５． (1) ハ，(2) ロ，ニ，(3) イ，ハ，(4) ロ，ニ，(5) ロ，ハ

問題6． (1) オーステナイト

(2) フェライト，ベイナイト，マルテンサイトの混合組織

(3) 左方向

(4) 増加させる。

(5) 高くなる（大きくなる）。

問題7． (1)

要因1，2，3：

硬化組織（硬さ），拡散性水素（水素），引張応力

(2)

溶接後の冷却速度が小さくなり，大気中に放出される水素量が増すとともに，硬化組織の生成が抑制されるため。

(3)

防止策1，2，3，4：

次のうちから4つを記載する。

①炭素当量または溶接割れ感受性組成P_{CM}の低い鋼材の使用（TMCP鋼など）

②直後熱の採用

③低水素系被覆アーク溶接棒の使用（拡散性水素量が少ない溶接材料の選定）

④ティグ溶接，ソリッドワイヤを用いたマグ溶接の採用（水素混入が少ない溶接法）

⑤溶接入熱を上げる（冷却速度を小さくする）

⑥溶接棒の乾燥

⑦低温，多湿環境での溶接の回避

⑧開先内の油やさびなどの除去

⑨拘束応力が小さい構造設計の採用

問題8． (1) 溶接熱サイクルによって結晶粒界にCr炭化物が析出し，その近傍にCr濃度が低下した領域（Cr欠乏層）が形成され，母材より

耐食性が劣化すること（鋭敏化）により，粒界腐食が発生する。

(2) 粒界腐食が発生する場所は，Cr炭化物が析出しやすい温度域（鋭敏化温度域（約650～850℃））に長時間加熱された領域である。すなわち，溶接熱サイクルの最高到達温度（ピーク温度）が約650～850℃の場所に相当し，溶融境界からやや離れた領域となる。

(3)

防止策１，２，３：

次のうちから３つを記載する。

①低炭素ステンレス鋼の使用（SUS304L，SUS316Lなど）

②NbまたはTiを添加した安定化ステンレス鋼の使用（SUS347，SUS321）

③鋭敏化温度域の冷却速度を大きくする（例えば，以下のような方法でも可）

③-１：水冷しながらの溶接

③-２：レーザ溶接などの低入熱溶接

③-３：入熱制限，パス間温度の制限

④約1,000～1,100℃以上の固溶化熱処理（溶体化熱処理）の実施

問題９． (1) ロ

(2) 円筒軸方向に平行な欠陥は周方向応力に垂直で，周方向応力は軸方向応力より大きいため（周方向応力＝２×軸方向応力）

(3) ロ

(4) イ

(5) ニ

解説

円筒軸方向応力＝球殻の応力＝ $pR/2t$,

円筒周方向応力＝ pR/t （p：内圧，R：半径，t：板厚）

問題10． (1) $\alpha T l_0 / l_0 = \alpha T$

(2)　$\sigma_1 + 2\sigma_2 = 0$

解説：力の釣り合いから，$\sigma_1 A + 2\sigma_2 A = 0 \rightarrow \sigma_1 + 2\sigma_2 = 0$

(3)　$\varepsilon = \varepsilon_m + \alpha T$

解説：図より $|\varepsilon| + |\varepsilon_m| = \alpha T$ で，ε および ε_m の符号を考えると，

$\varepsilon - \varepsilon_m = \alpha T \rightarrow \varepsilon = \varepsilon_m + \alpha T$

(4)　ε_m

(5)　$\sigma_1/E + \alpha T$

解説：$\varepsilon = \varepsilon_m + \alpha T$ より，$\sigma_2/E = \sigma_1/E + \alpha T$

(6)　$K_1 = -2/3$，$K_2 = 1/3$

問題11. (1)　$10 \times 200 = 2{,}000\text{mm}^2$

(2)　$10 \times 200 = 2{,}000\text{mm}^2$

(3)　$(32 - 8) \times 100 = 2{,}400\text{mm}^2$

(4)　$(40 - 10 - 3 \times 2) \times 100 = 2{,}400\text{mm}^2$

(5)　$10/\sqrt{2} \times 100 \times 2 = 1{,}400\text{mm}^2$

問題12. ①降伏応力または0.2%耐力，②引張強さ，③許容応力，④安全率，⑤1.5，⑥$\sqrt{3}$または1.7，⑦1.5，⑧疲労限度（疲れ限度），⑨時間強度，⑩200

問題13. 項目１～5：

下記の内容と同等の項目を５つ挙げる。

a）母材の仕様及び溶接継手の諸性質

b）溶接部の品質及び合否判定基準

c）溶接部の位置，接近のしやすさ及び溶接手順（検査及び非破壊試験の接近のしやすさを含む）

d）溶接施工要領書，非破壊試験要領書及び熱処理要領書

e）溶接施工法承認のための手順

f）要員の適格性確認

g）選択，識別及び／又はトレーサビリティ（例えば，材料，溶接部）

h）独立検査機関との関係も含む品質管理の準備

i）検査及び試験

j）下請負

k）溶接後熱処理

l）その他の溶接要求事項（例えば，溶接材料のバッチ試験，溶接金属のフェライト量，時効処理，水素含有量，永久裏当て，ピーニング，表面仕上げ，溶接外観）

m）特殊な方法の使用（例えば，片面溶接における裏当てなしの完全溶込みを得るための方法）

n）溶接前の継手組立て状況及び完了後の溶接部の寸法・詳細

o）工場内で行う溶接部，又はその他の場所で行う溶接部の区別

p）溶接に関連する環境条件（例えば，非常に低温の環境条件又は溶接に悪い気象条件に対する保護を施す必要性）

q）不適合品の取扱い

問題14. (1)

留意事項1，2：

高めの予熱温度の採用，低水素系溶接棒の採用，大きめの溶接入熱，アンダカットの防止，アークストライクの防止，ショートビードの回避，取付作業者の技量確保，など。

(2)

留意事項：

母材を傷つけないように，かつ母材に直接熱影響が及ばないようにする。例えば，一時的取付品（ストロングバックなど）を3 mm 以上残してガス切断する。

(3)

処置1，2：

グラインダや機械研削により平滑に仕上げる。必要に応じて，

補修溶接を行う。目視試験（VT），磁粉探傷試験（MT）や浸透探傷試験（PT）できずのないことを確認する。

問題15. (1) ロ，(2) ロ，(3) ハ，(4) ハ，(5) ハ

問題16. (1)

防止策1，2：

下記から2つ挙げる。

①十分な入熱により溶込みを確保する。

②開先角度が狭いと生じやすいので，適正な開先角度にする。

③アークに対して溶融池の先行をさける（特に立向下進溶接の場合など）。

④多層溶接で次のパスを溶接する前のビード形状の修正。ビード間またはビードと開先面の間の鋭く深い凹みをなくすようにする。

⑤適正なウィービング幅で施工する。

⑥適正なトーチ角度で施工する。

(2)

防止策1，2：

下記から2つ挙げる。

①開先面の油，塗料，赤さび，水などを研磨や加熱作業などで取り除く。

②衝立，シートなどで防風対策を行い，トーチ近傍の風速を低減する。

③ノズル内面の清掃で付着したスパッタを除去する。

④適正なガス流量に是正する。

⑤適正なワイヤ突出し長さに是正する。

⑥適正なアーク長（アーク電圧）に是正する。

⑦溶接速度を遅くする。

(3)

防止策：

下記から１つ挙げる。

①溶接電流を下げる。

②溶接速度を遅くする。

③適正なねらい位置，角度，アーク長で施工する。

④ウィービング両端での停止時間を長くする。

⑤下向姿勢で施工するようにする。

問題17. (1)

探傷法：斜角探傷

理由１，２：

垂直探傷では凹凸のある余盛からの探傷となるが，斜角探傷では平滑な母材部で探触子を走査させ，斜め方向から超音波を溶接部に伝搬させることができるので余盛を削除する必要がない。

有害な溶接欠陥である厚さ方向に伸びた割れ，融合不良，溶込不良などに対して，垂直探傷より斜角探傷の方が欠陥面に有効に超音波を入射させることができる。

(2)

余盛の観察像：母材より白く観察される。

理由：余盛部では母材部に比べて放射線の透過厚さが大きく，フィルムに到達する放射線の透過線量が小さくなる結果，フィルムの感光量が少なくなるため。

ブローホールの検出像：その周辺より黒く検出される。

理由：空隙で透過厚さが周辺より小さく，フィルムに到達する放射線の透過線量が大きくなる結果，フィルムの感光量が多くなるため。

問題18. (1) ロ，ハ，(2) ハ，(3) ロ，ニ，(4) イ，ハ，(5) ニ

問題19. (1) ニ，(2) ロ，(3) ロ，ニ，(4) ニ（又は，ハでも可），(5) イ

問題20. (1)

・目に異物または砂が入った感じがする。

・目が充血し，涙が流れる。

・まぶたが痙攣する。

など。

(2)

原因：多量の溶接ヒュームを吸引したため。

症状：発熱，全身のだるさ，関節の痛み，さむけ，呼吸や脈拍の増加，吐き気，頭痛，せき，黒色たん，発汗など。

(3)

長所：

・防じんマスクと比べ防護効果が高い。

・呼吸が楽で作業者の負担を軽減できる。

注意点：

・酸欠の恐れがある場合は使用しない。

・有害ガスなどが存在する危険性のある環境では使用しない。

・ろ過材の目詰り，バッテリの電圧降下などに注意する。

・風量が最低必要量以下にならないようにする。

●2019年11月３日出題●

１級試験問題

問題１．　次の文章は，軟鋼のパルスマグ溶接について述べたものである。文章中の（　　）内に適切な言葉を入れよ。

(1) パルスマグ溶接では，（①　　）電流以上のパルス電流（ピーク電流）と，アークを維持できる程度のベース電流を所定の周期で交互に繰り返し，パルス電流とパルス期間を適切に設定すれば，溶滴の移行形態は（②　　）移行となる。

(2) パルス期間中に生じる（③　　）の作用で溶滴をワイヤ端から離脱させ，溶融池へ短絡することなく移行させると，（④　　）の発生を大幅に低減することができる。

(3) パルスマグ溶接では，（⑤　　）期間を調整することによって，溶接入熱をコントロールし，厚板はもとより，薄板の溶接にも適用できる。

問題２．　アーク溶接ロボットによるマグ溶接を行う際のセンサについて，以下の問いに答えよ。

(1) 該当するセンサを１つ選択し，その記号に○印をつけよ。

①特別な検出器を使用せず，溶接前に，母材の位置ずれや溶接線の始終端位置などを検出する。

（イ．光切断，ロ．ワイヤタッチ，ハ，アーク，ニ．直視型視覚）センサ

②特別な検出器を使用せず，溶接中に，溶接線倣い制御や開先中心位置検出を行う。

（イ．光切断，ロ．ワイヤタッチ，ハ，アーク，ニ．直視型視覚）センサ

③溶接中の溶融池形状を検出する。

（イ．光切断，ロ．ワイヤタッチ，ハ，アーク，ニ．直視型視覚 ）

センサ

④開先の３次元形状やルート間隔を高速・高精度に検出する。

（イ．光切断，ロ．ワイヤタッチ，ハ，アーク，ニ．接触式）センサ

(2) ワイヤタッチセンサ及びアークセンサでは，電流・電圧変化を制御に利用している。どのような変化を検出しているかを簡単に述べよ。

ワイヤタッチセンサ：

アークセンサ：

問題３． レーザ及びレーザ溶接に関する次の各問いにおいて，正しい選択肢の記号に○印をつけよ。ただし，正しい選択肢は１つだけとは限らない。

(1) レーザ光の特徴で正しいものはどれか。

イ．白色光である

ロ．集光性が良い

ハ．エネルギー密度が低い

ニ．位相が揃っている

(2) 金属の溶接に利用されている主なレーザはどれか。

イ．ルビーレーザ

ロ．He-Ne レーザ

ハ．ファイバーレーザ

ニ．アルゴンレーザ

(3) 上記 (2) のレーザは以下のどれに分類されるか。

イ．X線

ロ．紫外線

ハ．可視光線

ニ．赤外線

(4) アーク溶接と比較したレーザ溶接の長所はどれか。

イ．熱影響部が狭く，溶接変形が少ない

ロ．遮光などの安全対策は不要である

ハ．溶込みに対する材料の種類や表面状態の影響はない

ニ．高精度の開先加工を必要としない

(5) 電子ビーム溶接と比較したレーザ溶接の長所はどれか。

イ．磁気の作用でビームを高速に移動できる

ロ．金属蒸気の影響を受けにくい

ハ．タイムシェアリングによって複数箇所をほぼ同時に溶接できる

ニ．光ファイバーやミラーでの伝送が可能である

問題４．　各種熱切断法について以下の問いに答えよ。

(1) ガス切断に利用される切断エネルギーは何か。次の文章の（　　）内に適切な言葉を記入せよ。

鉄（鋼）と（①　　）の（②　　）エネルギー

(2) ステンレス鋼のガス切断について，次の文章の（　　）内に適切な言葉を記入せよ。

ステンレス鋼は，（①　　）の融点が母材の融点より高く，流動性の悪い（②　　）が切断面に付着しやすいため，ガス切断の適用が困難である。

(3) レーザ切断の長所をガス切断と比較して２つ挙げよ。

長所１：

長所２：

問題５．　次の各問いにおいて，正しい選択肢の記号に○印をつけよ。ただし，正しい選択肢は１つだけとは限らない。

(1) 溶接構造用圧延鋼材（SM材）のB種及びC種にあって，A種にない規定はどれか。

イ．伸び

ロ．炭素当量

ハ．切欠きじん性

ニ．降伏比

(2) 建築構造用圧延鋼材（SN材）のB種及びC種で上限値を規定

しているのはどれか。

イ．伸び

ロ．炭素当量

ハ．切欠きじん性

ニ．降伏比

(3) 高温用鋼に関し正しいのはどれか。

イ．高温強度やクリープ特性が要求される

ロ．9%Ni鋼は代表的な高温用鋼である

ハ．Crは高温用鋼の重要元素である

ニ．P_{CM}が低く，低温割れ感受性が低い

(4) 溶接時の冷却速度に関し正しいのはどれか。

イ．大入熱溶接ほど冷却速度が速い

ロ．板厚が厚いほど冷却速度が速い

ハ．鋼板の初期（予熱）温度が高いほど冷却速度が遅い

ニ．P_{CM}の低い鋼板ほど冷却速度が遅い

(5) 低水素系被覆アーク溶接棒に関し正しいのはどれか。

イ．高張力鋼の溶接に適している

ロ．使用前に100～150℃で乾燥する

ハ．水平すみ肉溶接用としてグラビティ溶接に適用される

ニ．イルミナイト系溶接棒に比べて作業性が良好である

問題６． 低炭素鋼溶接熱影響部に関する以下の問いに答えよ。

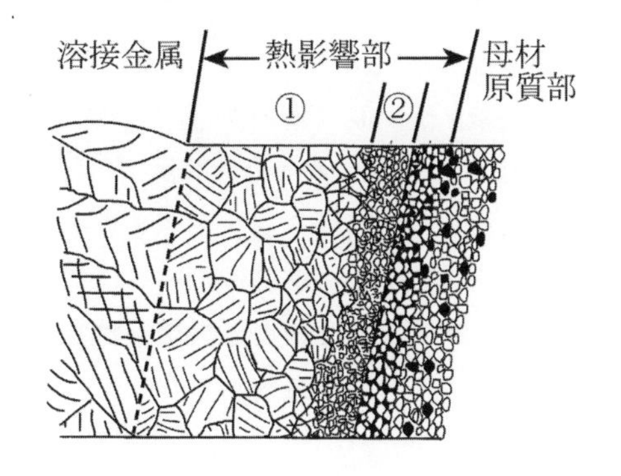

(1) 右図の領域①のうち，溶融線近傍ではぜい化が生じることがある。ぜい化する理由を説明せよ。

(2) 領域②は何と呼ばれるか。また，その領域の組織の形成メカニズムを簡単に説明せよ。

領域の名称：

説明：

問題7． 鋼の溶接性に関する以下の問いに答えよ。

(1) 炭素当量とは何か説明せよ。

(2) TMCP鋼の製造方法について，従来の製造法と比較して述べよ。

(3) TMCP鋼の溶接性は，従来法で製造した同強度レベルの高張力鋼よりも優れている。その理由を述べよ。

問題8． 次の各問いにおいて，正しい選択肢の記号に○印をつけよ。ただし，正しい選択肢は1つだけとは限らない。

(1) オーステナイト系ステンレス鋼SUS304の高温割れの原因はどれか。

イ．粒界へのクロム炭化物の析出

ロ．P，S等の粒界への偏析

ハ．低熱膨張率

ニ．使用時の溶接物に働く圧縮応力

(2) オーステナイト系ステンレス鋼の高温割れ防止対策として有効なものはどれか。

イ．低炭素ステンレス鋼の使用

ロ．PWHTによる残留応力の低減

ハ．数％のδフェライトを含有させる溶接施工

ニ．安定化ステンレス鋼の使用

(3) オーステナイト系ステンレス鋼溶接熱影響部の粒界腐食（ウェルドディケイ）の防止策として有効なものはどれか。

イ．低炭素ステンレス鋼の使用

ロ．PWHT による残留応力の低減

ハ．数%のδフェライトを含有させる溶接施工

ニ．安定化ステンレス鋼の使用

(4) オーステナイト系ステンレス鋼で応力腐食割れを生じる危険性がある環境はどれか。

イ．クロムイオンが存在する環境

ロ．塩素イオンが存在する環境

ハ．窒素イオンが存在する環境

ニ．ニッケルイオンが存在する環境

(5) Al及びAl合金に関する記述で正しいのはどれか。

イ．弾性係数が小さいことから溶接変形は生じにくい

ロ．線膨張係数，凝固収縮が大きいことから高温割れを生じやすい

ハ．溶接金属に生じる気孔の主原因は水素である

ニ．溶接欠陥防止にマグ溶接の適用が有効である

問題9．　次の文章は，溶接変形と残留応力について述べている。各問いにおいて正しいものを1つ選び，その記号に○印をつけよ。

(1) 平板の突合せ溶接継手で，引張残留応力が最も大きいのはどれか。

イ．溶接始終端での溶接線方向の残留応力

ロ．溶接始終端での溶接線直角方向の残留応力

ハ．溶接継手中央部での溶接線方向の残留応力

ニ．溶接継手中央部での溶接線直角方向の残留応力

(2) 最大引張残留応力は溶接入熱とどう関係するか。

イ．入熱が小さいほど大きくなる

ロ．入熱が大きいほど大きくなる

ハ．ある入熱で最大となる

ニ．入熱には無関係

(3) 残留応力が引張となる範囲は溶接入熱とどう関係するか。

イ．入熱が大きいと，引張残留応力範囲が狭くなる

ロ．入熱が大きいと，引張残留応力範囲が広くなる

ハ．引張残留応力範囲は，ある入熱で最大となる

ニ．引張残留応力範囲は，入熱には無関係

(4) 溶接線方向の残留応力に最も関係する溶接変形はどれか。

イ．縦収縮

ロ．横収縮

ハ．角変形

ニ．回転変形

(5) 溶接残留応力の特徴はどれか。

イ．引張残留応力の合力＜圧縮残留応力の合力

ロ．引張残留応力の合力－圧縮残留応力の合力

ハ．引張残留応力の合力＞圧縮残留応力の合力

ニ．引張残留応力の合力は，圧縮残留応力の合力と無関係

問題10.　次の溶接継手の仕様をJIS Z 3021の溶接記号で表せ。

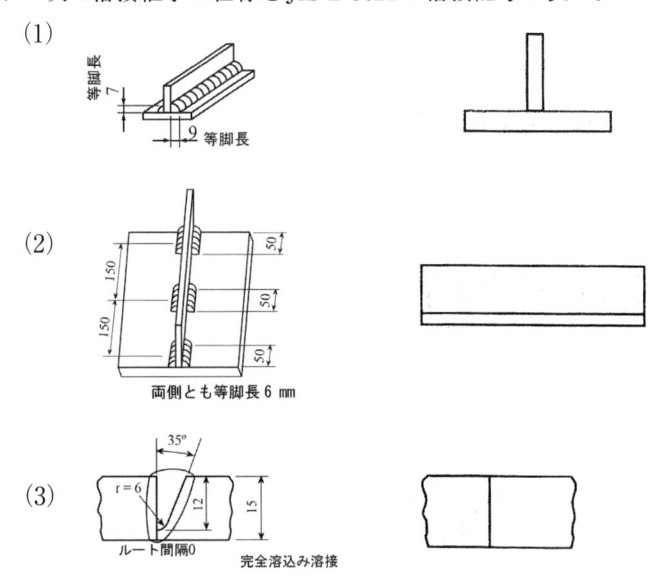

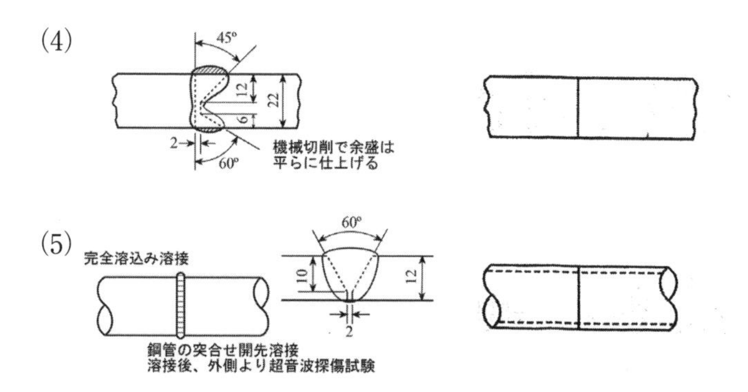

問題11.　溶接鋼構造物の疲労について考える。以下の問いに答えよ。

(1) 疲労破面の特徴を２つ挙げよ。

特徴１：

特徴２：

(2) 疲労損傷を防止するための継手設計上の留意点を３つ挙げよ。

問題12.　下図のように板厚25mm の軟鋼平板に厚さ10mmの板（軟鋼）をすみ肉溶接で取り付ける。すみ肉溶接のサイズ S は，鋼構造設計規準に従って最小寸法に設定する。この継手に100kNの引張荷重 P が作用するとき，必要な溶接長さ L を解答手順に従って求めよ。ただし，母材の降伏点は270N/mm^2，引張強さは440N/mm^{2}であり，許容引張応力は降伏点の2/3又は引張強さの1/2の小さい方とし，許容せん断応力は許容引張応力の60%で，$1/\sqrt{2}=0.7$ とする。また，回し溶接の部分は荷重を負担しないものとし，溶接部に働く曲げモーメントも考えないものとする。

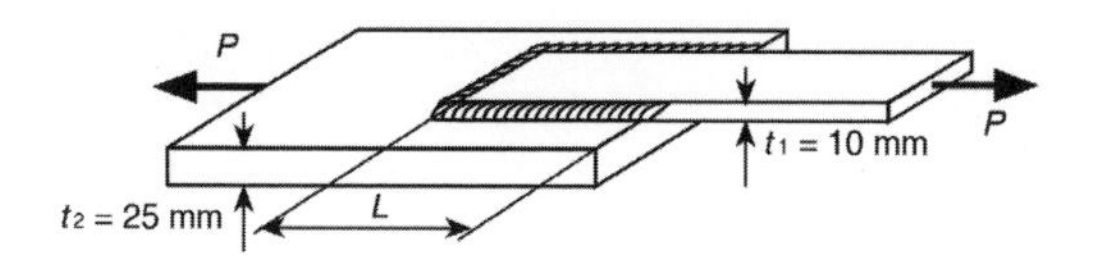

(1) 鋼構造設計規準によると，「すみ肉のサイズ S は，薄い方の母材厚さ t_1 以下でなければならない。また，板厚が６mmを超える

場合は，サイズSは4 mm以上でかつ$1.3\sqrt{t_2}$（mm）以上でなければならない。ここで，t_2は厚い方の母材厚さ。」となっている。これより，サイズSは①（　　）mm ≦ S ≦ ②（　　）mm（小数点1位まで求める）を満たす必要があり，鋼構造設計規準に従う最小サイズSは，③（　　）mmとなる。

(2) このすみ肉溶接ののど厚は，小数点第2位以下を切り捨てると，④（　　）mmとなる。

(3) 合計の有効溶接長さは⑤（　　）mmなので，力を伝える有効のど断面積は⑥（　　）mm^2となる。

(4) すみ肉溶接なので，継手の許容応力は，⑦（　　）N/mm^2である。

(5) したがって，100kNの引張荷重Pが作用する場合の必要溶接長さLは，⑧（　　）mmとなる。（小数点以下は切り上げる）

問題13.　溶接品質に関する次の各問いにおいて，正しい選択肢の記号に○印をつけよ。ただし，正しい選択肢は1つだけとは限らない。

(1) ISO 9000ファミリーにおける8つの品質マネジメントに含まれている項目はどれか。

イ．顧客重視

ロ．安全・衛生

ハ．テクニカルレビュー

ニ．継続的改善

(2)「溶接管理 - 任務及び責任」を定めた国際規格はどれか。

イ．ISO 3834

ロ．ISO 9001

ハ．ISO 14731

ニ．ISO 15604

(3)「金属材料の融接に関する品質要求事項」を定めた国際規格はどれか。

イ．ISO 3834

ロ．ISO 9001

ハ．ISO 14731

ニ．ISO 15604

(4) JIS Z 3410「溶接管理 - 任務及び責任」で，溶接管理技術者が考慮すべき任務はどれか。

イ．溶接継手の設計

ロ．不適合及び是正処置

ハ．溶接材料の保管及び取扱い管理

ニ．母材の調達

(5) JIS Z 3400「金属材料の融接に関する品質要求事項」に含まれているのはどれか。

イ．品質記録

ロ．トレーサビリティ

ハ．設計コンセプト

ニ．供用適性評価

問題14.　被覆アーク溶接でタック溶接を行う場合において，以下の問いに答えよ。

(1) タック溶接の長さは板厚が大きいほど長くするように推奨されている。その理由を述べよ。

(2) サブマージアーク溶接で本溶接を行う場合，タック溶接長さは，本溶接が被覆アーク溶接の場合に比べて長くすること，又はタック溶接の数を増やすことが推奨されている。その理由を述べよ。

(3) タック溶接の予熱温度は，本溶接のそれよりも30 ～ 50℃ 高く設定される。その理由を述べよ。

問題15.　低温割れについて，以下の問いに答えよ。

(1) 低温割れに影響する主要因を3つ記せ。

要因1：

要因２：

要因３：

(2) 低温割れ防止対策として，予熱の実施が挙げられる。その理由を（1）と関連して説明せよ。

(3) 予熱の実施以外の低温割れ防止策を４つ挙げよ。

防止策１：

防止策２：

防止策３：

防止策４：

問題16.　溶接後熱処理（PWHT）に関する以下の問いに答えよ。

(1) 主目的を２つ挙げよ。

主目的１：

主目的２：

(2) 施工時に要求される管理項目を３つ挙げよ。

管理項目１：

管理項目２：

管理項目３：

問題17.　溶接部のきずを検出する非破壊試験方法の中にMTとPTがある。各試験法の名称，適用可能な材料，検出可能なきずについて，下表の空欄を埋めよ。

略称	(1)名称	(2)適用可能な材料	(3)検出可能なきず
MT			
PT			

問題18.　鋼溶接部の非破壊試験に関する次の各問いにおいて，正しい選択肢の記号に○印をつけよ。ただし，正しい選択肢は１つだけとは限らない。

⑴ JIS Z 3104「鋼溶接継手の放射線透過試験方法」で，透過写真の像質を評価するのに用いるのはどれか。

イ．露出計

ロ．階調計

ハ．電圧計

ニ．透過度計

⑵ JIS Z 3104 に規定されているのはどれか。

イ．透過写真の濃度範囲

ロ．放射線のエネルギー

ハ．識別最小線径

ニ．フィルム感度

⑶ 超音波斜角探傷試験で検出されたエコーにより，きずの位置を判断するために用いるのはどれか。

イ．エコー高さ

ロ．エコーのビーム路程

ハ．超音波の周波数

ニ．探触子の屈折角

⑷ JIS Z 3060「鋼溶接部の超音波探傷試験方法」で，きず分類の評価に用いるのはどれか。

イ．きずの種

ロ．きずのエコー高さ

ハ．きずの指示長さ

ニ．きずの深さ位置

⑸ 放射線透過試験と比較した超音波探傷試験の長所はどれか。

イ．きずの種類判別が容易である

ロ．表面粗さの影響を受けない

ハ．薄板の探傷に適している

ニ．試験体の片側から検査できる

問題19.　アーク溶接時の安全衛生について，以下の問いに答えよ。

(1) 溶接ヒュームが関係する健康障害を２つ挙げよ。

障害１：

障害２：

(2) 作業環境における溶接ヒュームばく露対策を１つ挙げよ。

(3) 溶接作業時の個人用保護具を５つ挙げよ。

保護具１：

保護具２：

保護具３：

保護具４：

保護具５：

問題20.　安全衛生についての次の文章中の（　　）内の言葉のうち，正しいものを選び，その記号に○印をつけよ。ただし，正しい選択肢は１つだけとは限らない。

(1) 酸素欠乏症等防止規則によれば，タンクやボイラ内部において溶接作業を行うとき，作業環境中の酸素濃度を（イ．12%，ロ．16%，ハ．18%，ニ．20%）以上に保つよう換気しなければならない。

(2) 作業環境における大気中CO許容濃度の日本産業衛生学会の勧告値は（イ．0.5ppm，ロ．5ppm，ハ．10ppm，ニ．50ppm ）である。

(3) JIS C 9311で定めている交流アーク溶接電源用電撃防止装置では，アークを発生させていないとき，ホルダーと母材間の電圧を（イ．10V，ロ．20V，ハ．25V，ニ．40V）以下としている。

(4) 労働安全衛生規則で，交流アーク溶接機用自動電撃防止装置の使用を義務付けているのは（イ．タンク内部などの狭あい場所での作業，ロ．２m以上の高所作業，ハ．高温高湿度での作業，ニ．雨天時での作業）である。

(5) 溶接電流100～300Aのガスシールドアーク溶接において，フィルタプレートを2枚用いる場合の遮光度番号の組合せは（イ．５と5，ロ．５と6，ハ．５と7，ニ．６と7）である。

●2019年11月3日出題　1級試験問題●
解答例

問題1． ①臨界，②スプレー(プロジェクト)，③電磁ピンチ力，④スパッタ，⑤ベース

問題2． (1) ①ロ，　②ハ，　③ニ，　④イ

(2)

ワイヤタッチセンサ：溶接ワイヤが母材へ短絡した時に発生する無負荷電圧から短絡電圧への電圧変化または短絡電流の通電を検出している。

アークセンサ：溶接トーチ（アーク）をウィービング（回転）させ，その時に生じるワイヤ突出長さの変動にともなう溶接電流の変化を検出している。

問題3． (1) ロ，ニ，(2) ハ，(3) ニ，(4) イ，(5) ハ，ニ

問題4． (1) ①酸素，②化学反応

(2) ①酸化物，②スラグ

(3)

長所1，2：

以下から2つ挙げる。

・薄板の精密切断が可能である。

・切断による変形，ひずみが少ない。

・切断による熱影響が少ない。

・薄板の高速切断が可能である。

・切断カーフが狭い。

・金属はもとより，セラミックスや樹脂などの非金属の切断に適用できる。

問題5.　(1) ハ，(2) ロ，ニ，(3) イ，ハ，(4) ロ，ハ，(5) イ

問題6.　(1)

溶融線近傍の約1250℃ 以上に加熱された領域は，結晶粒が著しく粗大となり，マルテンサイトや上部ベイナイトなどの焼入硬化組織が生じるため。

(2)

領域の名称：細粒域

説明：細粒域はA_{c3}温度以上で900～1100℃程度に加熱された領域であり，オーステナイト粒の成長が十分起こっていない。その小さなオーステナイト粒の状態から冷却中にフェライト＋パーライトに変態し，結晶粒が微細になる。

問題7.　(1)

鉄鋼およびその溶接部の性質は，CおよびMn，Ni，Mo，Crなどの合金元素によって影響を受ける。この影響の度合いを炭素量に換算したものを炭素当量と呼び，溶接熱影響部の最高硬さの指標としてよく用いられる。

例えばJIS では炭素当量$Ceq=C+Mn/6+Si/24+Ni/40+Cr/5+Mo/4+V/14$ で与えられている。

(2)

従来法では（A_{r3}点よりかなり）高い温度で熱間圧延を行うのに対して，TMCP鋼ではスラブ加熱温度を低く抑え，（A_{r3}点近傍で圧延し，圧延後に加速冷却を行う）制御圧延・加速冷却を行っている。

(3)

TMCP鋼は，一般の熱間圧延鋼と比較して組織の微細化により強度が高くなっており，高強度化に必要な合金元素量が少なく，炭素当量が低いため。これにより，溶接時の予熱温度を低くでき，溶接部の硬化やぜい化も少ない。

問題8． (1) ロ，(2) ハ，(3) イ，ニ，(4) ロ，(5) ロ，ハ

問題9． (1) ハ，(2) ニ，(3) ロ，(4) イ，(5) ロ

問題10． (1)

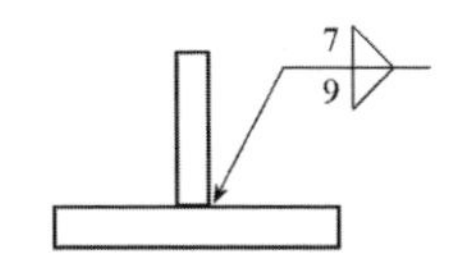

(2)

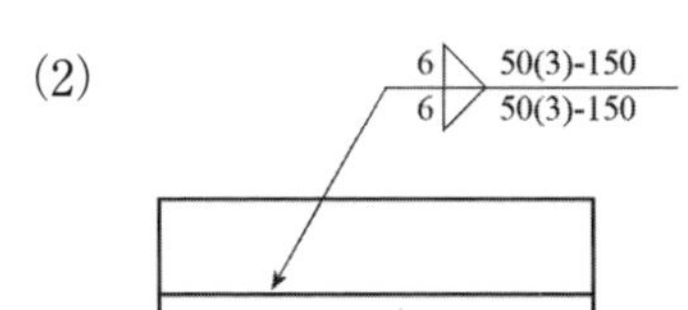

(3)

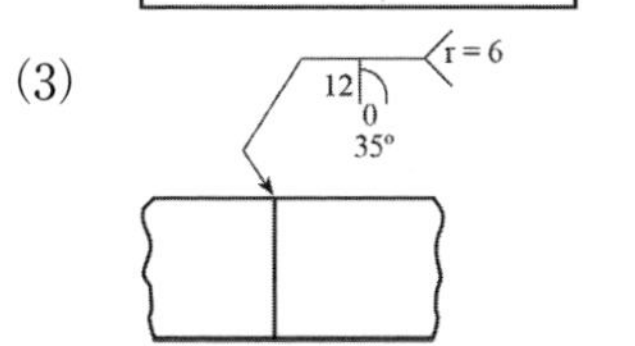

(4)

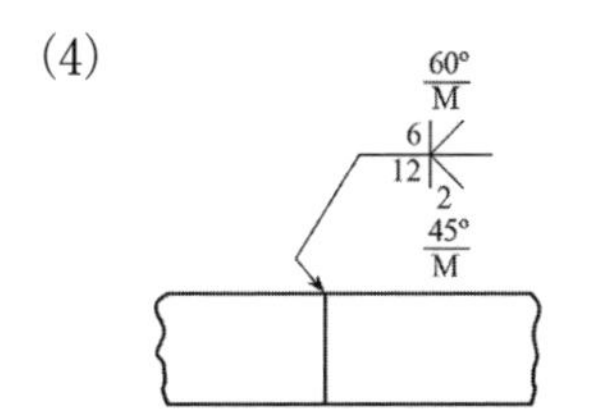

(5)

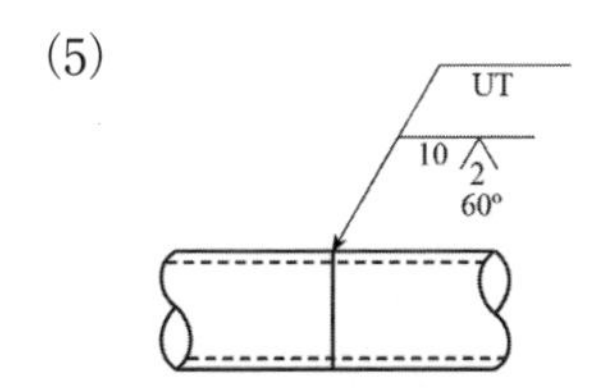

問題11． (1)

特徴1, 2：以下から2つ挙げる。

・破面は平坦で，作用応力の方向に垂直である。

・塑性変形がほとんどない。

・荷重変動が大きいと貝殻状模様（ビーチマーク）が見られる。

・微視的にはストライエーションが観察される。

(2)

以下から３つ挙げる。

・構造的（形状不連続による）応力集中を低減する。（応力集中の小さい継手形状の選択）
・余盛止端をなめらかに仕上げる。
・ソフトトウの採用。
・構造的応力集中部に溶接部を設けないようにする。
・完全溶込み溶接を採用する。
・引張残留応力を低減する。

問題12. ①6.5，②10，③6.5，④4.5，⑤2L，⑥9L，⑦108，⑧103

解説　①$1.3\sqrt{t_2}=1.3\times\sqrt{25}=1.3\times5=6.5$，②t1，④$6.5\times1/\sqrt{2}=6.5\times0.7=4.55$→小数点第２位以下を切り捨てて4.5，⑥$2L\times4.5=9L$，⑦許容引張応力は，$270\times2/3=180$と$440\times1/2=220$の小さい方なので$180N/mm^2$である。許容せん断応力は許容引張応力の60%なので，$180\times0.6=108N/mm^2$となる。⑧$108\times9L=100{,}000$より L=102.88mm →103mm

問題13. (1) イ，ニ，(2) ハ，(3) イ，(4) ロ，ハ，(5) イ，ロ

問題14. (1) 板厚が大きいほど冷却速度が大きくなって，熱影響部が硬化しやすい。そのため，厚板になるほど，タック溶接を長くして，冷却速度を遅くし，過度の硬化を防止して，低温割れの発生を防止する。

(2) サブマージアーク溶接の方が溶接入熱が大きく，溶接時の回転変形が大きくなりタック溶接部が破断しやすくなる。このため，サブマージアーク溶接用のタック溶接は長く，または数を多くする。

(3) 溶接ビード長さが短いタック溶接では冷却速度が速くなり，熱

影響部が硬化しやすいので，低温割れを防止する観点から高めの予熱によって冷却速度を遅くする。

問題15. (1)

要因1, 2, 3：拡散性水素量，硬化組織，引張応力

(2)

予熱を行うことによって，溶接後の冷却速度が遅くなり，硬化の抑制および拡散性水素の放出促進が図れ，低温割れを抑制できる。

(3)

防止策1, 2, 3, 4：

下記から４つ挙げる。

・拡散性水素の発生が少ない溶接法の採用
・拡散性水素量の少ない溶接材料の選定
・パス間温度が予熱温度を下回らないように管理する
・直後熱を実施する（200～350℃程度で0.5時間から数時間）
・溶接材料の乾燥
・開先面の清掃・乾燥
・ショートビードを避ける
・低P_{CM}鋼材の使用
・溶接継手の拘束が大きくならないようにする。（継手形状，溶接順序などの考慮）
・PWHTの適用

問題16. (1)

主目的1, 2：

下記から２つ挙げる。

・溶接残留応力の緩和
・溶接熱影響部の軟化
・溶接部の延性およびじん性の向上

・拡散性水素の除去

(2)

管理項目1, 2, 3：

下記から３つ挙げる。

・最低保持温度

・最小保持時間

・加熱速度

・冷却速度

・炉内挿入温度

・炉外への取出し温度

・被加熱部全体にわたる温度差

問題17.

略称	(1)名称	(2)適用可能な材料	(3)検出可能なきず
MT	磁粉探傷試験	炭素鋼，低合金鋼，高張力鋼などの強磁性体	表面および表面直下のきず（表面割れ，表層部の割れなど）
PT	浸透探傷試験	鉄鋼，非鉄金属，非金属（セラミックス）など，多孔性（通水性）でないすべての材料	表面に開口したきず（表面割れ，ピットなど）

問題18. (1) ロ，ニ，(2) イ，ハ，(3) ロ，ニ，(4) ロ，ハ，(5) ニ

問題19. (1) 障害1, 2：

以下から２つ挙げる。

じん肺，金属熱，化学性肺炎，呼吸困難，気管支炎，など

(2)

以下から１つ挙げる。

全体換気，局所排気，ヒューム吸引トーチの使用，送風機の使用，など

(3)

保護具1, 2, 3, 4, 5：

以下から５つ挙げる。

・（自動遮光形）溶接用保護面
・防じんマスク
・耳栓
・電動ファン付き呼吸用保護具
・送気マスク
・皮手袋
・足カバー，腕カバー，前掛け
・安全帽（ヘルメット）
・保護メガネ（遮光メガネ）
など

問題20. (1) ハ，(2) ニ，(3) ハ，(4) イ，ロ，(5) ハ，ニ

●2019年6月9日出題●

1級試験問題

問題1．マグ溶接及びサブマージアーク溶接に関する次の問いに答えよ。

(1) 次の文章の（　　）内に適切な言葉を入れよ。

マグ溶接では，ワイヤを定速で送給し，直流（①　　）特性の電源を用いることで，電源の（②　　）作用によってアーク長を一定に保つことができる。

太径ワイヤを用いるサブマージアーク溶接では，交流（③　　）特性の電源を用い，アーク安定化のために（④　　）をフィードバックしてワイヤ送給速度を制御している。

マグ溶接では（⑤　　）を利用して，サブマージアーク溶接では（⑥　　）を利用して，溶接金属を大気から保護する。

(2) 構造用鋼の溶接において，マグ溶接と太径ワイヤを用いるサブマージアーク溶接とを比較し，それぞれの優れている点を1つずつ挙げよ。

マグ溶接：

サブマージアーク溶接：

問題2．JIS C 9300-1に基づいて，交流アーク溶接機の使用率に関する以下の問いに答えよ。

(1) 次の文章の（　　）内に適切な言葉を入れよ。

溶接機の定格使用率は，（①　　）間に対するアーク発生時間の割合（%）である。

溶接機の許容使用率は，以下の式で算出される。

$$許容使用率=\frac{(②\qquad)^2}{(③\qquad)^2}\times定格使用率\ (\%)$$

(2) 定格出力電流300A，定格使用率40%の交流アーク溶接機を用いて，溶接電流200Aで動作させた場合の許容使用率を求めよ。

(3) 上記 (2) の交流アーク溶接機を用いて，(①　　) 以上の連続溶接を行う際に，焼損の恐れなしに使用できる溶接電流の最大許容値を求めよ。必要ならば，$\sqrt{0.4} = 0.63$とせよ。

問題３． 次の文章は，エレクトロガスアーク溶接及びエレクトロスラグ溶接について述べたものである。

次の文章中の（　　）内に適切な言葉を入れよ。

(1) エレクトロガスアーク溶接及びエレクトロスラグ溶接は，(①　　) 姿勢で厚板を１パスで溶接できる高能率な溶接法である。

(2) エレクトロガスアーク溶接では，水冷銅当て金で囲まれた開先内に (②　　) を供給しながら上方からワイヤを送給し，その先端にアークを発生させ，その熱によってワイヤと母材とを溶融して溶融池を形成する。

(3) エレクトロスラグ溶接では，溶接開始時にアークを発生させて (③　　) を溶融し，開先内にスラグ浴を形成する。その後，アークは消失してワイヤと母材間のスラグ浴中を流れる電流による (④　　) によってワイヤ及び母材を溶融して溶融池を形成する。

(4) エレクトロガスアーク溶接及びエレクトロスラグ溶接は入熱が大きく，継手の (⑤　　) が生じやすい。

問題４． 摩擦攪拌接合に関する以下の問いに答えよ。

(1) 文章中の（　　）内の言葉のうち，正しいものを１つ選び，その記号に○印をつけよ。

摩擦攪拌接合では，ツールを回転させた状態で接合面に①（イ．トーチ，ロ．ノズル，ハ．プローブ，ニ．チップ）を圧入し，ツールの回転運動による摩擦発熱を利用して部材を接合する。接合部では②（イ．塑性流動，ロ．母材溶融，ハ．アーク，ニ．キーホール）が生じ，ツールの移動につれて接合界面が一体化される。この場合の接合温度は母材の③（イ．融点以上，ロ．融点程度，ハ．融点の70%程度，ニ．融点の30% 程度）である。

(2) 摩擦攪拌接合がアーク溶接に比べて優れている点，劣っている点をそれぞれ１つずつ挙げよ。

優れている点：

劣っている点：

問題５．次の各問いにおいて，正しい選択肢の番号に○印をつけよ。ただし，正答の選択肢は１つだけとは限らない。

(1) 溶接構造用圧延鋼材SM490のＡ種で規定されているのはどれか。

イ．低温割れ感受性

ロ．降伏点又は0.2%耐力

ハ．シャルピー吸収エネルギー

ニ．伸び

(2) 溶接部の冷却について正しい記述はどれか。

イ．溶接入熱が大きくなると，溶接部の冷却は速くなる

ロ．予熱・パス間温度が高くなると，溶接部の冷却は速くなる

ハ．板厚が厚くなるほど，溶接部の冷却は速くなる

ニ．溶接部の冷却速度は，継手形式に依存する

(3) 炭素鋼溶接熱影響部の硬さに影響するものはどれか。

イ．化学組成

ロ．溶接条件

ハ．拘束条件

ニ．水素量

(4) 低温割れについて正しいのはどれか。

イ．防止策として溶接入熱低減が有効である

ロ．割れの主要因は酸素である

ハ．300℃以下で生じる

ニ．フェライト系ステンレス鋼では生じない

(5) ソリッドワイヤと比較した，フラックス入りワイヤを用いたマグ溶接の特徴はどれか。

イ．スパッタが少ない
ロ．拡散性水素が少ない
ハ．溶込みが深い
ニ．スラグが少ない

問題6．下図はFe-C系平衡状態図である。C量が0.15%の鋼をA点（1000℃）まで加熱した後，冷却するとする。

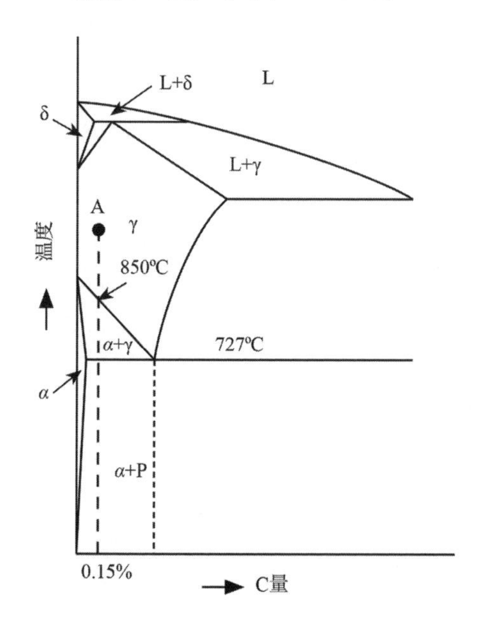

(1) 非常にゆっくり冷却した場合の組織変化について，変態温度に関連させて述べよ。
(2) 冷却速度を速めた場合の変態に関する次の文章の（　　）内に適切な言葉を入れよ。

鋼の変態は主として①（　　）原子の拡散に支配される。冷却過程で冷却速度が増すとその拡散が追い付かなくなり，②（　　）相から③（　　）相への変態が遅れる。すなわち冷却速度の増加とともにA_{r3}変態温度もA_{r1}変態温度も低下し，④（　　）組織や

⑤（　　）組織のような硬化組織となりやすい。

問題７．Cr-Mo鋼の溶接に関し，以下の問いに答えよ。

(1) Cr-Mo鋼の用途は何か。

(2) Cr-Mo鋼は溶接後熱処理（PWHT）される。その目的を述べよ。

(3) Cr-Mo鋼に対してPWHTを行うと，溶接止端部から割れを生じることがある。この割れは何と呼ばれるか。また，割れが生じる冶金学的原因を述べよ。

割れの名称：

冶金学的原因：

問題８．オーステナイト系ステンレス鋼に関する以下の問いに答えよ。

(1) SUS304はどの程度のCr及びNiを含有しているか。

Cr含有量：　　　　%

Ni含有量：　　　　%

(2) 次の文章中の（　　）内に適切な数字，言葉を記入せよ。

オーステナイト系ステンレス鋼は①（　　）℃の温度に加熱保持されると，炭化物の析出により粒界近傍の②（　　）濃度が低下し，鋭敏化する。この鋭敏化に起因して，熱影響部で粒界腐食が生じる現象を③（　　）と呼ぶ。その防止策の１つとして，④（　　）入りの安定化ステンレス鋼が利用される。

問題９．次の文章は，材料力学について述べている。各問いにおいて正しいものを１つ選び，その記号に○印をつけよ。

(1) 矩形断面のはり（厚さb，高さh）が曲げモーメントを受けるとき，最大曲げ応力が生じる位置はどこか。

イ．はりの上面又は下面

ロ．はり高さの中央面から$h/3$の位置

ハ．はり高さの中央面から$h/4$の位置

ニ．はり高さの中央面

(2) 矩形断面のはりの厚さ b が２倍になると，曲げ剛性は何倍となるか。

イ．２倍

ロ．４倍

ハ．８倍

ニ．16倍

(3) 矩形断面のはりの高さ h が２倍になると，曲げ剛性は何倍となるか。

イ．２倍

ロ．４倍

ハ．８倍

ニ．16倍

(4) 同形状・寸法の両端支持の鋼はりとアルミニウムはりがある。両はりに同じ大きさの一様分布荷重が作用したとき，はりのたわみが最大となるのはどれか。

イ．鋼はりの，はり中央

ロ．鋼はりの，はり端部

ハ．アルミニウムはりの，はり中央

ニ．アルミニウムはりの，はり端部

(5) 断面積が同じ中空丸棒と中実丸棒の両端支持はりが，はり中央で同じ大きさの集中荷重を受けている。はりのたわみについて正しいのはどれか。

イ．中空丸棒の方が大きい

ロ．中実丸棒の方が大きい

ハ．両丸棒で同じ

ニ．はり材料により，中空丸棒の方が大きい場合と中実丸棒の方が大きい場合がある

問題10. 図（a）に示すように，断面の一様な長さl_0の鋼棒を温度0℃で剛体壁に固定し，温度T（℃）まで加熱したときに生じる熱応力を求める。以下の手順に従って（　　）内を解答せよ。なお，鋼の縦弾性係数E，線膨張係数α，降伏応力σ_Yは温度によらず一定で，加工硬化は生じないものとする。

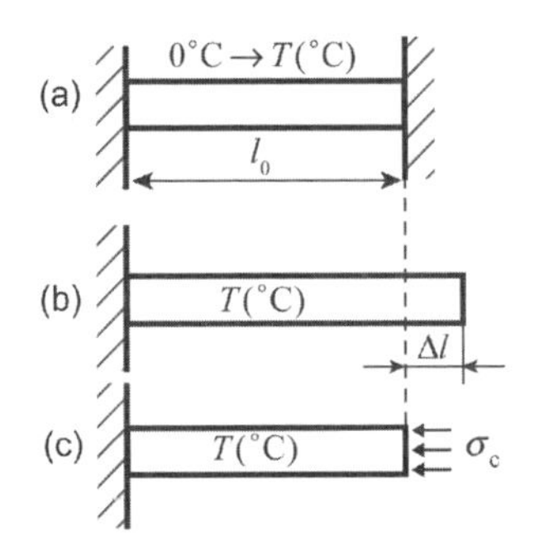

(1) 図（b）のように右側の剛体壁がないとすると，棒は自由に膨張できる。温度変化量はT（℃）なので，膨張量ΔlはΔl＝①（　　）となる。

(2) 図（a）の状態は，図（b）の状態から図（c）に示すように棒の右側に応力σ_cを作用させて，棒の長さを初期長さl_0にするときと同じである。図（b）の状態から図（c）の状態にしたときに生じるひずみεはε＝②（　　）である。

(3) この応力σ_cは熱応力に相当するもので，フックの法則から②の解を用いてσ_c＝③（　　）と表される。

(4) 鋼の縦弾性係数$E = 200{,}000$MPa，線膨張係数$\alpha = 1 \times 10^{-5}$/℃，降伏応力$\sigma_Y = 400$MPaとすると，熱応力が圧縮降伏応力に達するときの温度TはT＝④（　　）℃となる。

(5) 図（a）で，温度$T = 500$℃まで温度上昇させたときに生じる塑性ひずみε_Pは，④の温度から500℃まで温度上昇したときに生じるひずみで与えられるのでε_P＝⑤（　　）である。

問題11. 構造用炭素鋼及びその溶接部のじん性の評価には，一般にVノッチシャルピー衝撃試験が行われる。以下の問いに答えよ。

(1) 吸収エネルギーと温度の関係を描き，その図に上部棚エネルギー，エネルギー遷移温度を記入せよ。

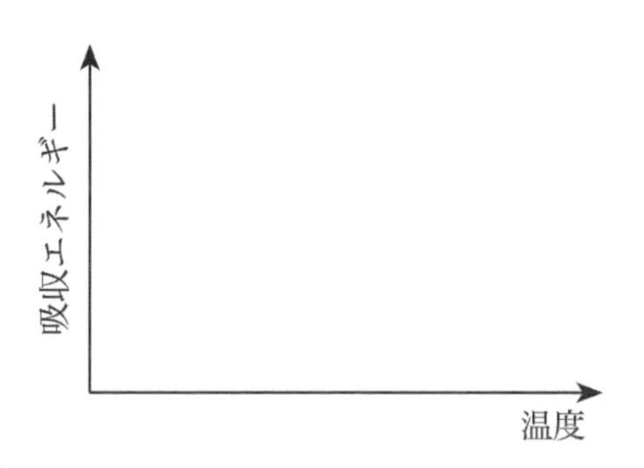

(2) じん性の評価には，エネルギー遷移温度と並んで，破面遷移温度も用いられる。破面遷移温度とはどのような温度か。

(3) ぜい性破壊抑制のためにはどのような材料を選定すればよいか。破面遷移温度と吸収エネルギーを用いて答えよ。

問題12. 図のような引張荷重Pが作用する十字すみ肉溶接継手の許容最大荷重を，解答手順に従って算出せよ。なお，すみ肉溶接は等脚長で脚長＝サイズとし，各すみ肉継手の有効溶接長さは100mmとする。また，許容引張応力は150 N/mm^2，許容せん断応力は許容引張応力の0.6倍で，$1/\sqrt{2}=0.7$とする。

(1) 十字すみ肉継手の許容応力は，①（　　）N/mm^{2}である。

(2) 各すみ肉溶接部ののど厚は②（　　）mmである。

(3) 荷重は上下一対のすみ肉溶接継手により伝達されるので，強度計算に用いる合計有効溶接長さは，③（　　）mmである。

(4) したがって，力を伝える有効のど断面積は④（　　）mm^{2}となる。

(5) 許容最大荷重は，有効のど断面積× 許容応力より，⑤（　　）kNとなる。

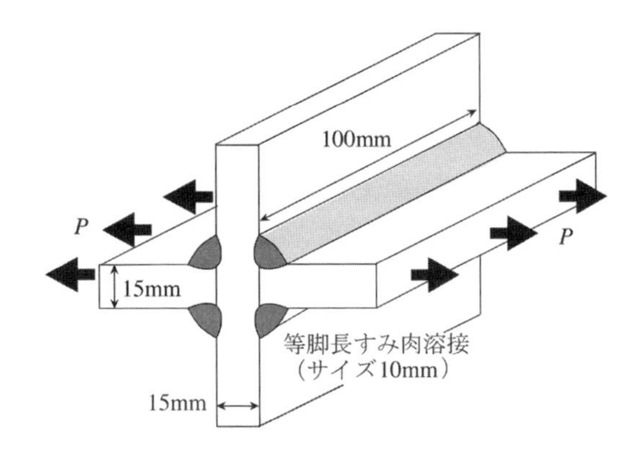

問題13. 次の文章中の（　　）内の語句のうち，正しい選択肢の番号に○印をつけよ。ただし，正答の選択肢は1つだけとは限らない。

(1) 溶接構造物の品質は，まず構造物の用途と使用条件に応じて①（イ．製造の品質，ロ．設計の品質，ハ．検査の品質，ニ．アフターサービスの品質）として決定され，次に施工段階では，適切な構造設計による図面，および仕様書に従って，溶接を中心とする②（イ．原図工程，ロ．検査工程，ハ．切断工程，ニ．製造工程）において実現される。

(2) 設計品質の設定を受けて，製造部門は製造品質を製品に作りこまなければならない。そのためには，どれだけばらつきの小さい製品を作り出せるか，不良率の低い品質水準を維持できるかという，③（イ．工程能力，ロ．運搬能力，ハ．生産能力，ニ．検査能力）が求められる。

(3) 要員及び設備を100% 稼働させた時に得られる工場のアウトプットは，④（イ．工程能力，ロ．運搬能力，ハ．生産能力，ニ．検査能力）であり，例えば⑤（イ．溶接長，ロ．機械台数，ハ．生産金額，ニ．クレーン能力）などがある。

問題14. 溶接変形を抑制する対策を，設計段階で2つ，施工段階で3つ挙げよ。

(1) 設計段階

対策１：

対策２：

(2) 施工段階

対策１：

対策２：

対策３：

問題15. JIS Z 3400：2013（ISO 3834）「金属材料の融接に関する品質要求事項」で規定されている，溶接前に行う点検，検査及び試験を３つ，溶接中に行う点検，検査及び試験を２つ挙げよ。

溶接前１：

溶接前２：

溶接前３：

溶接中１：

溶接中２：

問題16. 溶接欠陥に対して，以下の問いに答えよ。

(1) スラグ巻込みの防止策を２つ挙げよ。

防止策１：

防止策２：

(2) 融合不良の防止策を３つ挙げよ。

防止策１：

防止策２：

防止策３：

問題17. 下表に示す溶接欠陥を最も効率よく検出できる非破壊試験方法を，語群から一つずつ選び，その記号を記せ。また，欠陥の性状及び材質からみた選定理由を述べよ。

検出しようとする欠陥	試験方法	選定理由
SUS304溶接部の表面割れ		
高張力鋼溶接部の表層部の微細な割れ		
すみ肉溶接部のアンダカット		
アルミニウム溶接部のブローホール		
V開先鋼溶接部の開先面での融合不良		

［語群］

（ア）外観試験（VT）

（イ）磁粉探傷試験（MT）

（ウ）浸透探傷試験（PT）

（エ）放射線透過試験（RT）

（オ）超音波探傷試験（UT）

問題18. 次の文章は，鋼溶接部の非破壊試験について述べたものである。（　　）内の語句のうち，正しい選択肢の番号に○印をつけよ。ただし，正答の選択肢は1つだけとは限らない。

(1) JIS Z 3104に従った放射線透過試験では，（イ．透過度計，ロ．反射板，ハ．階調計，ニ．渦電流）が使用される。

(2) 超音波斜角探傷試験において小さな欠陥を検出するには，（イ．高い周波数，ロ．低い周波数，ハ．大きな屈折角，ニ．小さな屈折角）を用いるのがよい。

(3) 蛍光磁粉を用いた磁粉探傷試験では，（イ．白色灯，ロ．赤外線照射灯，ハ．紫外線照射灯，ニ．蛍光灯）を用いる。

(4) 浸透探傷試験に用いる浸透液は，（イ．ぬれ性が良く粘性の高い，ロ．ぬれ性が良く粘性の低い，ハ．ぬれ性が悪く粘性の高い，ニ．ぬれ性が悪く粘性の低い）ものが適している。

(5) 溶接後の外観試験の対象となる欠陥には，（イ．ビード下割れ，ロ．パス間の融合不良，ハ．オーバラップ，ニ．ピット）がある。

問題19. 高温多湿時の溶接作業で発生する熱中症について，以下の問いに答えよ。

(1) 熱中症が疑われる症状を１つ挙げよ。

(2) 熱中症が疑われた場合の緊急処置を２つ挙げよ。

①

②

(3) 作業管理からみた熱中症防止対策を２つ挙げよ。

①

②

問題20. 次の文章中の（　　）内の言葉のうち，正しいものを１つ選び，その記号に○印をつけよ。

(1) 狭あい場所で有害ガスが存在する危険性のある環境で使用できる呼吸用保護具は（イ．電動ファン付き呼吸用保護具，ロ．防じんマスク，ハ．送気マスク，ニ．不織布マスク）である。

(2) 酸素欠乏症等防止規則によれば，作業を行う場所での空気中の酸素濃度を（イ．18%，ロ．20%，ハ．22%，ニ．24%）以上に保つよう換気しなければならない。

(3) じん肺法では，事業者は常時粉じん作業に従事するじん肺管理区分「１」の作業者に対して（イ．１年，ロ．２年，ハ．３年，ニ．４年）以内に１回，じん肺の健康診断を行わなければならない。

(4) WES 9009-2 で定められている溶接ヒュームの管理濃度は（イ．1 mg/m^3，ロ．3 mg/m^3，ハ．10mg/m^3，ニ．15mg/m^3）である。

(5) ガス容器の温度は（イ．20℃，ロ．30℃，ハ．40℃，ニ．50℃）以下に保たなければならない。

●2019年６月９日出題　１級試験問題●
解答例

問題１． (1) ①定電圧，②自己制御，③垂下（定電流），④アーク電圧（電圧でも可），⑤シールドガス（CO_2，ArとCO_2の混合ガスでも可），⑥フラックス（溶融スラグ）

(2)

マグ溶接の優れている点（以下から１つ）

①全姿勢の溶接に適用できる。

②薄板から厚板までの広範囲な適用が可能である。

③ロボット溶接が可能である。

④溶融池の観測が容易で半自動溶接が可能である。

⑤溶接装置が比較的安価である。

サブマージアーク溶接の優れている点（以下から１つ）

①大電流が使用でき，能率的である。

②アークがフラックスで覆われているため，遮光の必要がなく，風の影響も少ない。

③溶接金属の表面全体が厚いスラグで覆われているため，ビード外観が美しく均一である。

④磁気吹きに強い交流電源も使用できる。

⑤スパッタやヒュームの発生が少ない。

問題２． (1) ①10分，②定格出力電流，③使用溶接電流

(2) 許容使用率の式に，問題で与えられた数値を代入すると，

$$\text{許容使用率} = \left(\frac{300 \times 300}{200 \times 200}\right) \times 40 = 90\ (\%)$$

(3) 許容使用率の式に，問題で与えられた数値を代入すると，

$$\left(\frac{300 \times 300}{I \times I}\right) \times 40 = 100$$

$$I = 300 \times \sqrt{\frac{40}{100}} = 300 \times 0.63 = 189 \text{ (A)}$$

問題3． ①立向，②シールドガス，③フラックス，④ジュール（抵抗）発熱，⑤軟化（ぜい化，じん性劣化でも可）

問題4． (1) ①ハ，　②イ，　③ハ。

(2)

優れている点（以下から1つ）

・低融点の難溶接材料の接合が可能である。

・溶接変形を低減できる。

・残留応力を低減できる。

・遮光の必要がない。

・シールドガス・フラックスを必要としない。

・ヒュームの発生がない。

・スパッタの発生がない。

・ポロシティの発生が少ない。

・接合部組織が微細化される。

劣っている点（以下から1つ）

・強固な拘束ジグが必要である。

・溶接姿勢に制約がある。

・高融点材料への適用が困難である。

・複雑な継手に適用できない。

・剛性の高い装置を必要とする。

問題5． (1) ロ，ニ，(2) ハ，ニ，(3) イ，ロ，(4) ハ，(5) イ

問題6． (1) A点（1000℃）での組織はオーステナイト単相であり，A点から冷却していくと，850℃（A_{r3}変態温度）より低い温度でオーステ

ナイトからフェライトへの変態が始まり，組織はオーステナイト・フェライトの混合（２相）組織になる。さらに温度が低下すると，フェライト分率が高まり，727℃（A_{r1}変態温度）より低い温度で残留しているオーステナイトがパーライトに変態し，組織はフェライト・パーライトの混合（2相）組織となる。

(2) ①C（炭素），②オーステナイト，③フェライト，④ベイナイト，⑤マルテンサイト　※④と⑤は入れ替わってもよい

問題７． (1) 高温強度が求められるボイラーや圧力容器など。

(2) 溶接残留応力の緩和。溶接部の硬化組織を焼戻し，延性とじん性を回復する。

(3)

割れの名称：再熱割れ（SR割れ）。

冶金学的原因：再熱割れは結晶粒界と粒内の強度差に起因し，微細炭化物などの析出硬化で粒内が強化されると相対的に粒界が弱化することにより生じる。（再熱割れは析出硬化元素含有量が多いほど生じやすい。）

問題８． (1) Cr含有量：18%（18～20%）

Ni含有量：８%（８～10.5%）

(2) ①500～850，②Cr，③ウェルドディケイ，④Nb（またはTi）

問題９． (1) イ，(2) イ，(3) ハ，(4) ハ，(5) ロ

問題10． ①$\alpha T l_0$，②$-\alpha T$（$\varepsilon = -\Delta l/(l_0 + \Delta l) \approx -\Delta l/l_0 = -\alpha T$），③$-E\alpha T$，④200（$-E\alpha T = -\sigma_Y$より，$T = \sigma_Y/E\alpha$），⑤$-0.003$（200℃から500℃までの温度上昇は300℃。したがって，300℃の温度上昇で生じるひずみを求めればよいので，$\varepsilon_P = -1 \times 10^{-5} \times 300 = -0.003$（$-0.3\%$））

問題11. (1) 次のどちらの図でもよい。

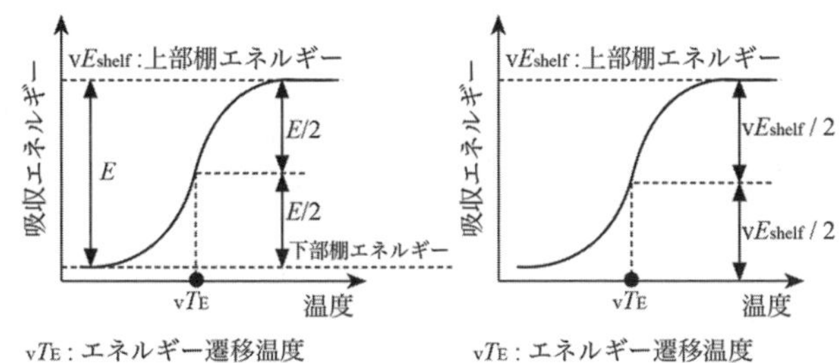

(2) ぜい性破面率（延性破面率）が50％となる温度。

(3) 破面遷移温度が低く，使用温度での吸収エネルギーの高い材料を選定する。

問題12. ① 90，②7，③200，④1400，⑤126

解説　のど厚＝サイズ／$\sqrt{2}$

有効のど断面積＝のど厚×有効溶接長さ

問題13. ①ロ，②ニ，③イ，④ハ，⑤イ，ハ

問題14.

(1) 設計段階

対策1，2：

次の項目から2つ挙げる。

①溶接箇所をできるだけ少なくする。

②溶接部の必要以上の接近を避ける。

③表裏・左右バランスのとれた開先形状を採用する。

④剛性の大きな部材形状を採用する。

⑤溶着量の小さい適正な開先形状を選択する。

(2) 施工段階

対策1，2，3：

次の項目から３つ挙げる。

①部材寸法精度の向上。

②組立（取付）精度の向上。

③開先精度の向上。

④拘束ジグによる部材拘束。

⑤過大脚長や過大余盛をなくす。

⑥逆ひずみ法の適用。

⑦裏側加熱の適用（すみ肉T 継手）。

⑧部材の中央から自由端に向けて溶接する。

⑨溶着量の大きい継手を先に溶接する。

⑩後退法，対称法，飛石法を採用する。

⑪ブロック法，カスケード法を採用する。

⑫部材切断時の変形抑制（プラズマ切断，レーザ切断などの適用）。

問題15.

溶接前１，２，３：

下記から３つ挙げる。

①溶接技能者および溶接オペレータの適格性証明書の適切性および有効性

②溶接施工要領書の適切性

③母材の識別

④溶接材料の識別

⑤継手の準備状況（例えば，形状および寸法）

⑥取付け，ジグおよびタック溶接

⑦溶接施工要領書の特別要求事項（例えば，溶接変形の防止）

⑧環境を含む溶接に対する作業条件の適切性

溶接中１，２：

下記から２つ挙げる。

①基本溶接パラメータ（例えば，溶接電流，アーク電圧および溶接速度）

②予熱／パス間温度

③溶接金属のパスおよび層ごとの清掃および形状

④裏はつり

⑤溶接順序

⑥溶接材料の正しい使用および取扱い

⑦溶接変形の管理

⑧中間検査（例えば，寸法チェック，裏はつり後の非破壊検査）

問題16.

(1)

防止策１，２：

下記から２つ挙げる。

①前層および前パスのスラグを十分に除去する。

②多層溶接で次のパスを溶接する前のビード形状の修正。ビード間またはビードと開先面の間の鋭く深い凹みをなくす。

③トーチの前進角を大きくしない。

④アークに対してスラグの先行をさける（特に立向下進溶接の場合など)。

(2)

防止策１，２，３：

下記から３つ挙げる。

①開先角度を必要以上に狭くしない。

②ウイービング法で，ビード両端での停止時間を設ける。

③多層溶接で次のパスを溶接する前のビード形状の修正。ビード間またはビードと開先面の間の鋭く深い凹みをなくす。

④アークを溶融池より先行させて母材を確実に溶融させる。

⑤十分な溶込みを確保する。

⑥アークに対して溶融池の先行をさける（特に立向下進溶接の場合など）。

問題17.

検出しようとする欠陥	試験方法	選定理由
SUS304 溶接部の表面割れ	（ウ）	非磁性体材料の表面割れの検出に適している。
高張力鋼溶接部の表層部の微細な割れ	（イ）	強磁性体材料で，表面およびその近傍の割れの検出に適している。
すみ肉溶接部のアンダカット	（ア）	目視で検出可能である。
アルミニウム溶接部のブローホール	（エ）	体積をもった内部欠陥の検出に適している。
V開先鋼溶接部の開先面での融合不良	（オ）	面状の内部欠陥の検出に適している。

問題18. (1) イ，ハ，(2) イ，(3) ハ，(4) ロ，(5) ハ，ニ

問題19.

(1)

下記から１つ挙げる。

①体温が高くなる。

②皮膚が赤く，触ると熱く，乾いた状態になる。

③ズキンズキンとする頭痛。

④めまい，吐き気。

⑤応答がおかしい，呼びかけに反応しない。

⑥全身けいれん。

(2)

下記から２つ挙げる。

①涼しい場所への移送。

②脱衣と首筋・両脇下の冷却。
③水分と塩分の補給。
④医療機関への通報・輸送。

(3)

下記から２つ挙げる。
①こまめな休息と水分の確保。
②局所冷房（スポットクーラー）の採用。
③扇風機の使用。
④クールスーツの着用。
⑤十分な換気を行う。
⑥屋外作業では直射日光を避ける。

問題20. (1) ハ，(2) イ，(3) ハ，(4) ロ，(5) ハ

JIS Z 3410（ISO 14731）/WES 8103

第2部

特別級試験問題編

●2023年6月4日出題●

特別級試験問題

問題M-1.（選択）

JISに規定されたSS材（一般構造用圧延鋼材），SM材（溶接構造用圧延鋼材）およびSN材（建築構造用圧延鋼材）について，次の各問いに答えよ。

(1) SM材の化学成分の規定をSS材と比較して述べよ。

(2) SM材の機械的性質の規定をSS材と比較して述べよ。

(3) SM材と比較して，SN材に付加されている規定を溶接性と機械的性質の観点から3つ述べよ。

問題M-2.（選択）

厚さ20mmのSM490鋼の被覆アーク溶接部の硬さについて，次の各問いに答えよ。

(1) 下図のようにビードオンプレート溶接（1パス溶接：170A, 25V, 15cm/min）した場合の，AA' 線（母材表面から1mmの位置）上の硬さ分布を定性的に図示せよ。

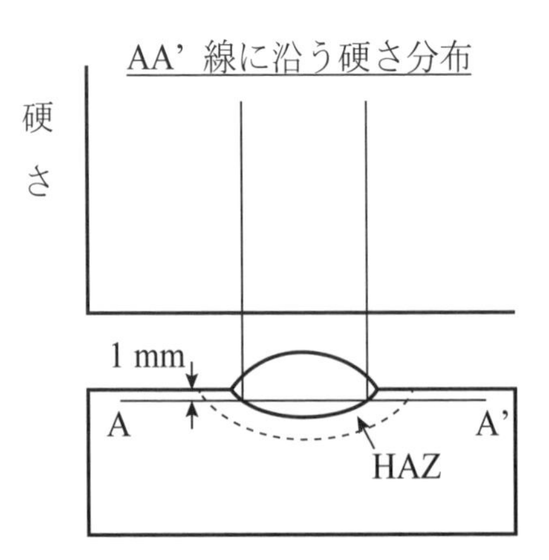

⑵ 設問（1）の最高硬さを示す位置での硬化理由を簡潔に記せ。
⑶ 設問（1）の最高硬さに影響を及ぼす因子を２つ挙げよ。

問題M-3.（選択）

炭素鋼溶接部に発生するラメラテアに関して，次の各問いに答えよ。

⑴ ラメラテアとは，どのような割れか。また，その発生メカニズムを説明せよ。
ラメラテアとは：
発生メカニズム：
⑵ ラメラテアの発生は，鋼材のどのような機械的性質と密接に関係するか。
⑶ 材料選択の観点からのラメラテアの防止策を１つ挙げよ。

問題M-4.（選択）

ステンレス鋼の代表的な局部腐食である粒界腐食，孔食，および応力腐食割れ（SCC）とはどのような現象か述べよ。また，それらは溶接によって感受性が増大するリスクがあるが，その材料面からの理由についてそれぞれ簡潔に述べよ。

⑴ 粒界腐食
現象：
理由：
⑵ 孔食
現象：
理由：
⑶ 応力腐食割れ（SCC）
現象：
理由：

問題M-5.（選択）

アルミニウムおよびアルミニウム合金について，次の各問いに答えよ。

(1) 1000系アルミニウムにはH材とO材があるが，H材の溶接熱影響部における硬さについて，O材の場合と比較して述べよ。

(2) 常温時効性を有する7000系アルミニウム合金のT6材において，溶接後の熱影響部硬さの変化について述べよ。

「設計」

問題D-1.（英語選択）

AWS D1.1/D1.1M：2010 Structural Welding Code-Steel（閲覧資料）により応力を負担するすみ肉溶接継手を設計する場合，次の溶接継手は認められるか。認められる場合には○印を，認められない場合には×印を（　　）内に記せ。また，その理由を記せ。

(1) 直線状のすみ肉溶接部では，溶接始終端部を有効長さに含める。(2.4.2.1)

(　　　　　)

理由：

(2) 公称サイズが5 mmのすみ肉溶接の長さを25mmに設計。(2.4.2.3)

(　　　　　)

理由：

(3) 厚さ8 mmの板の重ねすみ肉継手の，サイズを8 mmに設計。(2.4.2.9)

(　　　　　)

理由：

(4) 厚さ4 mmと6 mmの板の重ねすみ肉継手の，重ね代を20mmに設計。(2.9.1.2)

(　　　　　)

理由：

⑸ 繰返し荷重を受ける厚さ6 mmのすみ肉継手のすみ肉サイズを4 mmに設計。(Table 5.8)

(　　　　　　)

理由：

問題D-2.（英語選択）

ASME Boiler and Pressure Vessel Code, Section VIII, Division 1, Part UW（閲覧資料）の規定に関し，次の各問いに日本語で答えよ。

⑴ オーステナイト系ステンレス鋼の溶接で，エレクトロスラグ溶接，およびエレクトロガスアーク溶接の使用が認められるのはどのような場合か。(UW-5（d))

⑵ 強度が異なる２つの母材を溶接するとき，溶接金属の強度をどのようにすべきか。(UW-6（a))

⑶ 設計圧力が100psi（700kPa）の火なしスチームボイラで，胴の突合せ溶接継手の板厚が1 in.（25mm）のとき，非破壊試験はどのようにすべきか。(UW-11（a))

⑷ 裏当てを用いない突合せ片側溶接継手の適用範囲はどのように規定しているか。(Table UW-12)

⑸ 気圧試験を行う前に，圧力容器開口部回りの全ての溶接部に要求されることは何か。また，その目的を記せ。(UW-50)

問題D-3.（英語選択）

図のように，長さL_1，断面積A_1の丸棒①と，長さL_2，断面積A_2の丸棒②が連結され（丸棒①，②の縦弾性係数Eは同じ），初期温度0 ℃で剛体壁に固定されている。丸棒①のみがT℃温度上昇したときに生じる熱応力を，以下の手順で求めよ。ただし，丸棒②への熱伝導はないものとし，丸棒①の縦弾性係数Eおよび線膨張係数αは温度によらず一定で，丸棒①が温度上昇したときの断面積A_1, A_2の変化は無視できるほど小さいとする。

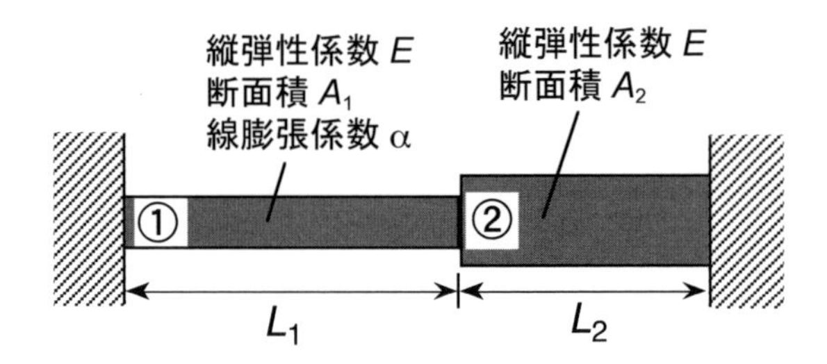

(1) 丸棒①に生じる力＝丸棒②に生じる力より，丸棒①の応力 σ_1 と丸棒②の応力 σ_2 の関係を求めよ。
（応力 σ_1，応力 σ_2：断面平均応力）

(2) 丸棒①の長さ変化＋丸棒②の長さ変化＝0より，σ_1 と σ_2 の関係を求めよ。

(3) 設問（1）の関係式と設問（2）の関係式を連立させて解くことより，丸棒①に生じる応力 σ_1 を求めよ。

(4) 断面積 A_2 が断面積 A_1 より十分大きいとき，丸棒①に生じる応力 σ_1 を求めよ。

問題D-4.（選択）

下図のように，ねじり荷重を受ける外径100 mmの鋼管が鋼板壁に全周すみ肉溶接されている。鋼構造設計規準（閲覧資料）に従って許容応力度を定め，鋼管の許容最大ねじり荷重（トルク）$T_{\max}$ を求めよ。なお，鋼管は板厚12mmのSM400とし，$\pi = 3.14$，$1/\sqrt{2} = 0.7$ とする。

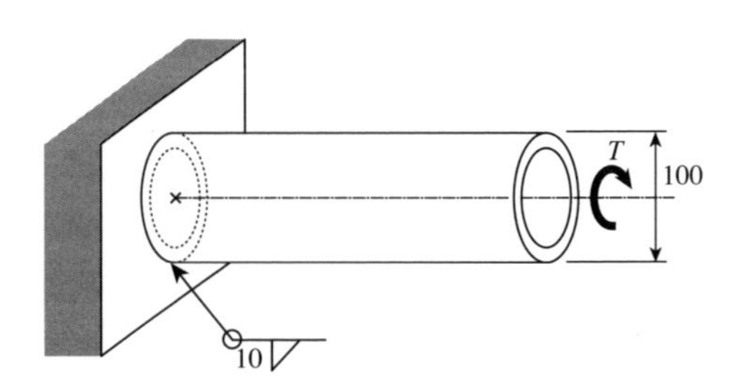

(1) この継手の許容応力度はいくらか。

(2) この継手の有効のど断面積はいくらか。

(3) この継手に許容できる最大せん断荷重を求めよ。

(4) この継手の許容最大ねじり荷重（トルク）T_{max}を，kN·mm単位の整数値で求めよ。

問題D-5.（選択）

JIS B 8265：2010（閲覧資料）に従って，気体を貯蔵する圧力容器を円筒型で設計する。以下の条件で圧力容器を設計する場合に，次の各問いに答えよ。

・設計圧力（P）：0.95 MPa

・設計温度：常温

・材料：P番号1 グループ番号1

・円筒胴の内径（D_i）：7000 mm

・溶接継手：B-1 継手

・非破壊試験：放射線透過試験を100%実施

・腐れ代：2 mm

(1) 100℃の予熱温度で溶接を行う場合，附属書Sの規定で溶接後熱処理を省略できる円筒胴の最大厚さはいくらか。

(2) 設問（1）の最大厚さを採用した場合に，材料に要求される許容引張応力はいくらか。有効数字は2桁で答えよ。また計算過程も示すこと。

問題D-6.（選択）

JIS B 8265：2010（閲覧資料）の規定に関し，次の各問いに答えよ。

(1) 設計で考慮すべき荷重で，圧力（内圧又は外圧）以外に，必要に応じて含める荷重を2つ挙げよ。

(2) FP継手とPP継手で，継手形式の主な違いは何か。

(3) 板厚40mmの円筒胴長手継手で，4.0mm の食違いが許されるか否かを理由とともに記せ。

(4) 板厚20mmの低合金鋼製圧力容器の突合せ溶接継手に放射線透過試験を実施する場合，余盛の高さ2.0mmが許されるか否かを理由とともに記せ。

(5) 炭素鋼製圧力容器（厚さ50mm）の溶接後熱処理で，最低保持温度を567℃にした場合の最小保持時間はいくらか。

「施工・管理」

問題P-1.（英語選択）

AWS D1.1/D1.1M：2010 Structural Welding Code-Steel（閲覧資料）の「5.10 Backing」の規定に関し，次の各問いに日本語で答えよ。

(1) 裏当て金の推奨最小板厚を規定している理由を記せ。また，被覆アーク溶接とサブマージアーク溶接について，裏当て金の推奨最小板厚はいくらか。(5.10.3)

最小板厚を規定している理由：

裏当て金の推奨最小板厚

被覆アーク溶接：

サブマージアーク溶接：

(2) 繰返し荷重が加わる非パイプ構造において，鋼製裏当て金の処理をどのように規定しているか。(5.10.4)

問題P-2.（英語選択）

ASME Boiler and Pressure Vessel Code, Section VIII, Division 1, Part UW（閲覧資料）の規定に関し，次の各問いに日本語で答えよ。

(1) アーク溶接でカテゴリBの突合せ継手を両面溶接する際に，放射線透過試験を行わない場合の継手効率はいくらまで許容されるか。(Table UW-12)

(2) 突合せ溶接継手で許容される目違い量は，板厚（t）と継手の

カテゴリの組合せで決められている。この板厚（t）はどのように規定されているか。(UW-33（a))

(3) 両面溶接を行う時，裏面の溶接施工前に，どのような処置をすべきか。(UW-37（a))

(4) 溶接金属の初層および最終層にピーニングが許されるのはどのような場合か。(UW-39（a))

(5) PWHT はいつ行うべきか。(UW-40（e))

問題P-3.（選択）

溶接変形の低減と矯正法について，次の各問いに答えよ。

(1) 溶接による変形を低減するための方法を３つ挙げよ。

(2) 溶接変形の機械的矯正法と熱的矯正法について，その具体的な方法と施工上の注意点を挙げよ。

機械的矯正法

具体的な方法：

注意点：

熱的矯正法

具体的な方法：

注意点：

問題P-4.（選択）

JIS Z 3420：2003「金属材料の溶接施工要領およびその承認－一般原則」，および，JIS Z 3422-1：2003「金属材料の溶接施工要領およびその承認－溶接施工法試験」に従い，溶接施工要領書（WPS：Welding Procedure Specification）に関して，次の各問いに答えよ。

(1) 溶接施工要領書（WPS）とはどういう文書か，目的を含め簡単に述べよ。

(2) 溶接施工要領書（WPS）を作成するまでの手順を説明せよ。

(3) 現状承認を受けている最大板厚を14mm とする。新たに板厚36mmの多層溶接継手の溶接施工法の承認を受ける必要が生じた。溶接施工法試験を実施する板厚をその選定理由とともに述べよ。なお，JIS Z 3422 では，承認される板厚範囲は，試験材の板厚を t としたとき $0.5t$～$2t$（最大150mm）である。

問題P-5.（選択）

LNGの地上タンク（LNG温度－162℃）では，内槽に9％Ni鋼を使用しているものが多い。9％Ni鋼の溶接には，70％Ni合金が溶接材料として使われている。その溶接施工に関して，次の各問いに答えよ。

(1) 溶接材料に70％Ni合金が使われる理由を２つ記せ。

理由１：

理由２：

(2) 溶接施工時に予熱が必要か否か。また，その理由を記せ。

(3) 溶接施工上の留意点を２つ記せ。

留意点１：

留意点２：

問題P-6.（選択）

溶接継手に溶接後熱処理を行うと再熱割れを生じる場合がある。再熱割れに関して次の各問いに答えよ。

(1) 再熱割れが発生しやすい鋼を２つ挙げよ。

(2) 再熱割れとはどのような割れか。

(3) 再熱割れ防止策を２つ挙げよ。

「溶接法・機器」

問題E-1.（選択）

溶接アークの硬直性について次の各問いに答えよ。

(1) 溶接アークの硬直性とはどのような現象か。その概要を記せ。

(2) 溶接アークの硬直性が生じる理由を記せ。

(3) 溶接アークの硬直性が損なわれる事例を１つ挙げ，その原因を簡単に説明せよ。

問題E-2.（選択）

ティグ溶接では，極性によってアークの挙動や溶接結果が大きく異なる。それぞれの極性におけるアークの特徴，電極への影響，及び適用材料について簡単に説明せよ。

(1) 棒マイナス（EN）極性の場合
①アークの特徴：
②電極への影響：
③適用材料：

(2) 棒プラス（EP）極性の場合
①アークの特徴：
②電極への影響：
③適用材料：

問題E-3.（選択）

シールドガスに80％Ar＋20％CO_2混合ガスを用いたソリッドワイヤのマグ溶接の溶滴移行について，次の３つの電流・電圧域に分け，溶滴移行形態の名称とその概要を記せ。

(1) 小電流・低電圧域
溶滴移行形態の名称：
概要：

(2) 中電流・中電圧域
溶滴移行形態の名称：
概要：

(3) 大電流・高電圧域
溶滴移行形態の名称：
概要：

問題E-4.（選択）

マグ溶接と太径ワイヤを用いるサブマージアーク溶接では，それぞれ異なった溶接電源特性とワイヤ送給制御方式が用いられている。それぞれの溶接法における溶接電源の特性，ワイヤの送給制御方式，およびそれらの組合せが用いられている理由を説明せよ。

(1) マグ溶接

①溶接電源の特性：

②ワイヤ送給制御方式：

③理由：

(2) サブマージアーク溶接（太径ワイヤ）

①溶接電源の特性：

②ワイヤ送給制御方式：

③理由：

問題E-5.（選択）

作動ガスにArやAr + H_2混合ガスを用いるプラズマ切断では電極に酸化物入りタングステンを用いるが，作動ガスに空気を用いるエアプラズマ切断では電極にハフニウム（Hf）が用いられる。次の各問いに答えよ。

(1) エアプラズマ切断の電極にハフニウム（Hf）が用いられる理由を記せ。

(2) 電極は，ハフニウム（Hf）を銅シースへ圧入した構造となっている。この理由を記せ。

●2023年６月４日出題　特別級試験問題●
解答例

「材料・溶接性」

問題M-1.（選択）

(1)

SM材は，溶接性とじん性を考慮して，SS 材に規定のないC, Si，Mnの含有量を規定するとともに，SおよびPの最大含有量をSS材よりも低く抑えている（0.035％以下)。

(2)

SM材のＢ種とＣ種にはシャルピー値が規定されている（０℃でＢ種は27J以上，Ｃ種は47J以上)。

(3)

SN材はSM材に比べて，次の特徴を有する。(以下から３つ)

①大地震に対して十分な塑性変形能力を持つように，Ｂ種，：Ｃ種では，降伏比を80％以下に規定。

②大地震時に塑性変形が偏って生じないように，Ｂ種，Ｃ種では，降伏強さの上下限の幅を120N/mm^{2}に規定。

③溶接性の観点から，Ｂ種とＣ種には，炭素当量およびP_{CM}を規定し，Ｐ，Ｓの上限値も厳しく規定。

④ラメラテア防止のため，Ｃ種では，板厚方向の絞り値を25％以上と規定。

⑤ラメラテア防止のため，Ｃ種では，Ｓの最大含有量を厳しく規定(0.008％以下)。

⑥Ｃ種では，鋼材の超音波探傷試験を要求。

問題M-2（選択）

(1)

下図のような分布になる。

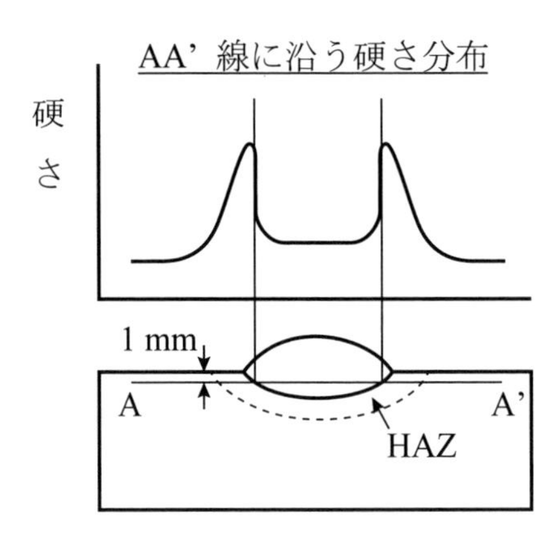

(2)

冷却速度が大きく，マルテンサイトやベイナイト組織となるため硬化する。

(3)

次の２つを挙げる。

・母材の炭素当量（化学組成）

・冷却速度（・母材の板厚　・継手形状　・溶接入熱量　・母材の初期温度（予熱温度））

問題 M-3.（選択）

(1)

ラメラテアとは：十字突合せ溶接継手やすみ肉多層溶接継手などの溶接熱影響部，および隣接する母材部において鋼板の圧延方向と平行に階段状に発生する割れ。

発生メカニズム：圧延組織に沿って層状に存在する非金属介在物（主にMn硫化物，一部に酸化物）とマトリックス界面が，板厚方向に作用する引張応力（拘束応力）や残留応力によって剥離・開口し，階段状の連続した割れに至る。また，水素がラメラテアの発生に関与することもある。

(2)

板厚方向の絞り（延性）

(3)

以下から１つ書いてあればよい。

1) 板厚方向の絞りが十分な鋼材を選定する。

2) S含有量を制限した鋼材を選定する。

3) Ca処理により非金属介在物を球状化した鋼材を選定する。

問題M-4.（選択）

(1) 粒界腐食

現象：粒界近傍のCr濃度が低下した領域（Cr欠乏層）が選択的に腐食される現象。

理由：溶接熱サイクルによりCの溶解度が低くかつCr原子が十分拡散移動しうる温度域に加熱された熱影響部では，粒界にCr炭化物（$M_{23}C_6$）を生じることによりその近傍でCr濃度の低い領域（Cr欠乏層）が生じ（鋭敏化），選択的に腐食されやすくなることが，溶接によるリスク増大の理由である。

(2) 孔食

現象：孔食は金属表面が不動態化された状態，あるいは保護被膜で覆われて耐食性（耐全面腐食）の良好な条件において，保護被膜（不動態皮膜）が部分的に破壊され，腐食が進行する典型的な局部腐食である。皮膜の部分的な破壊は塩化物イオンの存在により局部的にpHが低下することで促進される。

理由：溶接金属では，CrやMoのような耐孔食性に有効な元素が凝固時に偏析して濃度が低くなる箇所が生じて孔食の発生起点になることが，溶接によるリスク増大の理由である。

(3) 応力腐食割れ（SCC）

現象：材料によって異なる特定の腐食環境において引張応力下で生じる割れであり，①材料，②応力，③環境の三要因によって支配される。

理由：オーステナイト系ステンレス鋼では，溶接熱サイクルによる熱影響部での粒界鋭敏化がSCCの材料面の要因となる。塩化物環境，高温純水環境やポリチオン酸環境における熱影響部での粒界型SCCがその例である。また，溶接による引張残留応力の存在がSCC を助長する。二相ステンレス鋼では，溶接熱影響によりフェライト量が増大することによってSCCが助長される。

問題M-5.（選択）

(1)

H材は加工硬化材であるため，熱影響部では回復，再結晶によって加工硬化の効果が失われ，O材と同程度まで硬さが低下する。一方，O材は焼なまし材であるため，熱影響部の硬さは母材部と比べてほとんど低下しない。

(2)

熱影響部においては過時効や析出強化粒子の固溶が生じ，T6処理（焼入焼戻し，溶体化後人工時効処理）によって得られた析出強化の効果が失われるため，母材部に比べて大幅に軟化する。この合金は常温時効性を有するため，溶接後の時間の経過とともに熱影響部の硬さが回復する。

「設計」

問題D-1.（選択）

(1)

(　　○　　)

理由：直線すみ肉溶接の有効長さは，溶接始終端部を含むすみ肉溶接の全長とするので，規定を満たしている。

(2)

(　　○　　)

理由：すみ肉溶接の最小長さは，公称サイズの4倍以上とする。この場合，最小長さは20mm（5mm×4）以上であり，規定を満足。

(3)

(　　×　　)

理由：母材厚さが６mm以上で，かつ設計図に別途指示がないとき，すみ肉溶接の最大サイズは母材厚さより1/4 in（２mm）小さい寸法とする。この場合，最大サイズは８－２＝６mmなので，規定を満たしていない。

(4)

(　　×　　)

理由：最小重ね代は，薄い方の母材厚さの５倍，かつ１in（25mm）以上とする。この場合，最小重ね代は25mmとなるので，規定を満たしていない。

(5)

(　　×　　)

理由：厚さ６mm以下のすみ肉溶接継手が繰返し荷重を受ける場合，最小すみ肉サイズは５mmとする。よって，規定を満たしていない。

問題D-2（英語選択）

(1)

フェライトを含む溶接金属となる場合。

(2)

溶接金属の引張強さを，強度が低い方の母材の引張強さ以上にする。

(3)

突合せ溶接継手全長をUW-51に規定された方法で放射線透過試験しなければならない。

(4)

厚さが5/8 in.（16mm）以下，および外径24 in.（600mm）以下の（分類A，分類B，および分類Cの）周継手のみ。

(5)

非破壊試験が必要。その目的は，割れを検出するため。

問題D-3.（選択）

(1)

$\sigma_1 A_1 = \sigma_2 A_2$

(2)

丸棒①のみかけのひずみ $\varepsilon_1 = \sigma_1 / E + \alpha T$，丸棒②のみかけのひずみ $\varepsilon_2 = \sigma_2 / E$ より，

丸棒①の長さ変化 $= (\sigma_1 / E + \alpha T) L_1$，丸棒②の長さ変化 $= (\sigma_2 / E) L_2$

丸棒①の長さ変化＋丸棒②の長さ変化＝0より，$(\sigma_1 / E + \alpha T) L_1 + (\sigma_2 / E) L_2 = 0$

(3)

$(\sigma_1 / E + \alpha T) L_1 + (\sigma_2 / E) L_2 = 0$ に $\sigma_2 = \sigma_1 (A_1 / A_2)$ を代入すると，

$(\sigma_1 / E + \alpha T) L_1 + \sigma_1 (L_2 / E)(A_1 / A_2) = 0$

よって，$\sigma_1 = -E\alpha T\ L_1 / \{L_2 (A_1 / A_2) + L_1\}$

(4)

$A_1 / A_2 \rightarrow 0$ とみなせることより，$\sigma_1 = -E\alpha T$

すなわち，丸棒①が剛体壁に固定された場合の応力に等しい。

問題D-4.（選択）

(1)

ねじり荷重を受けるので，許容せん断応力度を求める。

SM400の許容せん断応力度 $= F/1.5\sqrt{3} = 235/1.5\sqrt{3} = 90.4$ N/mm^2（F：基準強さ）

(2)

のど厚は $10/\sqrt{2} = 7$ mmなので，すみ肉のど断面を鋼板壁に転写した円輪の外径は114 mm。

これより，有効溶接長は π ×円輪中心径 $= \pi \times 107$ mm。

したがって，有効のど断面積＝有効溶接長×のど厚＝$\pi \times 107 \times 7 = 2351.86$ mm^2→2351 mm^2

(3)

許容最大せん断荷重＝許容せん断応力度×有効のど断面積＝90.4×2351＝212530.4N → 212530N

(4)

T_{max} ＝許容最大せん断荷重×円輪中心径/2＝212530×107/2＝11370355 N・mm→11370 kN・mm

問題D-5.（選択）

(1)

38mm

(2)

計算厚さ（t）＝$PD_i/(2\sigma_a\eta-1.2P)$　より $\sigma_a=(PD_i+1.2Pt)/2t\eta$

この式に　$P=0.95$ MPa，$D_i=7000$ mm，$t=38-2$（腐れ代）＝36 mm，

$\eta=1.00$（B-1継手で放射線透過試験100％の値）を代入して

$\sigma_a=92.9=93$ N/mm^2（MPa）

なお，$P=0.95$ MPa，$\sigma_a=93$ N/mm^2（MPa），$\eta=1.00$　は

$P \leqq 0.385\sigma_a\eta$を満足するので，上記内径基準の式を適用できる。

問題D-6.（選択）

(1)

次のうち，2つ記載されていればよい。(a) 自重および内部流体による荷重，(b) 圧力容器に直接取り付ける配管，附属品などによる荷重，(c) 風，積雪および地震荷重，(d) 熱（温度）による荷重，(e) 繰返し荷重および動的荷重，(f) 取扱い，輸送，据付けなどによる荷重。(5.1.2)

(2)

FP継手は完全溶込みの開先溶接であり，PP継手は部分溶込みの開先溶接である。(6.1.4表1)

(3)

円筒胴の長手継手は分類Aであり，表3より食違いの許容値は $t/4 = 10$mmとなるが，最大3.5mmの規定より，許容値は3.5mmとなる。4.0mmは許容値を超えるため，許されない。(6.3.1)

(4)

表4より，板厚20mmの低合金鋼の余盛の高さの許容値は2.5mmである。2.0mmは許容値以下であるため，許される。(6.3.3)

(5)

2.25時間。炭素鋼（P-1）の場合，最低保持温度を567℃にすることは，表S.1の595℃の規定最低保持温度から28℃の低減である。表S.2より，28℃低減する場合の最小保持時間は板厚25mm以下は2時間，25mmを超える厚さについては25mm当たり1/4時間を加える必要がある。したがって $2+((50-25)/25)\times(1/4)=2.25$
(S.5.1.2表S.1, 表S.2)

「施工・管理」

問題P-1.（英語選択）

(1)

最小板厚を規定している理由：溶融金属が裏当て金を貫通することを防ぐため

裏当て金の推奨最小板厚

被覆アーク溶接：3/16 in（5 mm）

サブマージアーク溶接：3/8 in（10mm）

(2)

・裏当て金の溶接線が応力方向と直交する場合は，裏当て金を除去するとともに，継手部はグラインダ処理するか，または滑らかに仕上げなければならない。

・裏当て金の溶接線が応力方向と平行な場合や応力を受けない場合は，エンジニアに要求されない限り，除去する必要はない。

問題P-2.（英語選択）

(1)

0.70

(2)

継手の薄い方の公称板厚

(3)

初層をチッピング，グラインダ研削または溶融除去する。

(4)

引き続いて，溶接部が溶接後熱処理される場合

(5)

（UCS-56(f)で許される場合を除いて）水圧試験前で補修溶接が終わった後

問題P-3.（選択）

(1)

以下から３つ挙げる。

①溶接入熱をできるだけ小さくする。

②溶着量の少ない開先形状にする。

③逆ひずみ法を適用する。

④適切な溶接順序を採用する。

・構造物の中央から自由端に向けて溶接。すなわち，収縮変形を自由端に逃がす。

・溶着量（収縮量）の大きい継手を先に溶接し，溶着量（収縮量）の小さい継手を後から溶接する。

⑤部材の寸法精度および組立精度を向上させる。

⑥拘束ジグを用いる。（角変形などの防止）

⑦裏側からの先行加熱を行う。（すみ肉Ｔ継手などの角変形の低減）

(2)

機械的矯正法

具体的な方法：プレス，ローラなどによる矯正

注意点：過度の矯正は，延性・じん性低下と溶接部に割れなどの損傷をもたらすことがあるので避ける。

熱的矯正法

具体的な方法：線状加熱，点加熱などによる矯正

注意点：過度な加熱や冷却は，材質が変化する可能性があるので避ける。

問題P-4.（選択）

(1)

溶接の再現性を保証するために，溶接施工要領に要求される確認事項を詳細に記述した文書。(JIS Z 3420：2003)

(2)

①過去の溶接施工の経験，溶接技術の一般的知識などを用いて，承認前（仮）の溶接施工要領書pWPS（preliminary Welding Procedure Specification）を作成する。

②次のいずれかの方法で溶接施工法の承認を受ける。（1つ挙げる）

・溶接施工法試験による方法

・承認された溶接材料の使用による方法

・過去の溶接実績による方法

・標準溶接施工法による方法

・製造前溶接試験による方法

③溶接施工法承認記録（WPQR：Welding Procedure Qualification Record または WPAR：Welding Procedure Approval Record）を作成する。

④WPQRまたはWPARに基づき，承認された溶接施工要領書（WPS）を作成する。

(3)

次のいずれかが書いてあればよい。

①試験材の２倍の板厚まで承認されるので，試験費用低減の観点から18mmで試験を実施する。

②実施工における問題点の有無を検討するため，36mmの板厚で試験を実施する。

③現状認められている板厚14mmから連続で，できるだけ厚板まで承認範囲に入るようにするため，最小板厚が14mm（$0.5t$ = 14mm）となるように，28mmで試験を実施する。この場合新たな承認範囲は14mmから56mmとなり，現状認められている範囲から連続で，かつ今回対象の36mmも含まれる。

④将来，もっと厚い板厚に適用する可能性を考慮して，できるだけ大きな板厚まで承認範囲に入れるため，今回の対象板厚が下限値となるように72mmの板厚で試験を実施する。（$0.5t$ = 36mmより，t = 72mmとなる。承認される範囲は36mm～144mm）

問題P-5.（選択）

(1)

次のうち，２つ挙げてあればよい。

①極低温での溶接金属のじん性が優れている（共金系では−162℃で十分なじん性が得られない）。

②線膨張係数が９%Ni鋼の値に近い。

③耐力は母材の９%Ni鋼と比較して低いが，引張強度は母材に近い。

④（溶接金属がアンダマッチとなっているので）熱影響部でぜい性破壊が発生しにくい。

(2)

予熱は不要である。Ni合金の溶接材料を使えば低温割れを生じないので，予熱の必要はない。（なお，パス間温度は150℃以下と低めにして，高温割れが生じないようにする。）

(3)

次のうち，２つ挙げてあればよい。

①高温割れが初層のクレータに生じやすいので，入念なクレータ処理が必要である。また，溶接入熱を低めにして高温割れを防ぐ。

②ビードが垂れやすく，溶込みが小さい。運棒操作やウィービング条件に留意し，溶接条件を厳しく管理する。

③磁気吹きが起こりやすい。鋼板の脱磁処理，マグネットリフトの使用禁止，母材へのケーブル接続位置や接続方法の工夫などの対策を講じる。

問題P-6.（選択）

(1)

780N/mm^{2}級高張力鋼，Cr-Mo鋼，Cr-Mo-V鋼，など

(2)

残留応力緩和を目的として550℃～700℃の溶接後熱処理（PWHT）を施した場合に，溶接熱影響部粗粒域において生じる粒界割れ。

(3)

次のうち２つ記述されていればよい。

①ΔGまたはP_{SR}の値が小さい（0以下が目安）材料を選ぶ。

②溶接止端部をグラインダなどで滑らかに仕上げる。

③テンパビード施工により，HAZの粗粒域を細粒化する。

④溶接入熱を小さくして，HAZの粗粒化を抑制する。

「溶接法・機器」

問題E-1.（選択）

(1)

電流が比較的大きい場合，アークはトーチの軸方向に発生しようとする傾向があり，トーチを傾けてもアークはトーチの軸方向に発生する。このようなアークの直進性を“アークの硬直性”という。

(2)

溶接アークの周囲には，溶接電流による磁界が形成され電磁力が発生する。それによって，シールドガスの一部はアーク柱内に引き込まれ，電極から母材に向かう高速のプラズマ気流が発生する。アークはその気流によって拘束され強い指向性を示し，トーチを傾けてもアークはトーチの軸方向に発生しようとする。

(3)

下記のいずれかから１つ挙げる。

・事例：磁気吹きの発生

原因：溶接電流によって発生する磁場が非対称になると，アークに作用する電磁力も非対称となり，アークは強磁場から弱磁場の方向に偏向して硬直性が損なわれる。

・事例：小電流での溶接

原因：電流値が小さくなると電磁力は低下してプラズマ気流が弱くなるため，硬直性が損なわれ，アークはふらつきやすくなる。

問題E-2.（選択）

(1)

①アークの特徴：陰極点（電子放出の起点）が電極先端近傍に形成され，電極直下に集中性（指向性）の強いアークが発生する。

②電極への影響：電極に加えられる熱負荷は比較的小さく，電極の消耗は少ない。

③適用材料：炭素鋼，低合金鋼，ステンレス鋼，ニッケル合金，銅合金，チタン合金など，アルミニウム合金とマグネシウム合金を除くほとんどの金属に幅広く適用される。ティグ溶接で多用される極性である。

(2)

①アークの特徴：陰極点が母材表面上を激しく動き回り，アークの集中性は著しく劣るが，母材表面の酸化皮膜を除去するクリーニング（清浄）作用が得られる。

②電極への影響：電極に加えられる熱負荷は大きく，電極は過熱されるため，電極消耗はきわめて多い。（この極性が直流で使用されることはなく，交流として利用される。）

③適用材料：クリーニング作用が必要な，強固で高融点の表面酸化皮膜を持つアルミニウムやマグネシウムおよびそれらの合金の溶接に適用される。

問題E-3.（選択）

(1)

溶滴移行形態の名称：短絡移行

概要：ワイヤ先端に形成された小粒の溶滴が溶融池へ接触（短絡）する短絡期間と，それが解放されてアークが発生するアーク期間とを，比較的短い周期（60～120回/秒程度）で交互に繰り返す。溶滴は短絡期間中に，表面張力などの作用で溶融池へ移行する。

(2)

溶滴移行形態の名称：ドロップ移行

概要：ワイヤ端にはワイヤ径より大きい径の溶滴が形成されるが，アークは溶滴下端の広い範囲に拡がって発生するため，アークによる押上げ作用の影響は少なく，溶滴は比較的スムーズにワイヤ端から離脱する。

(3)

溶滴移行形態の名称：スプレー移行

概要：臨界電流以上の大電流になると，電磁ピンチ力が強力に作用して溶滴の離脱を容易にするため，ワイヤ径より小さい径の溶滴がワイヤ端から離脱する。電流の増加にともない，溶滴移行形態はプロジェクト移行，ストリーミング移行，そしてローテーティングスプレー移行へと推移する。

問題E-4.（選択）

(1)

①溶接電源の特性：定電圧特性

②ワイヤ送給制御方式：定速送給制御

③理由：細径ワイヤを用いるマグ溶接では，ワイヤが高速で送給されるため，ワイヤ送給速度をアーク電圧の変動に応じて制御することが困難である。定電圧特性の溶接電源を使用してワイヤを一定速度で送給すると，アーク長の変動に応じて溶接電流が自動的に変化し，ワイヤの溶融速度が増減してアーク長を一定に保つ作用が生じる（電源のアーク長自己制御作用）。（アーク長が長くなった場合には，電源の外部特性に従って溶接電流が減少し，それにともなうワイヤの溶融速度の減少によってアーク長を短くしようとする作用が生じ，アーク長は元の長さに戻される。アーク長が短くなった場合には溶接電流が増加して，ワイヤ溶融速度が増大するため，アーク長を長くしようとする作用が生じてアーク長は元の長さに戻される。）

(2)

①溶接電源の特性：垂下（定電流）特性

②ワイヤ送給制御方式：アーク電圧フィードバック送給制御

③理由：太径ワイヤを用いるサブマージアーク溶接では，ワイヤ送給速度が比較的遅いため，アーク電圧に応じたワイヤ送給速度の増減によってアーク長を制御することが可能である。垂下特性電源ではアーク長が変動しても溶接電流は変化せず，アーク電圧が変化する。そのためアーク電圧をワイヤ送給制御回路にフィードバックし，ワイヤ送給速度を変化させることによってアーク長を一定に保つ制御が行われている。（アーク長が長くなるとアーク電圧は増加するため，ワイヤ送給速度を速くすることによってアーク長が短くなるようにする。アーク長が短くなると，ワイヤ送給速度を遅くすることによってアーク長が長くなるようにする。すなわち，アーク長（アーク電圧）の変動に応じて，ワイヤ

送給モータの回転速度を増減させることによってワイヤ送給量を制御し，アーク長を一定に保つ。）

問題E-5.（選択）

(1)

タングステンは融点が約3,400℃の高融点金属であるが，酸化すると1,400℃程度まで融点が急激に低下する。そのため作動ガスに酸素を含有する空気を用いるエアプラズマ切断でタングステン電極を使用すると消耗が著しく，電極として使用できない。

ハフニウム（Hf）の融点は約2,200℃であるが，酸化すると2,800℃程度まで融点が上昇し，酸素を含む気体中でも電極の消耗が少ない。

(2)

ハフニウム（Hf）の熱伝導性は極めて悪い。そのため，銅シースに棒状のハフニウム（Hf）を圧入し，銅シースの熱伝導を利用して電極の冷却を促進する構造となっている。

●2022年11月６日出題●

特別級試験問題

問題M-1.（選択）

右図はFe-C系平衡状態図である。C量が0.15％の鋼を室温からA点（1,350℃）まで加熱し，冷却するものとする。

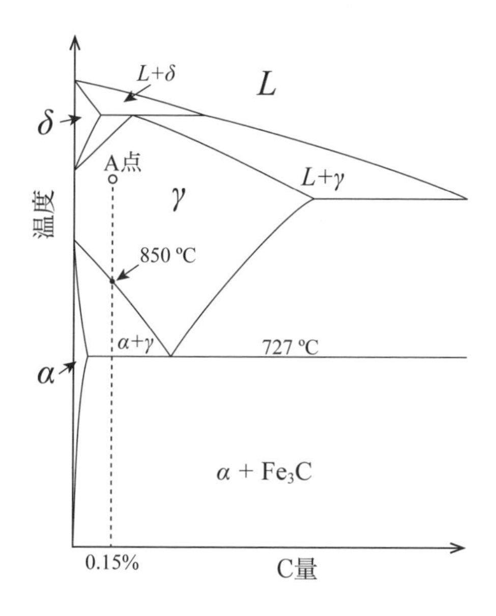

(1) 徐冷過程での組織変化について，変態温度に関連させて述べよ。
(2) 溶接時の急冷過程を想定した場合の組織変化について，冷却速度とCの拡散に関連させて述べよ。

問題M-2.（選択）

TMCP鋼は溶接性向上を目的として開発された鋼材で，熱加工制御（加工熱処理）と呼ばれる技術を用いて製造される。

(1) TMCP鋼の製造法の特徴を述べよ。

(2) TMCP鋼の金属組織の特徴を述べよ。

(3) TMCP鋼が溶接性に優れている理由を述べよ。

問題M-3.（選択）

高張力鋼溶接部でみられる低温割れについて次の問いに答えよ。

(1) 低温割れ発生の３要因を挙げ，各要因に対する割れ防止対策を２つ述べよ。

要因１：

対策１-①：

対策１-②：

要因２：

対策２-①：

対策２-②：

要因３：

対策３-①：

対策３-②：

(2) 低温割れ検出を確実にする観点から，非破壊検査時期はいつがよいか。

問題M-4.（選択）

ステンレス鋼と低合金鋼の異材溶接について，次の問いに答えよ。

(1) ステンレス鋼と低合金鋼の異材溶接では，溶接金属の組織は母材と溶接材料の化学組成及び希釈率（溶込み率）により推定できる。下図のシェフラ組織図中において，SM400とオーステナイト系ステンレス鋼SUS304の両母材，及び，溶接材料（オーステナイト系ステンレス鋼SUS309）の化学組成を示す点をそれぞれP，Q，Rとし，希釈率30%で溶接した場合の溶接金属の組織を推定する手順を図示し，その概要を説明せよ。ただし，本溶接では，両母材を均等に溶融させるものとする。

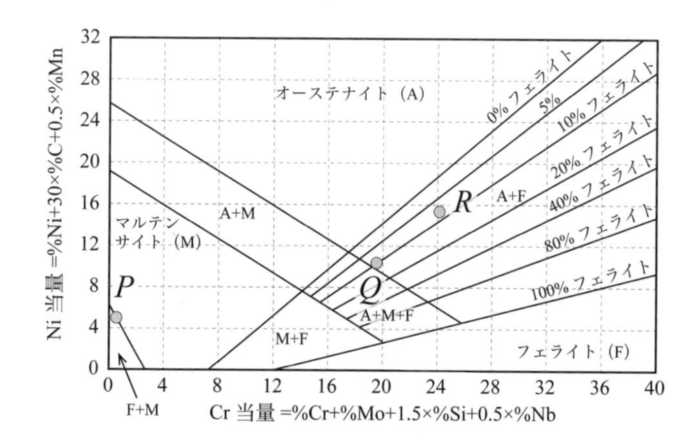

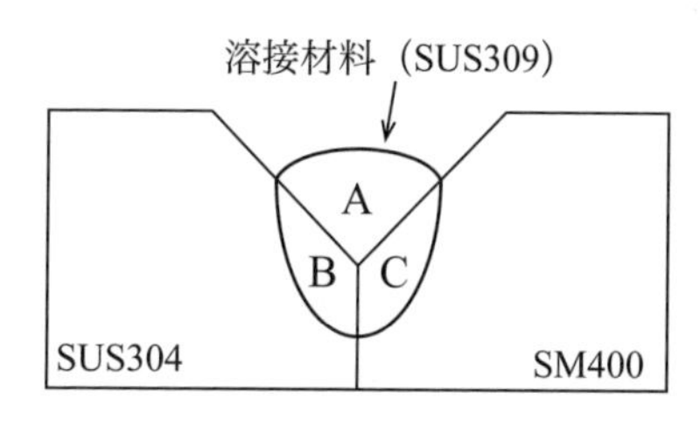

$$希釈率（\%）= \frac{(B+C)}{(A+B+C)} \times 100$$

(2) ステンレス鋼と低合金鋼を異材溶接する場合，溶接金属の組織制御が重要となる。どのような組織に制御すべきか。その理由とともに述べよ。

組織：

理由：

問題 M-5.（選択）

アルミニウムは炭素鋼に比べてアーク溶接が難しいとされている。その理由を①熱伝導率，②熱膨張率，③酸素との親和力，④水素溶解度の観点から述べよ。

(1) 熱伝導率

(2) 熱膨張率
(3) 酸素との親和力
(4) 水素溶解度

「設計」

問題D-1.（英語選択）

AWS D1.1/D1.1M：2010 Structural Welding Code-Steel（閲覧資料）の規定に関する次の問いに日本語で答えよ。

(1) ２章のDesign of Welded ConnectionsはPart A, B, C, Dから構成されている。静的荷重を受ける鋼平板継手及び鋼管継手を設計する場合に適用するPartを，それぞれすべて挙げよ。(2.1)
鋼平板継手：
鋼管継手：

(2) すみ肉溶接継手がせん断を受ける場合，継手の許容応力は通常どのようにとるか。また，その場合，母材せん断部のネット断面に働くせん断応力はどのように規定されているか。(Table 2.3)
継手の許容応力：
母材のせん断応力：

(3) 静的荷重を受ける厚さの異なる平板突合せ溶接継手の厚さ急変部に，応力集中低減などのためにオーバレイすみ肉を施す場合，すみ肉溶接の大きさはどのように規定されているか。(2.7.5)

(4) 同一厚さ・幅の鋼板の完全溶込み突合せ継手（余盛付き）に，溶接線直角方向に繰返し荷重が作用するとき，次の問いに答えよ。(Table 2.5 及びFig. 2.11（B))
a) この継手のカテゴリーは何か。
b) この継手が200万回の繰返しに耐えるための許容応力範囲は約何MPaか。

問題D-2.（英語選択）

ASME Boiler and Pressure Vessel Code, Section Ⅷ, Division 1,

Part UW（閲覧資料）の規定に関し，次の問いに日本語で答えよ。

(1) 腐れ代を不要にできるのはどのような場合か。(UG-25（a), (d))

(2) “Telltale hole” を設ける目的は何か。(UG-25（e))

(3) “Lethal substances” を入れる容器を炭素鋼又は低合金鋼で製作する場合に，特に要求される処理は何か。(UW-2（a))

(4) 化学組成の異なる２つの母材を溶接するとき，溶接金属の化学組成に要求されることは何か。(UW-6（d))

(5) 溶接開先の形状と寸法に要求されることは何か。(UW-9（b))

問題D-3.（選択）

柱－はり接合部のはり端から距離 L［mm］の位置に集中荷重 P［N］が作用する完全溶込み溶接継手がある。

はりの材料をSM520，はりの高さを h［mm]，厚さを b［mm］として，許容最大荷重 P_{max} を求める。ただし，$b<40$mmで，L は b，h より十分大きいとする。また，矩形断面梁の断面係数 Z は，$Z=bh^2/6$ である。

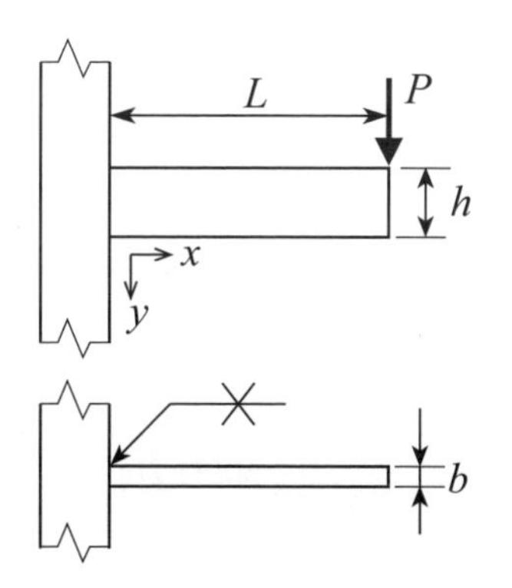

(1) 完全溶込み溶接継手に働く最大曲げ応力 σ_{max}，平均せん断応力 τ を P，L，b，h を用いて表わせ。

最大曲げ応力 σ_{max}：

平均せん断応力 τ ：

(2) 日本建築学会の鋼構造設計規準（閲覧資料）に従って，許容最大荷重 P_{max} を L，b，h を用いて表わせ。

(3) 柱とはりの溶接を等脚長の両側すみ肉溶接（両側のすみ肉サイズ S は等しいとする）としたとき，許容最大荷重 P_{max} を問い (2) と同じ大きさとするのに必要なサイズ S を求めよ。なお，許容せん断応力度 $f_s = F/1.5\sqrt{3}$ とする。

(4) 問い (3) で求めた必要サイズ S は，鋼構造設計規準のサイズ規定を満たしているか，理由とともに答えよ。

問題 D-4.（選択）

日本建築学会の鋼構造設計規準（閲覧資料）により応力を負担する溶接継手を設計する場合，次の溶接継手は認められるか。認められる場合には○印を，認められない場合には×印を（　　）内に記せ。また，その理由を記せ。ただし，すみ肉溶接のサイズ＝脚長とする。

(1) T形すみ肉溶接継手（　　）

理由：

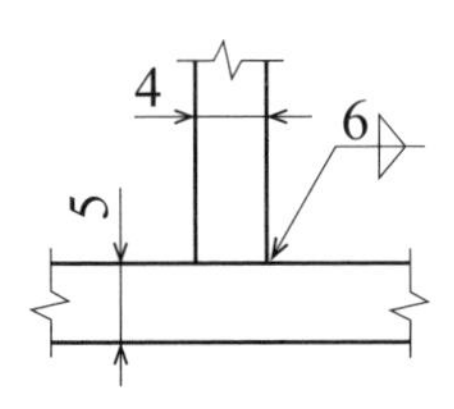

(2) 並列断続すみ肉溶接継手（　　）

理由：

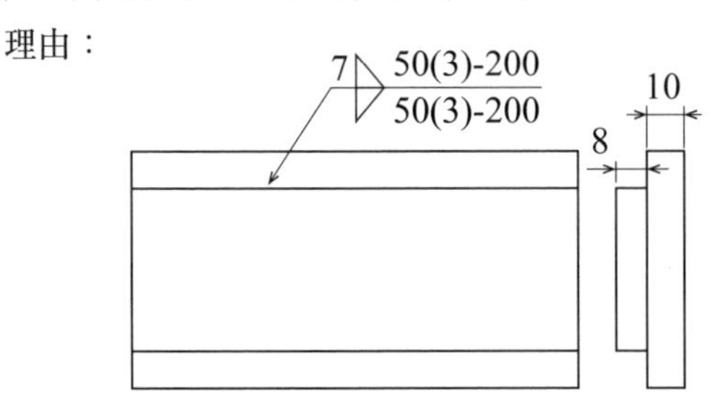

(3) 被覆アーク溶接で製作する下図の部分溶込みＴ形突合せ継手で，有効のど断面積を30 × 100 = 3000mm² とした継手設計（　　　　）
理由：

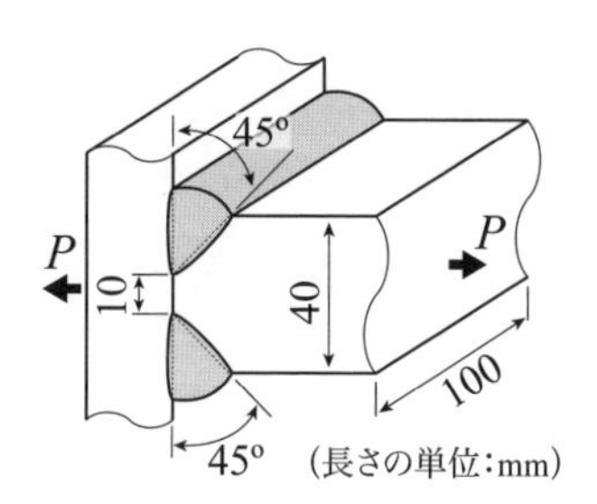

問題D-5.（選択）

JIS B 8265：2010（閲覧資料）に従って，気体を貯蔵する圧力容器を円筒型で設計する。円筒胴（平行部）内容積（V）は，内径をD，胴の長さをLとすると次式で与えられる。

$V = \pi / 4 \times D^2 L$

内径がD_1及び胴の長さがL_1の場合を“ケース１”とし，次に胴の内容積を同じとして内径D_2をD_1の２倍にした場合を“ケース２”とする。次の問いに答えよ。

(1) “ケース２”の胴の長さL_2は，“ケース１”の胴の長さL_1の何倍か。

(2) 円筒胴の質量が次式で近似できるとすると，“ケース１”の円筒胴の質量に対する“ケース２”の円筒胴の質量の比率がいくらになるかを計算式とともに記せ。ただし，内圧$P \leqq 0.385 \sigma_a \eta$（$\sigma_a$：許容引張応力，$\eta$：溶接継手効率）とし，腐れ代を考慮しないこととする。

円筒胴の質量＝π×内径×板厚×(胴の長さ)×（鋼の密度)

問題D-6.（選択）

JIS B 8265：2010（閲覧資料）の規定に関し，次の問いに答えよ。

(1) 厚さ2mmの低合金鋼を耐圧部分に適用できるか否かを理由とともに記せ。

(2) アルミニウム及びアルミニウム合金の溶接継手で，溶接継手の許容引張応力を母材の許容引張応力以下の値で使用する場合，溶接継手の引張強さはいくら以上必要か。

(3) B-3継手を，呼び厚さが10mmで外径が1000mmの分類Bの周継手に適用できるか否かを理由とともに記せ。

(4) 胴の組立て時に，隣接する胴のそれぞれの長手継手の中心間距離を母材の厚い方の呼び厚さの2倍とした場合に要求されることは何か。

(5) 設計圧力1.2MPaの圧力容器の耐圧試験を気圧試験で行う場合，気圧試験圧力はいくらか。ただし，耐圧試験温度における材料の許容引張応力σ_tは，設計温度における材料の許容引張応力σ_aに等しいとする。

「施工・管理」

問題P-1.（英語選択）

AWS D1.1/D1.1M：2010 Structural Welding Code-Steel（閲覧資料）の「5.12 Welding Environment」の規定に関し，次の問いに日本語で答えよ。

(1) 溶接が可能な最大風速と防風対策について，どのように規定しているか。(5.12.1)

(2) “Minimum ambient temperature” をどの位置の温度で規定しているか。(5.12.2)

(3) 周辺環境温度が0℉(－20℃) より低い場合，どのようにすれば溶接が可能と規定しているか。(5.12.2)

問題P-2.（英語選択）

ASME Boiler and Pressure Vessel Code, Section Ⅷ, Division 1, Part UW（閲覧資料）の規定に関し，次の問いに日本語で答えよ。

(1) 圧力容器円筒胴の周溶接継手のCategoryを記せ。(UW-3)
(2) すみ肉溶接の溶込みについてどのようなことが要求されているか。(UW-36)
(3) 容器を炉で数回に分けてPWHTを行う場合，次の点についてどのような配慮をすべきか。(UW-40 (a)(2))
(a) 加熱部の重なり
(b) 炉の外に出ている部分
(4) 部分抜取り放射線透過試験の抜取り率をどのように決めているか。(UW-52 (b)(1))

問題P-3.（選択）

船舶，鉄骨，橋梁などの溶接構造物を製作する場合，溶接の生産性向上のために必要な方策を設計面から２項目，施工面から３項目挙げ，それぞれその具体的な方法を記せ。

(1) 溶接設計面　<２項目>
項目１：
項目２：
(2) 溶接施工面　<３項目>
項目１：
項目２：
項目３：

問題P-4.（選択）

溶接構造物の疲労損傷の発生要因を，溶接設計面，溶接施工面からそれぞれ２つ挙げよ。また，溶接後に行うことができる疲労き裂の発生抑制法を２つ挙げよ。

(1) 溶接設計面での要因
要因１：
要因２：
(2) 溶接施工面での要因

要因１：

要因２：

(3) 溶接後に行うことができる疲労き裂の発生抑制法

抑制法１：

抑制法２：

問題 P-5.（選択）

供用中のオーステナイト系ステンレス鋼製高温配管で，溶接部からの漏れが検知された。これに関して次の問いに答えよ。

(1) 漏れの発生原因として可能性のある損傷名を２つ挙げよ。

損傷１：

損傷２：

(2) 当該部を含む配管部の溶接補修を行う際に，溶接管理技術者として行うべき事項を４つ挙げよ。

事項１：

事項２：

事項３：

事項４：

問題 P-6.（選択）

Cr-Mo鋼を用いた厚肉高温高圧容器（内面はオーステナイト系ステンレス鋼を肉盛溶接）を製作するに当たり，溶接管理技術者として検討することを溶接施工（品質）の観点から３つ，溶接コストの観点から２つ挙げて説明せよ。

(1) 溶接施工（品質）

検討１：

検討２：

検討３：

(2) 溶接コスト

検討１：

検討２：

「溶接法・機器」

問題E-1.（選択）

アーク現象及び溶接機に関する次の問いにそれぞれ答えよ。

(1) 埋れアークとは何か。

(2) 埋もれアークを用いる目的は何か。

(3) 無負荷電圧とは何か。

問題E-2.（選択）

シールドガスに80%Ar＋20%CO2混合ガスを用いるソリッドワイヤのマグ溶接の溶滴移行形態の名称とその特徴について，次の電流・電圧域に分けて説明せよ。

(1) 小電流・低電圧域

移行形態：

特徴：

(2) 中電流・中電圧域

移行形態：

特徴：

(3) 大電流・高電圧域

移行形態：

特徴：

問題E-3.（選択）

アーク溶接では，母材側ケーブルの接続位置が適切でないと，下図のようなアークの偏向現象が生じることがある。この現象は“磁気吹き”と呼ばれるが，その発生メカニズムを，溶接電流と磁界(磁力線)，及びそれに伴う電磁力を用いて簡単に説明せよ。

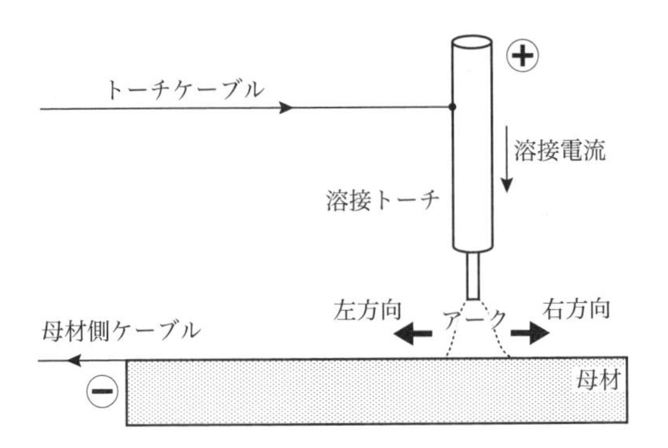

(1) アークは左右どちらの方向に偏向するか。

(2) その理由を，溶接電流と磁界（磁力線），及びそれに伴う電磁力を用いて簡単に述べよ。

問題E-4.（選択）

インバータ制御直流溶接電源におけるインバータ回路の作用とそれによる効果を，それぞれ２つ挙げよ。

作用１：

効果１：

作用２：

効果２：

問題E-5.（選択）

鋼のガス切断の原理を簡単に説明せよ。また，予熱炎の役割を２つ挙げよ。

(1) 原理

(2) 予熱炎の役割

役割１：

役割２：

●2022年11月６日出題　特別級試験問題●
解答例

「材料・溶接性」

問題M-1.（選択）

(1)

C量が0.15％の鋼のA点（1350℃）での組織はオーステナイト単相であり，A点から冷却していくと850℃（平衡状態での変態温度，A_3変態温度）でオーステナイトからフェライトへの変態が開始し，組織はオーステナイト・フェライトの２相組織になる。さらに温度が低下するとフェライト分率が高まり，727℃（平衡状態での変態温度，A_1変態温度）で残留しているオーステナイトからパーライトへの変態が開始し，組織はフェライト・パーライトの混合（２相）組織となる。

(2)

鋼の変態はCの拡散に支配される。冷却過程で冷却速度が増すとCの拡散が追いつかなくなり変態が遅れ，オーステナイトからベイナイト組織やマルテンサイト組織が現れるようになる。

問題M-2.（選択）

(1)

スラブの加熱温度および圧延温度が普通圧延に比べて低く，圧延温度と圧下率を調整した制御圧延を行う。また，一般に圧延後の加速冷却が組み合わされている。

(2)

普通圧延と比べて圧延温度が低くA_{r3}点の直上で制御圧延されるために，圧延後の粒成長によるオーステナイト粒の粗大化が抑制され，変態組織の微細化が促進される。さらに，圧延後の加速冷却が組み合わされるために，パーライト組織やベイナイト組織も一層微細化する。

(3)

普通圧延による圧延材と比べて，より低炭素当量で同等レベルの強度が得られる。このため，TMCP鋼は，普通圧延鋼に比べて溶接熱影響部（HAZ）の硬化が少なく，耐低温割れ性に優れ，HAZじん性の劣化も少ない。

問題M-3.（選択）

(1)

要因１：硬化組織

対策１：以下から２つ挙げる。

・炭素当量（C_{eq}）や溶接割れ感受性組成（P_{CM}）の低い母材（鋼材）および溶接材料の選択

・予熱の実施

・過小入熱およびショートビードの回避

要因２：拡散性水素

対策２：以下から２つ挙げる。

・開先および開先近傍の水分，錆，油脂の除去

・被覆アーク溶接の場合の低水素系溶接棒の選択

・被覆アーク溶接やサブマージアーク溶接よりマグ溶接，ティグ溶接の選択

・溶接材料の吸湿防止および乾燥

・予熱の実施

・溶接直後熱の実施

要因３：引張応力（継手の拘束度）

対策３：以下から２つ挙げる。

・継手設計の工夫

・溶接施工順序の工夫

・継手の組立て精度の向上

(2)

溶接終了後48時間以上経過後

問題M-4.（選択）

(1)

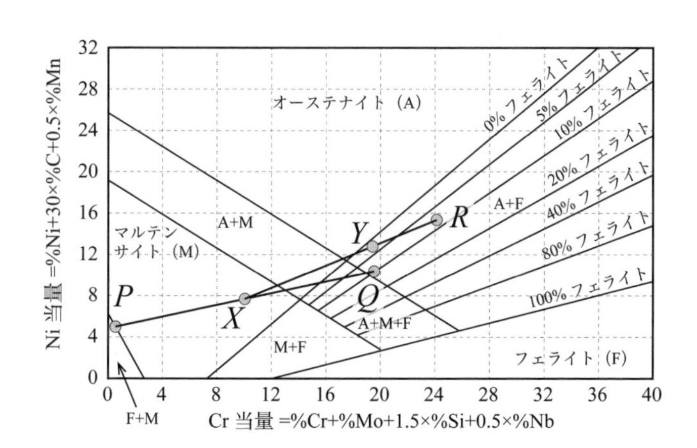

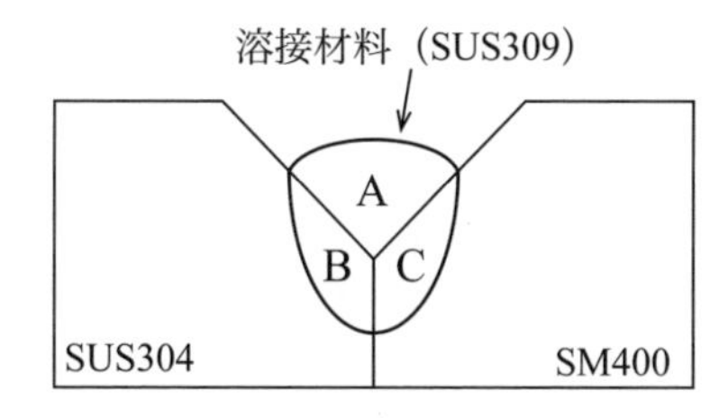

$$\text{希釈率（\%）} = \frac{(B+C)}{(A+B+C)} \times 100$$

図中の点PとQを結び中点（両母材が均等に溶融するため）をXとする。点XとRを結び，希釈率30%で内分（点Rから線分RXを3：7に内分）する位置Yが溶接金属の組織となる。

(2)

組織：マルテンサイトを含まず，適量のδフェライトを含むオーステナイト組織（ただし，Cr_{eq}/Ni_{eq}が過大となることを避ける）

理由：マルテンサイトが生成する範囲を避けることで低温割れの回避を，また，適量のδフェライトを含ませることで高温割れの回避を図るため。（高温加熱や熱処理などで粗粒化ぜい化やシグマ相ぜい化が生じることを避けるため，フェライト量が約20%を超えないようにする。）

問題M-5.（選択）

(1)

アルミニウムは熱伝導率が炭素鋼に比べて大きく，熱を投入してもすぐに母材に伝導する。したがって，局部的に溶融させるには集中性のよい熱源が必要である。

(2)

アルミニウムは熱膨張率や凝固収縮率が炭素鋼に比べて大きく，溶接によるひずみが炭素鋼より大きくなる。したがって，変形対策を十分に行う必要がある。

(3)

アルミニウムは酸素と結合しやすく，その酸化物の融点はアルミニウムより著しく高く，表面に形成された強固な酸化皮膜は，溶加材と母材との融合を妨げる。したがって，溶接前の母材の酸化皮膜の除去，棒プラス極性時のクリーニング作用が利用できる溶接法の適用，溶接中の空気中酸素からの完全なシールドなどが良好な溶接を得る必要条件となる。

(4)

アルミニウムは液相と固相の水素溶解度の差が大きいので，溶融池に溶けた水素は凝固時に気泡を生成してポロシティを発生しやすい。よって，高湿度時の溶接の中止など，水素の溶融池への溶解を十分防止する手段を講じなければならない。

「設計」

問題 D-1.（英語選択）

(1)

鋼平板継手：Part A，Part B

鋼管継手：Part A，Part D

(2)

継手の許容応力：溶加材の規格引張強さの0.3倍

母材のせん断応力：母材降伏強さの0.4倍を超えないものとする。

(3)

すみ肉サイズが5/16インチ（８mm）を超えないようにする。

(4)

a）カテゴリーC

b）約90MPa

問題 D-2.（英語選択）

(1)

腐食がないことをデータ報告書で示す場合，および同様の使用条件による過去の経験から腐食が生じない，またはあっても表層だけにとどまっているとわかっている場合。

(2)

厚さが危険な程度にまで減少したときに，それを示す明確な兆候を確認するため。

(3)

溶接後熱処理

(4)

どちらか一方の母材の化学組成と類似か，またはそれ相当と認められる化学組成であること。

(5)

完全に融合して溶込みが確保できること。

問題D-3.（選択）

(1)

最大曲げ応力σ_{max}：$\sigma_{max} = PL/Z = PL/(bh^2/6) = 6PL/bh^2$

平均せん断応力τ：$\tau = P/bh$

(2)

鋼構造設計規準によると，許容引張応力度

$f_t^2 = (F/1.5)^2 \geq \sigma_{max}^2 + 3\tau^2$

SM520の基準強さFは，表5.1より厚さ40mm以下の場合，$F = 355\mathrm{N/mm^2}$

よって，$(355/1.5)^2 = 236^2 \geq (6PL/bh^2)^2 + 3(P/bh)^2$より，

許容最大荷重 $P_{max} = \dfrac{236bh}{\sqrt{(6L/h)^2+3}}$

(3)

荷重を支える断面はのど断面で，すみ肉溶接継手ではのど断面を柱のフランジ面に転写した断面を用いる。すなわち，はりの厚さbに代えて，すみ肉溶接ののど厚総和$2 \times S/\sqrt{2} = \sqrt{2}S$を用いる。継手の最大曲げ応力$\sigma_{max} = 6PL/\sqrt{2}Sh^2$。すみ肉溶接継手は，この最大曲げ応力$\sigma_{max}$を$x$方向のせん断応力$\tau_x$として伝える。また，継手の$y$方向の平均せん断応力$\tau_y = P/\sqrt{2}Sh$，よって，$f_s^2 = (F/1.5\sqrt{3})^2 \geq \tau_x^2 + \tau_y^2 = (6PL/\sqrt{2}Sh^2)^2 + (P/\sqrt{2}Sh)^2$より，両側すみ肉継手の許容最大荷重

$$P_{max} = \frac{1}{\sqrt{3}} 236\sqrt{2}Sh \frac{1}{\sqrt{(6L/h)^2+1}}$$
$$= \sqrt{\frac{2}{3}} \frac{236Sh}{\sqrt{(6L/h)^2+1}}$$

この許容最大荷重を問い（2）の許容最大荷重と等しくおくと

$$\sqrt{\frac{2}{3}} \frac{236Sh}{\sqrt{(6L/h)^2+1}} = \frac{236bh}{\sqrt{(6L/h)^2+3}}$$ となり，

$$S = \sqrt{\frac{3}{2}} b \times \frac{\sqrt{(6L/h)^2+1}}{\sqrt{(6L/h)^2+3}}$$

(4)

鋼構造設計規準では，すみ肉溶接のサイズは薄い方の部材の厚さ以下でなくてはならない。L は h よりも十分に大きいことから，$\sqrt{(6L/h)^2+3} \fallingdotseq \sqrt{(6L/h)^2+1}$ なので $S=\sqrt{3/2}\,b$ となる。したがって，問い (3) で求めた必要サイズ S は，規定を満たしていない。

問題 D-4.（選択）

(1)(○)

理由：T継手で板厚 6 mm 以下の場合は，すみ肉溶接のサイズを薄い方の材の板厚の1.5倍かつ 6 mm 以下まで増すことができる(16.5節)。薄い方の材の板厚の1.5倍は 6 mm で，この規定を満足する。

(2)(×)

理由：応力を伝達するすみ肉溶接の有効長さは，すみ肉のサイズの10倍以上でかつ40mm以上とする (16.6節)。サイズは 7 mm なので，すみ肉溶接の長さは70mm以上必要。図のすみ肉長さ50mmは規定を満たしていない。または，すみ肉サイズが4.2mm～5.0mmであれば，16.5節および16.6節の規定を満たすが，図のすみ肉サイズは 7 mm で，規定を満たしていない。

【解説】4.2mmの根拠：板厚が 6 mm を超える場合は，すみ肉サイズは 4 mm 以上で，かつ $1.3\sqrt{\text{厚い方の母材厚さ}}$ 以上でなければならない (16.5節)。$1.3\times\sqrt{10}=4.11\rightarrow4.2$。 5 mm の根拠：$50/10=5$

(3)(×)

理由：被覆アーク溶接による板厚38mm以上のK形開先の場合は，有効のど厚はグルーブ深さから 3 mm を差し引いた値となるので(13.2節)，有効断面積は $\{(40-10)-(3\times2)\}\times100=2400\text{mm}^2$ である。

問題D-5.（選択）

(1) 1/4倍

(2)

“ケース1” における円筒胴の計算厚さ：

$t_1 = PD_1/(2\sigma_a\eta - 1.2P)$

“ケース2” における円筒胴の計算厚さ：

$t_2 = PD_2/(2\sigma_a\eta - 1.2P)$

“ケース1” の質量：

$W_1 = \pi \times D_1 \times t_1 \times L_1 \times$（鋼の密度）

“ケース2” の質量：

$W_2 = \pi \times D_2 \times t_2 \times L_2 \times$（鋼の密度）

質量比 $= W_2/W_1 = (\pi \times D_2 \times t_2 \times L_2 \times$(鋼の密度$))/(\pi \times D_1 \times t_1 \times L_1 \times$(鋼の密度$)) = (D_2 \times t_2 \times L_2)/(D_1 \times t_1 \times L_1)$

ここに $D_2/D_1 = 2$, $t_2/t_1 = PD_2(2\sigma_a\eta - 1.2P)/PD_1(2\sigma_a\eta - 1.2P) = D_2/D_1 = 2$, $L_2 = 1/4\,L_1$ を代入すると，$W_2/W_1 = 1$

比率は1である。腐れ代を考慮しない場合，円筒胴の内容積が同じであれば，内径を2倍にしても円筒胴の質量は変らない。

問題D-6.（選択）

(1)

耐圧部分の最小制限厚さは低合金鋼では，2.5mm以上（腐食または壊食のおそれがある場合に3.5mm以上）である。厚さ2mmは規格値を満足していないので適用できない。(5.1.3a))

(2)

溶接継手の許容引張応力値の4倍以上（6.1.1a))

(3)

B-3継手の使用範囲は，呼び厚さが16mm以下で外径が610mm以下の分類A～分類Cの周継手である。外径1000mmが許容範囲を超えているので適用できない。(6.1.4表1）

(4)

長手継手に対して，周継手部との交差部から100mmの長さ範囲で放射線透過試験を行い，判定基準を満足させること。(6.1.5)

(5)

1.5MPa。$P_t = 1.25 \times P \times (\sigma_t / \sigma_a) = 1.25 \times 1.2 \times (1) = 1.5$ (8.5 b), c))

「施工・管理」

問題P-1. (英語選択)

(1)

溶接部近傍の最大風速が5 mile/h（8 km/h）を超える場合，GMAW，GTAW，EGWまたはFCAW-Gでは，シェルターにより防風されていない限り，溶接作業をしてはならない。シェルターは溶接部近傍の風速を5 mile/h（8 km/h）以下にできる材料と形状にしなければならない。

(2)

溶接部極近傍

(3)

溶接される領域が加熱されるか，またはシェルターにより溶接部近傍が0℉(−20℃）以上に保持されていれば，溶接が可能である。

問題P-2. (英語選択)

(1)

Category B

(2)

ルート部で母材への溶込みが確保されていること。

(3)

(a)

少なくとも5 ft (1.5 m) の重なりを設ける。

(b)

温度こう配を緩やかにし，材料に有害な影響を与えないように遮蔽する。

(4)

50ft（15m）あたり１枚

問題P-3.（選択）

(1)

項目１，２：

以下から２項目を挙げる。

・溶接長の削減：大きな板を使って溶接継手数を減らす，部材数を減らす，塑性加工品を用いて溶接をなくすなど。

・開先断面積の削減：板厚を減らす，開先角度を小さくする，開先幅を狭くするなどをして溶着金属量を減らす。

・現場溶接の削減：ブロックの大型化など。

(2)

項目１，２，３：

以下から３項目挙げる。

【溶接技術面からの取組み】

・溶接の高速化：多電極自動溶接機，高速自動溶接法を採用する。

・溶着速度の増大：１パスで多くの溶着速度が得られる溶接法を採用する。

・下向姿勢の採用：ポジショナ等を用いて，可能な限り下向姿勢を採用する。

・溶接ロボットや無監視溶接の採用：１人のオペレータで複数の溶接機を操作し，溶接オペレータの人数を削減する。

【生産管理面からの取組み】

・アークタイム率の向上：準備，移動，待ち，片付け，スラグ除去，ビード清掃，溶接材料取替えなどの時間を減らし，アークタイム率を向上させる。

・開先精度向上による溶接変形の低減：開先精度を向上させて溶着金属量を減らす。その結果，溶接変形量が減少し，ひずみ取り工数を低減できる。
・溶接不良率の低減：溶接技能者の技量を向上させ，溶接施工管理を徹底し，溶接不良を少なくして，補修作業をなくす。

問題P-4.（選択）

(1)

要因１，２：

以下から２つ挙げる。

・応力集中の大きい継手（ガセットプレート，裏当て金，ハードトウ，スカラップ等）
・すみ肉溶接継手
・部分溶込み溶接継手
・構造的応力集中部と溶接部の重畳
・残留応力が大きくなるような溶接継手配置

(2)

要因１，２：

以下から２つ挙げる。

・溶接不完全部（アンダカット，ビード不整等）
・余盛形状（余盛角が大きい），止端形状（止端曲率半径が小さい）
・面外溶接変形
・組立精度不良（目違い，過大なギャップ等）
・残留応力が大きくなるような溶接手順

(3)

抑制法１，２：

以下から２つ挙げる。

・ドレッシング（溶接ビードをグラインダ等で平滑に仕上げる，溶接ビード止端部をティグアークで溶融し滑らかに仕上げる）

・ピーニング（ハンマーピーニング，超音波ピーニング，ウォータジェットピーニング，レーザピーニング等）
・PWHT
・機械的応力除去法
・低温応力緩和法

問題P-5.（選択）

(1)
損傷１，２：
応力腐食割れ（SCC），腐食，疲労き裂，再熱割れなど
(2)
事項１，２，３，４：
次のような内容が４つ記述されていればよい。
①　漏れ部の調査を行い，漏れの原因を究明する。
②　原因に応じて，溶接補修の技術的可能性，補修溶接方法，必要コスト，補修後の余寿命等を総合的に検討する。
③　欠陥の除去方法および補修範囲を決めるとともに，補修溶接の工法，手順を決定する。
④　補修のための溶接施工要領書を作成するとともに承認を得る。
⑤　補修部の検査要領および検査結果を確認する。
⑥　品質記録（溶接記録，検査記録等）を確認する。
⑦　品質記録をもとに，溶接施工要領書の改訂または設計変更の検討等を行い，再発防止の処置を講じる。

問題P-6.（選択）

(1)
検討１，２，３：
次のうち，３つ挙げてあればよい。
・低温割れを防止するため，予熱温度・パス間温度を200℃程度

以上にする。また，予熱温度・パス間温度が高い場合には，直後熱（200℃～350℃で30分～数時間程度）の実施を検討する。
・一般に溶接部のじん性は，PWHTにより溶接のままの状態より良くなる。しかし，焼戻しパラメータ（ラーソン・ミラーパラメータ）がある値を超えると，じん性が低下する。そのため，PWHTを複数回施工する場合には，じん性に問題がないかどうかを検討する。
・肉盛溶接では，溶接入熱および希釈率に注意して，目標の品質を確保できる溶接施工法を検討する。
・再熱割れ防止の観点から母材化学組成に応じて溶接入熱制限を検討する。

(2)

検討１，２：

次のうち，２つ挙げてあればよい。

・工場設備を勘案して，高能率溶接法や狭開先溶接法の適用を検討する。例えば，サブマージアーク溶接，狭開先マグ溶接，電子ビーム溶接などの適用を検討する。
・肉盛溶接では，帯状電極を用いたサブマージアーク溶接またはエレクトロスラグ溶接の採用を検討する。
・直後熱の採用により，中間熱処理の削減を検討する。
・溶接品質不良率が小さくなるように溶接施工管理の内容を検討する。

「溶接法・機器」

問題E-1.（選択）

(1)

アーク電圧を低下させてアーク長を短く保ち，アーク力で掘り下げられた溶融池の中までアーク柱のかなりの部分が突っ込んだ状態，またはアーク柱の大部分が母材表面より下に形成された状態。

(2)

多量の大粒スパッタが発生しやすい炭酸ガスを用いるマグ溶接のグロビュール移行領域等で，スパッタの低減対策として用いられる。また，深い溶込みを確保する目的で採用される。

(3)

出力が供給されていない（出力回路が開路となっている）ときの，電源の出力端子間の電圧。開路電圧ともいう。溶接電源では，アークが発生していない場合（無負荷時）の出力端子間電圧。ただし，アーク起動用または安定化用の電圧は含まない。アーク溶接電源の無負荷電圧は70V～90V程度である。

問題E-2.（選択）

(1)

移行形態：短絡移行

特徴：

ワイヤ先端部に形成された小粒の溶滴が溶融池へ接触（短絡）する短絡期間と，それが解放されてアークが発生するアーク期間とを比較的短い周期（60回/秒～120回/秒程度）で交互に繰返す。

(2)

移行形態：ドロップ移行（グロビュール移行）

特徴：

ワイヤ端にはワイヤ径より大きい溶滴が形成されるが，アークによる強い押上げ作用の影響は少なく，溶滴移行は比較的スムーズでスパッタの発生も少ない。

(3)

移行形態：スプレー移行

特徴：

ワイヤ径より小さい溶滴がワイヤ端から離脱する。臨界電流以上になると電磁ピンチ力が強力に作用し，ワイヤ端からの溶滴の離脱を容易にするため，溶滴は短絡することなく溶融池へ移行し，スパッタの発生は少ない。

問題 E-3.（選択）

(1) 右方向

(2)

電流の通電によって，導体の周囲には磁界（磁力線）が形成され，電磁力が作用する。図のように母材端部にケーブルを接続すると，溶接電流のループによって形成される磁界の強さ（磁場）は，ループの外側より内側の方で強くなる。

溶接電流によって発生する磁場が，アーク柱を流れる電流に対して著しく非対称に作用すると，アークに作用する電磁力は非対称となる。その非対称な電磁力の影響を受けて，アークは強磁場から弱磁場の方向に偏向する（吹かれる）。すなわち，溶接電流のループによって形成される磁界の強さ（磁場）は，ループの外側（図では右側）より内側（図では左側）の方が強くなるため，アークは磁場の弱い方すなわち電流ループの外側へ偏向する。

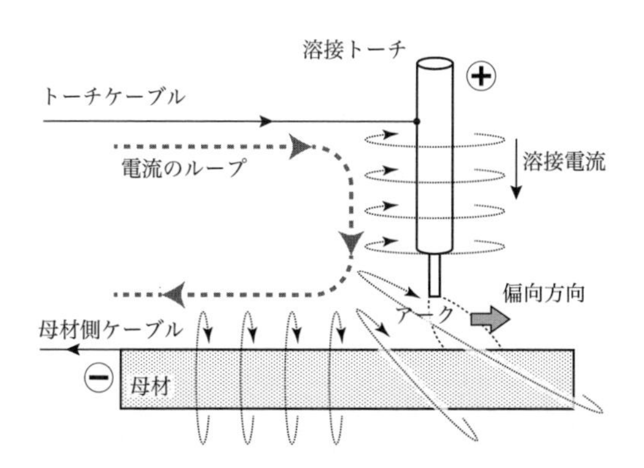

問題 E-4.（選択）

作用１，２：

効果１，２：

以下から２つ選ぶ。

【例１】

作用：溶接電源の出力制御周波数を増加させる。

効果：高い周波数での出力制御は，出力の高速かつ精密な制御を可能にする。

【例２】

作用：商用交流を整流して得た直流を，高周波交流に変換して溶接変圧器へ入力する。

効果：変圧器に入力する交流の周波数と変圧器の大きさは反比例するため，溶接変圧器を小形・軽量化できる。

【例３】

作用：溶接電源の出力レベルをパルス幅変調（PWM：Pulse Width Modulation）制御する。

効果：溶接電源の力率や効率が改善され，省エネ効果が得られる。

問題 E-5.（選択）

(1)

ガス切断は，切断材と酸素との化学反応熱を利用した切断法であり，鋼の切断では，切断部に供給される高純度な酸素と切断前面の鉄との化学反応熱で切断材を溶融させ，溶融された酸化鉄スラグを高速の切断酸素噴流で裏面側へ吹き飛ばして切断する。（切断作業では，切断開始点の表面を予熱炎で加熱し，発火温度以上に達した部分に切断酸素を吹き付けて切断を開始する。）

(2)

役割１，２：

以下から２つ挙げる。

・切断開始点の温度を発火温度（鉄の場合900℃～950℃程度）以上に上げる。

・切断材を加熱して，切断の進行を助ける。

・切断酸素噴流を外気からシールドし，切断酸素の純度を保つ。

・切断材表面の錆，スケール，ペイント等を剥離し，切断酸素と鉄との反応を容易にする。

●2022年６月５日出題●

特別級試験問題

「材料・溶接性」

問題M-1.（選択）

JIS G 3136（建築構造用圧延鋼材）に規定されたSN材は，新耐震設計法を満足する性能と溶接性を兼ね備えた建築構造用の鋼材である。板厚20mmの場合，溶接構造用圧延鋼材SM490Cと比較して，建築構造用圧延鋼材SN490Cの異なる規定を，機械的性質及び化学組成の観点からそれぞれ２つ挙げるとともに，その狙いを簡潔に記せ。

(1)　機械的性質

異なる規定１：

狙い１：

異なる規定２：

狙い２：

(2)　化学組成

異なる規定１：

狙い１：

異なる規定２：

狙い２：

問題M-2.（選択）

低炭素鋼の溶接熱影響部は，最高到達温度に応じて下図に示すように，金属組織的に①～④の４つの領域に分類される。

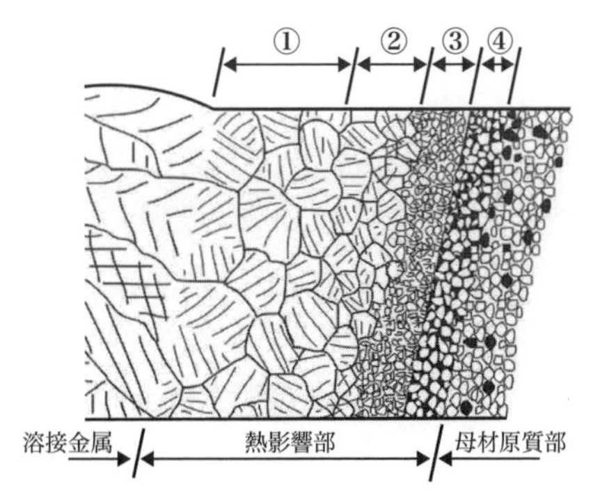

(1) 最高到達温度の高い順に①～④の４つの領域の名称を示せ。

領域①：

領域②：

領域③：

領域④：

(2) 領域①，③及び④の金属組織の特徴及び機械的性質を述べよ。

領域①の金属組織の特徴及び機械的性質：

領域③の金属組織の特徴及び機械的性質：

領域④の金属組織の特徴及び機械的性質：

問題M-3.（選択）

低炭素鋼の溶接用CCT図について，以下の問いに答えよ。

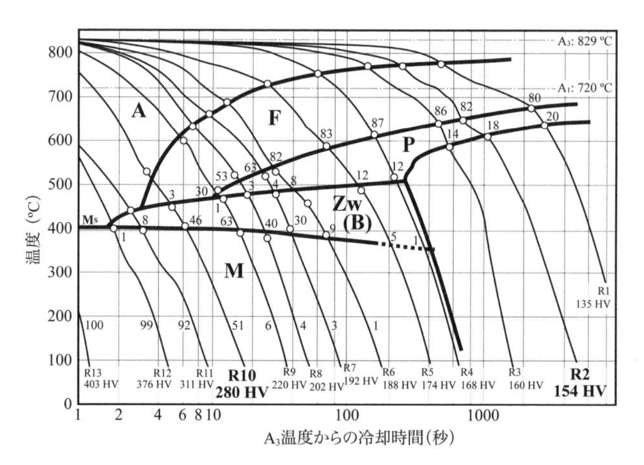

(1) 右図中の冷却曲線R2及びR10から得られる情報（変態温度，室温組織及び硬さ）を記せ。

曲線R2からの情報：

曲線R10からの情報：

(2) 溶接入熱が小さくなると，オーステナイトからフェライトへの変態開始温度はどのようになるか。また，その理由を説明せよ。

(3) 鋼の炭素当量が増えると，CCT図はどのように変化するか。

また，その理由を説明せよ。

問題 M-4.（選択）

オーステナイト系ステンレス鋼の溶接金属にはδフェライトが含まれる場合が多い。このδフェライトが高温割れ，塩化物環境下での応力腐食割れ，及びじん性に及ぼす影響について述べよ。

(1) 高温割れへの影響

(2) 塩化物環境下での応力腐食割れへの影響

(3) じん性への影響

問題 M-5.（選択）

チタンの基本的特性と溶接性について，以下の問いに答えよ。

(1) 物理的性質の特徴を，鋼と比較して３つ述べよ。

特徴１：

特徴２：

特徴３：

(2) 溶接時に，酸素，窒素，水素を吸収して生じる問題点を２つ挙げよ。

問題点１：

問題点２：

「設計」

問題 D-1.（英語選択）

AWS D1.1/D1.1M：2010 Structural Welding Code-Steel（閲覧資料）の規定に関し，以下の問いに日本語で答えよ。

(1) 重ね継手の母材の縁に沿うすみ肉溶接の最大サイズは，次の場合，何mmか。(2.4.2.9)

a）母材厚さ５mmの場合：

b）母材厚さ10mmで，かつ設計図に別途指示がない場合：

(2) 荷重を伝達する重ねすみ肉継手の重ね代の最小寸法は，次の場

合，何mmか。(2.9.1.2)

a）厚さ6mmと10mmの板の重ね継手の場合：

b）厚さ4mmと8mmの板の重ね継手の場合：

(3) 同一厚さ・幅の鋼板の完全溶込み突合せ継手に，溶接線直角方向に繰返し荷重が作用するとき，疲労限はいくらか。(2.14.1及びTable2.5)

a）余盛を削除した場合：

b）余盛をそのまま残した場合：

(4) 前問（3）において，疲労き裂が発生する可能性のある箇所はどこか。(Table2.5)

a）余盛を削除した場合：

b）余盛をそのまま残した場合：

問題D-2.（英語選択）

ASME Boiler and Pressure Vessel Code, Section VIII, Division 1, Part UW（閲覧資料）の規定に関し，以下の問いに日本語で答えよ。

(1) 腐食が懸念される容器に設けるドレン穴の位置はどこか。(UG-25（f))

(2) 薄い方の板厚が20mmで，厚い方の板厚が次の場合に，テーパが必要か否かを理由とともに記せ。(UW-9（c))

(a) 板厚22mmの場合：

(b) 板厚24mmの場合：

(c) 理由：

(3) 重ね継手の重なりはどのように規定されているか。(UW-9（e))

(4) UW-11（a)(5) で要求される場合を除き，継手効率を決める因子は何か。(UW-12)

問題D-3.（選択）

下図に示すように，鋼壁に完全溶込み溶接された片持ちはりに，はり端から距離$L = 200$mmの位置に鉛直方向から45°傾いた方向に集中荷重P［N］が作用している。はり材をSM490，はりの高さを$h = 100$mm，厚さを$b = 20$mmとして，許容最大荷重P_{max}を鋼構造設計規準（閲覧資料）に従って次の手順で求めよ。なお，矩形断面はりの断面２次モーメントIは，$I = bh^3/12$で，$1/\sqrt{2} = 0.7$とする。

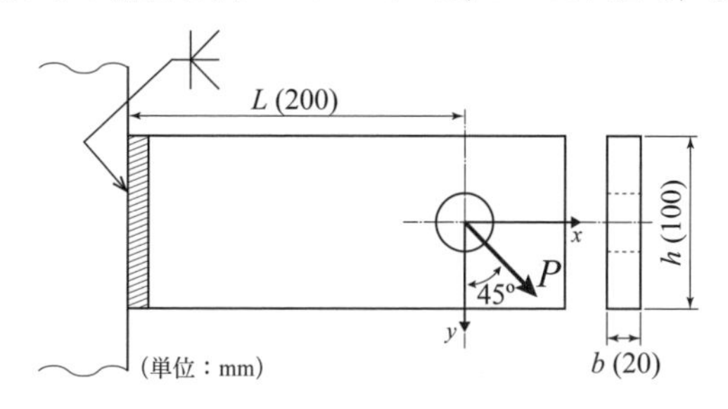

(1) はりの最大曲げ応力σ_{max}はいくらか。

(2) 溶接のど断面に働く最大引張応力度$\sigma_{x,max}$はいくらか。

(3) 溶接のど断面に働く平均せん断応力度τはいくらか。

(4) SM490の許容引張応力度はいくらか。

(5) 片持ちはりの許容最大荷重P_{max}はいくらか。

問題D-4.（選択）

下図のような外力Pを受ける溶接継手がある。道路橋示方書（閲覧資料）の規定に従うと，各溶接継手の設計は認められるか。認められる場合には○印を，認められない場合には×印を（　　）内に記せ。また，その理由を記せ。ただし，すみ肉溶接のサイズ＝脚長で，長さの単位はmmとする。

(1)(　　) 理由：

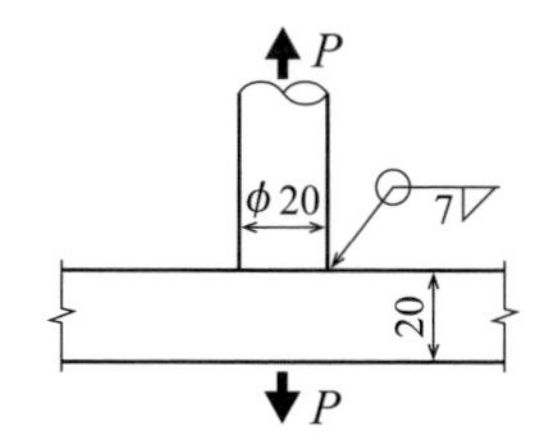

(2)（　　）理由：

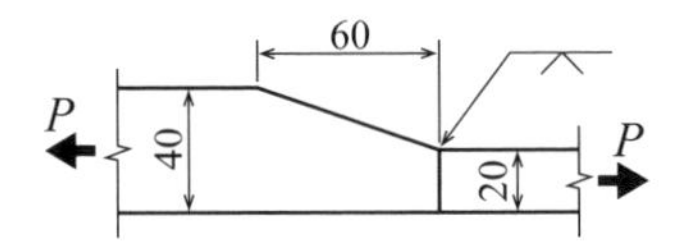

(3)（　　）理由：

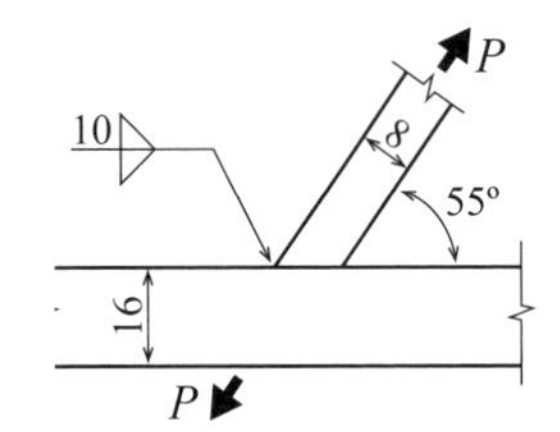

(4)（　　）理由：

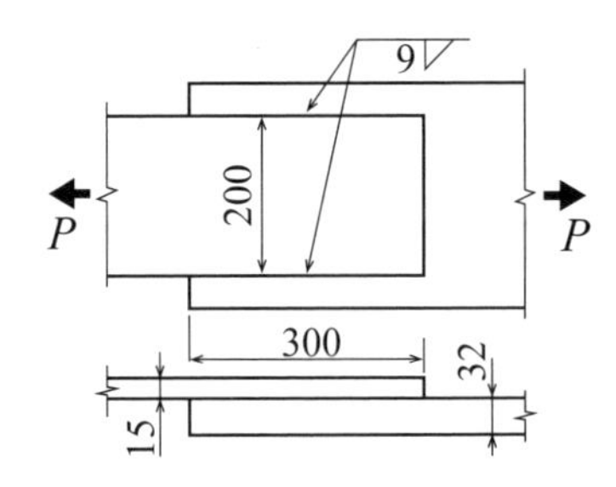

問題 D-5.（選択）

JIS B 8265：2010（閲覧資料）に従って，円筒型圧力容器を設計する。圧力容器の設計条件は次の通りである。

・設計圧力（P）：1.8MPa

・設計温度：常温

・材料：P番号1グループ番号1

・許容引張応力（σ_a）：100N/mm^2

・溶接継手：B-1継手

・非破壊試験：放射線透過試験を100%実施

・腐れ代：２mm

以下の問いに答えよ。

(1) 附属書Sの規定において，溶接後熱処理を省略できるのはどのような場合か。

(2) 附属書E.2.2の円筒胴の内径基準の式のうち，a）又はb）のどちらの式を使うことが適当か。その理由も記せ。

式：

理由：

(3) 最大厚さを38mmとした場合の内径（D_i）の最大値を整数値で答えよ。また，計算過程も示すこと。

問題D-6.（選択）

JIS B 8265：2010（閲覧資料）の規定に関し，以下の問いに答えよ。

(1) 圧力容器の溶接構造に使用できる鉄鋼材料の炭素量の上限値はいくらか。

(2) 合わせ材を強度に算入できるクラッド鋼を１つ挙げよ。

(3) 円筒胴の周継手は，溶接継手の位置による分類のどれに該当するか。

(4) 20％放射線透過試験を行う“完全溶込みの突合せ両側溶接継手”の溶接継手効率はいくらか。

(5) 設計図に記載された公差なしの内径（設計内径）が2000mmの内圧を保持する胴において，内径の測定結果は次の通りであった。直径法真円度による合否判定を理由とともに記せ。

・最大内径2010mm

・最小内径1995 mm

合否判定：

理由：

「施工・管理」

問題P-1.（英語選択）

AWS D1.1/D1.1M：2010 Structural Welding Code-Steel（閲覧資料）5.29～5.31に関し，以下の問いに日本語で答えよ。

(1) 母材表面へのアークストライクは許されるか。また，アークストライクが生じた場合，どのように処置すべきか。(5.29)

(2) 多層溶接でのスラグはどのように除去すべきか。(5.30.1)

(3) 溶接完了後，スパッタが許容されるのはどのような場合か。(5.30.2)

(4) 非パイプ構造の溶接タブはどのように処置すべきか。(5.31)

静的荷重が加わる場合：

繰り返し荷重が加わる場合：

問題P-2.（英語選択）

ASME Boiler and Pressure Vessel Code, Section VIII, Division 1, Part UW（閲覧資料）の規定に関し，以下の問いに日本語で答えよ。

(1) 母材温度が次の場合，溶接に関してどのようなことが推奨されているか。ただし，雨，風雪などの影響はないものとする。(UW-30)

母材温度－13℉(－25℃)：

母材温度14℉(－10℃)：

(2) 溶接する表面の清掃方法と清掃範囲は何によって決めるか。(UW-32 (a))

(3) 溶接工程での板厚減少が許される2つの条件を述べよ。(UW-35 (b))

条件1：

条件2：

(4) コントロールショットピーニングを行う時期はいつか。(UW-39 (b))

問題P-3.（選択）

次の溶接欠陥は，どのような欠陥か，簡潔に述べよ。また，それぞれの欠陥の抑制（防止又は低減）方法を，＜　＞内に示す項目数だけ挙げよ。

⑴ スラグ巻込み＜１項目＞
　欠陥の説明：
　抑制方法１：
⑵ 溶込不良＜２項目＞
　欠陥の説明：
　抑制方法１：
　抑制方法２：
⑶ 融合不良＜１項目＞
　欠陥の説明：
　抑制方法１：
⑷ アンダカット＜２項目＞
　欠陥の説明：
　抑制方法１：
　抑制方法２：

問題P-4.（選択）

溶接構造物の工場製作において，溶接施工時に溶接割れが発生した。この場合，原因調査，補修，再発防止の３つの観点で，溶接管理技術者として実施すべき項目を合計５項目を挙げ，簡単に説明せよ。ただし，各観点から少なくとも１項目挙げるものとする。

⑴ 原因調査
⑵ 補修
⑶ 再発防止

問題P-5.（選択）

溶接後熱処理（PWHT）について，以下の問いに答えよ。

(1) 低合金鋼製圧力容器の製作でPWHT の目的を２つ述べよ。

理由１：

理由２：

(2) 圧力容器に用いてもPWHTが要求されない材料を２つ挙げるとともに，PWHTが要求されない理由を述べよ。

材料１：

材料２：

理由：

(3) JIS Z 3700「溶接後熱処理方法 」に規定される重要な管理項目（材料区分を除く）を３つ挙げよ。

項目１：

項目２：

項目３：

問題P-6.（選択）

長年にわたり，高温高圧水素雰囲気で運転してきた圧力容器の定期開放検査で，内面の肉盛溶接部（オーステナイト系ステンレス鋼）が母材（2.25Cr-1Mo鋼）からはく離しているのが見つかった。このはく離状の割れ（ディスボンディング）について，以下の問いに答えよ。

(1) 推定される割れの発生原因を述べよ。

(2) はく離割れ感受性を低減するための対策を２つ述べよ。

対策１：

対策２：

「溶接法・機器」

問題E-1.（選択）

ティグ溶接において，棒マイナス（EN）極性，及び棒プラス（EP）極性それぞれの，アークの特徴，溶込み形状，電極への影響，適用材料について簡単に説明せよ。

(1) 棒マイナス（EN）極性の場合
アークの特徴：
溶込み形状：
電極への影響：
適用材料：
(2) 棒プラス（EP）極性の場合
アークの特徴：
溶込み形状：
電極への影響：
適用材料：

問題E-2.（選択）

電子ビーム溶接と比較して，レーザ溶接の特徴（長所，短所）を５つ記述せよ。

特徴１：
特徴２：
特徴３：
特徴４：
特徴５：

問題E-3.（選択）

JIS C 9300-1では，アーク溶接電源の定格出力電流（I_R）と定格使用率（X_R）が規定されている。以下の問いに答えよ。

(1) 定格出力電流以下の出力電流（I）で使用する場合の許容使用率（X）を，I，I_R，X_Rを用いて表せ。
(2) 定格出力電流及び定格使用率が規定されている理由を述べよ。
(3) 許容使用率（X）が，前問（1）の式で表される理由を説明せよ。

問題E-4.（選択）

パルスマグ溶接では，通常，ワイヤは定速送給され，溶接電源に定アーク長制御が採用される。以下の問いに答えよ。

(1) 定アーク長制御が採用される理由を述べよ。

(2) パルス周期に同期した溶滴移行が得られるパルスマグ溶接（シナジックパルスマグ溶接）の長所とその理由を述べよ。

長所：

理由：

問題E-5.（選択）

ワイヤを定速送給するマグ溶接ロボットに用いられるアークセンサついて，以下の問いに答えよ。

(1) 一般に用いられる電源特性は何か。また，その電源特性でのワイヤ突出し長さ（トーチ高さ）と溶接電流との関係を記せ。

電源特性：

ワイヤ突出し長さと溶接電流の関係：

(2) 下図に示すように，開先内でのトーチ狙い位置が適正な状態及び不良な状態でウィービングを行った際の，溶接電流の変化を模式的に描け。

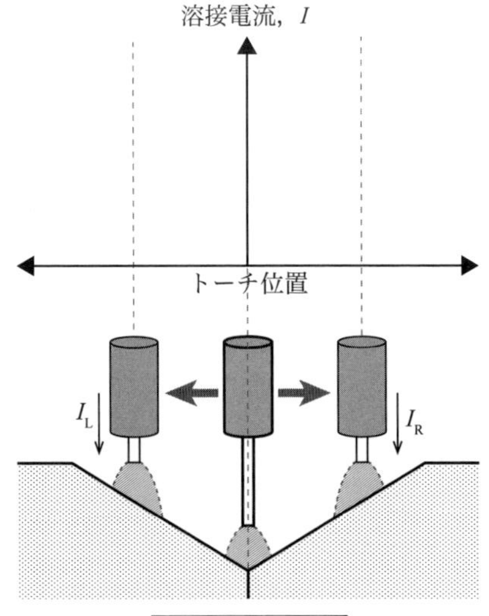

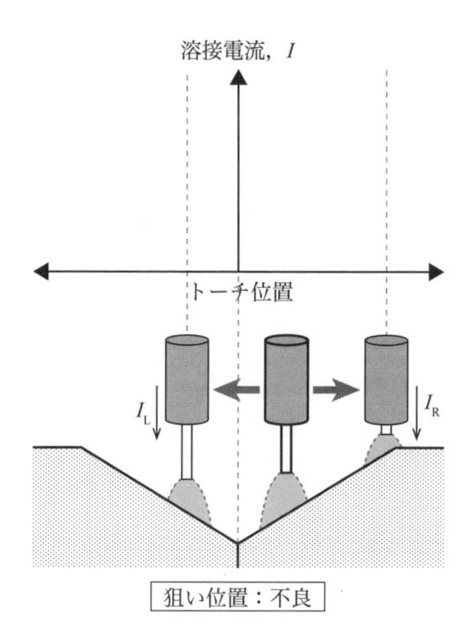

狙い位置：不良

●2022年６月５日出題　特別級試験問題●

解答例

「材料・溶接性」

問題M-1.（選択）

(1)

異なる規定１，２：

狙い１，２：

以下から２つ挙げる。

①降伏比の上限を（80%に）規定している。→塑性変形能力の向上

②板厚方向の絞り値の下限を（25%に）規定している。→ラメラテア対策

③降伏強さの上下限の幅を（120N/mm²に）規定している。→降伏強さのばらつき幅を小さくし，変形が一箇所に集中すること

を抑制する

(2)

異なる規定１，２：

狙い１，２：

以下から２つを挙げる。

①C_{eq}（0.44％以下）およびP_{CM}（0.29％以下）の上限値を規定している。→低温割れ感受性低減

②S量の上限値を（0.008％以下に）規定している。→ラメラテア対策

③S量（0.008％以下）およびP量（0.020％以下）の上限値を規定している。→溶接性向上

問題M-2.（選択）

(1)

領域①：粗粒域

領域②：混粒域

領域③：細粒域

領域④：部分変態域または二相加熱域

(2)

領域①の金属組織の特徴及び機械的性質：

融点～1250℃に加熱された領域で，A_{C3}点を大幅に超えて加熱されたため旧オーステナイトの結晶粒が著しく粗大化した領域で，合金元素の多い鋼ではマルテンサイトや上部ベイナイトなどの焼入れ組織が生じやすく，硬化するとともにじん性も劣化しやすい。

領域③の金属組織の特徴及び機械的性質：

1100℃～900℃の温度範囲に加熱された領域で，A_3変態によって生成したオーステナイトの結晶粒が大きく成長しない内に冷却過程に入るため，旧オーステナイトの結晶粒が細かく，このため冷却後の変態組織も微細になり，じん性などの機械的性質が優れる。

領域④の金属組織の特徴及び機械的性質：

A_{C1}点とA_{C3}点の間の温度域に加熱された領域で，パーライトなど高炭素濃度の領域のみがオーステナイト化し，一部が変態する。ただし冷却速度によって組織が異なり，冷却速度が遅い場合はフェライト・パーライト組織となり，じん性は比較的良好であるが，速い場合は高炭素マルテンサイトを生じ，じん性が劣化することがある。

問題M-3.（選択）

(1)

曲線R2からの情報：

オーステナイト域から冷却すると，約780℃でフェライトが析出し始め，約650℃でパーライト変態し，室温組織はフェライト（82%）＋パーライト（18%）混合組織となる。また，室温での硬さは154HVとなる。

曲線R10からの情報：

オーステナイト域から冷却すると，約520℃でフェライトが析出，約460℃でベイナイトが析出した後，約400℃でマルテンサイトに変態する。その結果，室温組織はフェライト（3%）＋ベイナイト（46%）＋マルテンサイト（51%）混合組織となる。また，室温での硬さは280HVとなる。

(2)

変態開始温度：低下する。

理由：オーステナイト→フェライト変態にはCの拡散をともなう。溶接入熱が小さくなると，冷却速度が速くなり，Cの拡散が追いつかなくなるため。

(3)

CCT図の変化：CCT図の変態曲線が冷却時間の長時間側（CCT図で右側）に移行する。

理由：炭素当量が増えると，オーステナイト相が安定化（A領域が拡大）するため。（焼入れ性が向上するためでもよい。）

問題M-4.（選択）

(1)

δフェライトは，高温割れの抑制に有効である。オーステナイト系ステンレス鋼の高温割れの要因の1つは，凝固過程においてオーステナイト粒界や柱状晶境界に沿ってP，S，Si，Nbなどが濃化した低融点の液相領域が残存することにある。このため（P+S）量の増加とともに高温割れ感受性は高くなる。δフェライトは，オーステナイトに比べて多くのP，Sを固溶することができるため，液相に残存するP，S量を減らし，高温割れを発生しにくくする。

(2)

δフェライトは応力腐食割れの伝播阻止効果があるため，応力腐食割れが抑制される。

(3)

δフェライトが多すぎると溶接金属のじん性を低下させる場合がある。600～800℃で長時間保持されるとδフェライトからシグマ相が形成され，シグマ相ぜい化を生じることがある。

問題M-5.（選択）

(1)

特徴1，2，3：

以下から3つ挙げる。

・比強度が大きい。

・低温じん性が優れている。

・密度が小さい（鋼の約1/2)。

・線膨張係数が小さい（鋼の約3/4)。

・熱伝導率が小さい（鋼の約1/3)。

・ヤング率が小さい（鋼の約1/2)。

・電気伝導率が小さい（鋼の約1/5)。

(2)

問題点1，2：

以下から２つ挙げる。
- ・酸素，窒素の吸収による硬化
- ・酸素，窒素の吸収による延性低下
- ・酸素，窒素の吸収によるじん性低下
- ・水素吸収によるブローホールの発生
- ・水素吸収による水素ぜい化
- ・表面着色（青白色，灰色，白色になると硬化やぜい化が生じている懸念がある）

「設計」

問題D-1.（英語選択）

(1)

a）5 mm

b）8 mm

【解説】母材厚さが6 mm未満の場合は，すみ肉溶接の最大サイズ＝母材厚さ。母材厚さが6 mm以上で，かつ設計図に別途指示がない場合は，すみ肉溶接の最大サイズ＝母材厚さより1/4in（2 mm）小さい寸法。

(2)

a）30mm

b）25mm

【解説】重ね代の最小寸法は，薄い方の母材厚さの５倍，ただし1 in（25mm）以上。

(3)

a）16ksi（110MPa）

b）10ksi（69MPa）

(4)

a）溶接金属または溶融境界の内部欠陥

b）余盛止端の表面欠陥または溶融境界

問題D-2.（英語選択）

（1）実際に設けることができる最も低い位置

（2）

（a）不要

（b）必要

（c）薄い方の板厚の1/4，または1/8 in（3 mm）のいずれか小さい方を超える板厚差がある場合にテーパを設けなければならない。したがって，薄い方の板厚が20mmの場合は，板厚差が3 mmを超えるとテーパが必要である。（a）は板厚差が2 mmなので不要，（b）は板厚差が4 mmなので必要。

（3）

UW-13の鏡板に対する規定を除き，重ね継手の重ね代は内側の板厚の4倍以上にしなければならない。

（4）

該当する継手のタイプおよび継手の（放射線透過）試験の程度

問題D-3.（選択）

（1）

荷重Pのy方向成分をP_yとすると，$P_y = P/\sqrt{2} = 0.7P$

最大曲げ応力

$\sigma_{max} = P_y L/I \times h/2 = 6P_y L/bh^2 = 42P \times 10^{-4}$ [N/mm^2]

（2）

最大引張応力度$\sigma_{x,max}$は，はりの最大曲げ応力σ_{max}と，荷重Pのx方向成分P_xにより生じる垂直応力σ_xの和で与えられる。$\sigma_x = 0.7P/bh = 3.5P \times 10^{-4}$より

最大引張応力度$\sigma_{x,max} = \sigma_{max} + \sigma_x = 42P \times 10^{-4} + 3.5P \times 10^{-4} = 45.5P \times 10^{-4}$ [N/mm^2]

（3）

平均せん断応力度$\tau = P_y/bh = 3.5P \times 10^{-4}$ [N/mm^2]

（4）

許容引張応力度$=F/1.5=325/1.5=216$　[N/mm²]

(5)

(許容引張応力度)$^2=\sigma_{x,max}{}^2+3\tau^2$より

$216^2=(45.5P_{max}\times10^{-4})^2+3\ (3.5P_{max}\times10^{-4})^2=2107P_{max}{}^2\times10^{-8}$

$P_{max}=216\times10^4/\sqrt{2107}=4.706\times10^4\mathrm{N}\rightarrow47\mathrm{kN}$

問題D-4.（選択）

(1)（×）理由：すみ肉溶接の有効長さは，サイズの10倍以上かつ80mm以上と規定している（7.2.6項）。この場合，有効溶接長さ$=20\times3.14=62.8\mathrm{mm}<80\mathrm{mm}$より，規定を満足しない。

(2)（×）理由：厚さは徐々に変化させ，長さ方向の傾斜を1/5以下と規定している（7.2.10項）。この場合，長さ方向の傾斜は20/60＝1/3で，規定を満足しない。

(3)（×）理由：材片が応力を伝達するT継手で，材片の交角が60°未満の場合は，完全溶込開先溶接を用いるのを原則とする（7.2.12項）。この場合，すみ肉溶接なので規定を満足しない。

(4)（○）理由：

・主要部材の応力を伝えるすみ肉溶接のサイズSは6 mm以上で，$\sqrt{2t_2}\leq S<t_1$を標準とする。ここで，t_1：薄い方の母材厚さ，t_2：厚い方の母材厚さ（7.2.5項）。この場合，サイズ$S=9\mathrm{mm}$，$\sqrt{2t_2}=\sqrt{2\times32}=8\mathrm{mm}$で，規定を満足している。

・軸方向に引張力のみを受ける重ね継手の側面すみ肉溶接では，溶接線間隔は薄い方の板厚の20倍以下とし，各すみ肉溶接の長さは溶接線間隔よりも大きくすると規定している（7.2.11 (4)項）。この場合，溶接線間隔$200\mathrm{mm}<20\times15=300\mathrm{mm}$で，すみ肉溶接の長さ300mm>溶接線間隔200mmで，規定を満足している。

問題D-5.（選択）

(1)

厚さが32mm以下の場合。または，厚さが32mmを超え38mm以

下で，95℃以上の予熱を行う場合。

(2)

式：a）の式

理由：100%RTを行うB-1継手なので，表２より溶接継手効率（η）は1.00である。

設計条件から，$P = 1.8$MPa（$= 1.8$N/mm^2）。

$0.385\sigma_a\eta = 0.385 \times 100 \times 1.00 = 38.5$で，$P \leqq 0.385\sigma_a\eta$を満たすので，E.2.2a）の式を用いる。

(3)

E.2.2a）の式：計算厚さ（t）$= PD_i/(2\sigma_a\eta - 1.2P)$より，内径（$D_i$）$= t \times (2\sigma_a\eta - 1.2P)/P$

ここにt＝使用板厚－腐れ代＝38－2＝36mm，およびP，σ_a，ηを代入すると

$D_i = 36 \times (2 \times 100 \times 1.00 - 1.2 \times 1.8)/1.8 = 3956.8$

最大内径は3956mm

問題D-6.（選択）

(1) 0.35%（溶鋼分析値）(4.2.1a))

(2) 次のうち，１つ挙げていればよい。(5.1.4)

JIS G 3601の１種，JIS G 3602の１種，JIS G 3603の１種，JIS G 3604の１種，ASME Section Ⅱ のSA-263，ASME Section Ⅱ のSA-264，ASME Section ⅡのSA-265。

(3) 分類B（6.1.3b))

(4) B-1継手なので0.95以下（6.2表２）

(5)

合否判定：合格

理由：

真円度＝(最大内径－最小内径)/設計内径＝(2010－1995)/2000＝15/2000＝0.0075

真円度は0.75%で，許容値(１%)以下を満足するので合格(7.2.2a))

「施工・管理」

問題P-1.（英語選択）

(1)

アークストライクはどのような母材においても許されない。アークストライクによって生じた割れやアークストライク痕はグラインダで滑らかにし，健全であることを確認する。

(2)

前の層のスラグを除去し，溶接部および隣接する母材をブラシやその他適切な手段で清掃する。（これは層ごとではなく，パスごとに行うとともに，アークが中断した場合はアークを再スタートするクレータ部に対しても行う。）

(3)

清掃作業後にも，強固に付着したスパッタで，NDTの観点から除去を要求されない場合。

(4)

静的荷重が加わる場合：（AWSにより規定されたエンジニアによる）要求がない場合は，除去する必要はない。

繰り返し荷重が加わる場合：溶接が完了し冷却した時点で溶接タブを除去する。溶接端部は滑らかにするとともに，隣接する部材端と同一面にしなければならない。

問題P-2.（英語選択）

(1)

母材温度－13℉（－25℃）：溶接することは推奨されていない。

母材温度14℉（－10℃）：溶接開始点から3in（75mm）以内のすべての範囲の表面を，手で温かく感じる温度（60℉（15℃））より高い温度に予熱してから溶接する。

(2)

溶接する母材と除去すべき汚れ物質によって決める。

(3)

条件１：どの位置でも，母材の突合せ面の最小必要厚さを下回らないこと。

条件２：厚さの減少は1/32in（１mm）または公称厚さの10%のいずれか小さい方を超えないこと。

(4)　非破壊試験および耐圧試験のあと

問題P-3.（選択）

(1)

欠陥の説明：溶接金属中または母材との融合部にスラグが残ったもの

抑制方法１：

①ビード形状が凸とならないような溶接条件の選択，②前パスのビード形状の修正（多層溶接で次のパスを溶接する前に，ビード間またはビードと開先面の間の鋭く深い谷部をなくす)，③アークに対してスラグ先行を避ける（とくに立向下進溶接時)，④スラグの十分な除去，⑤適切な開先形状の選択（極端な狭開先の回避）

(2)

欠陥の説明：設計溶込みに比べ実溶込みが不足しているもの

抑制方法１，２：以下から２つ挙げる。

①適切な溶接条件（溶接電流や溶接速度など）の選択，②適切な開先形状の採用と開先精度の向上（ルート面積過大，ルート間隔過小，開先角度過小を避ける)，③十分な裏はつり，④狙い位置の適正化，⑤自動溶接時の開先倣いの適正化

(3)

欠陥の説明：溶接境界面が十分にとけ合っていないもの

抑制方法１：

①十分な入熱による溶込みの確保，②過小とならない適正な開先角度の採用，③アークに対してスラグの先行を避ける（とくに立向下進溶接時)，④前パスのビード形状の修正（多層溶接で次のパスを溶接する前に，ビード間またはビードと開先面の間の鋭く深い谷

部をなくす)，⑤適正な運棒，棒角度およびウィービングでの施工

(4)

欠陥の説明：溶接によって生じたビード止端の溝

抑制方法１，２：以下から２つ挙げる。

①過大電流の回避，②過大溶接速度の回避，③下向姿勢で下り坂（下進）溶接の適用，④適正な運棒，棒角度およびウィービング（幅，両端停止時間）での施工，⑤適正なねらい位置での施工，⑥できるだけ短いアーク長（できるだけ低いアーク電圧）での施工

問題P-4.（選択）

(1)

①溶接割れの状況調査

割れの形状，位置，深さ，特徴（性状），発生範囲などの詳細を，非破壊試験，破壊試験で調査する。

②発生原因の特定のための記録類の調査：品質記録を調査

(a) 母材および溶接材料の化学組成，炭素当量，P_{CM}などを材料証明書（ミルシートなど）によりチェックする。

(b) 当該溶接継手に適用された溶接法，溶接材料，溶接条件，予熱条件などをチェックする。また，当該継手のWPS（溶接施工要領書）をチェックする。

(c) 当該溶接継手の溶接時の環境，開先検査結果，非破壊検査結果など必要な記録を調査する。

③割れ原因の特定

上記割れの状況の調査，記録類の調査，さらには関連資料，文献，事故事例報告書，再現試験などから，割れ発生原因を特定する。

(2) 補修

①補修方法の討議と方法の決定

設計，施工，検査，研究部門などの関係者が討議を行い，その補修方法を決定する。

②補修溶接施工要領書の作成，承認

補修溶接施工要領書（補修用WPS），補修作業指示書を作成する。施工責任者の承認および必要に応じて発注者や検査機関に承認を得る。補修溶接の施工法試験を実施する場合もある。

③補修溶接の実施

承認された補修溶接施工要領書にしたがって，補修溶接を実施する。

④補修溶接部の検査

補修溶接部に新たな欠陥がないかどうかの検査を実施する。

⑤補修記録の作成

実施した補修作業に関する記録（(1) の原因調査記録も含む）を作成し，保管する。

⑥類似箇所の点検・補修

溶接割れが発生した箇所と類似の箇所を検査し，必要に応じて補修する。

(3) 再発防止

①再発防止のための各種図書や文書の改訂

原因調査書，補修溶接施工要領書をもとに，必要により，当該構造物に対する溶接設計図書，および溶接施工要領書を改訂する。

②教育

割れ事例の教育を行い，関係者へ周知する。

問題P-5.（選択）

(1)

理由１，２：

・溶接残留応力低減

・材質/組織改善

・機械的性質（硬さ，延性，じん性等）の改善

・ぜい性破壊防止

(2)

材料１，２：オーステナイト系ステンレス鋼，アルミニウム合金

理由：これらの材料は破壊じん性試験において遷移挙動を示さず，ぜい性破壊の恐れがないから

(3)

項目１，２，３：

以下から３つ挙げる。

①最低保持温度

②最小保持時間

③加熱速度上限

④冷却速度上限

⑤炉に入れる時の温度

⑥炉から取り出す時の温度

⑦保持時間中の被加熱部全体の温度差

なお，PWHTでは温度の計測，管理，記録が必要で，重要な溶接部については雰囲気温度だけでなく実体温度を測定することが望ましい。

問題P-6.（選択）

(1)

母材と肉盛溶接の境界部にはCrとNiの濃度遷移領域ができ，水素ぜい化感受性の高いマルテンサイト組織（ボンドマルテンサイト）が生じている。オーステナイト系ステンレス鋼肉盛溶接金属は，運転状態で多量の水素を吸蔵しており，肉盛溶接金属と母材とでは水素の拡散速度に違いがあることと，水素の固溶量の差により，運転停止時に肉盛溶接金属側境界部に高濃度の水素が集積する。このマルテンサイト組織および水素集積，PWHT で生じる浸炭層，熱膨張の差による熱応力などが原因で運転停止時に水素ぜい化割れを生じた。

(2)

対策１，２：

以下から２つ挙げる。
①運転停止時に脱水素運転（例えば200℃×5h）をする，運転停止時の冷却速度を緩やかにするなど，水素の集積を少なくする対策を講じる。
②肉盛溶接の溶接入熱が高いと境界部の結晶粒が粗粒となり割れやすくなるため，溶接入熱を小さくする。
③浸炭層を小さくするため必要最小限の条件でPWHTを行う。
④耐ディスボンディング性の優れた母材を採用する。（例えばV添加Cr-Mo鋼など）

「溶接法・機器」

問題E-1.（選択）

(1)

・アークの特徴：

陰極点（電子放出の起点）が電極の先端近傍に形成され動き回ることは少ないため，電極直下に集中性（指向性）の強いアークが発生する。

・溶込み形状：

幅が狭く，深い溶込みとなる。

・電極への影響：

電極に加わる熱量は棒プラス（EP）極性に比べて少なく，電極の消耗は少ない。

・適用材料：

ティグ溶接で多用される極性であり，炭素鋼，低合金鋼，ステンレス鋼，Ni基合金，銅合金，チタン合金など，アルミニウム合金とマグネシウム合金を除くほとんどの金属の溶接に幅広く適用される。

(2)

・アークの特徴：

陰極点（電子放出の起点）が母材表面上を激しく動き回り，アークの集中性は著しく劣るが，母材表面の酸化被膜を除去するクリーニング（清浄）作用が得られる。

・溶込み形状：

幅が広く，浅い溶込みとなる。

・電極への影響：

電極に加わる熱量は多く，電極が過熱されて電極の消耗がきわめて多い。

・適用材料：

クリーニング（清浄）作用が必要な強固で高融点の表面酸化皮膜を持つ，アルミニウム合金やマグネシウム合金などの溶接に適用される。（この極性が直流（単独）で使用されることはなく，交流として利用される。）

問題E-2.（選択）

特徴１～５：

以下から５つ挙げる。

①レーザ光は空気による減衰がほとんどないため，大気中での溶接が可能である。

②光であるため，磁場の影響を受けない。

③ミラーまたはファイバーでのレーザ光の伝送が可能である。

④ロボットと組み合わせることができる。

⑤タイムシェアリングやスキャナ溶接によって，複数箇所をほぼ同時に溶接できる。

⑥X線が発生しないため，その防護対策が不要である。

⑦非金属材料の溶接・接合にも適用できる。

⑧材料の表面状態によってレーザ光の吸収率が変化し，溶込み深さ等に影響を及ぼす。

⑨材料の種類とレーザ光の波長との組み合わせによって吸収率が変化し，溶込み深さ等に影響を及ぼす。

⑩アルミニウムや銅では，近赤外～赤外領域のレーザの吸収率が

低いため溶接が困難である。

⑪金属蒸気，プラズマ，ヒュームによって，溶込み深さが変化（減少）する。

⑫シールドガスの種類によって溶込み深さや溶込み形状が変化する。

⑬レーザ光に対する特別な安全対策（遮蔽・目の保護など）が必要である。

問題E-3.（選択）

(1) $X = X_R \times (I_R/I)^2$

(2) 溶接電源の焼損を防ぐため。

(3) 溶接時の変圧器や巻線における主な発熱は，巻線で発生する抵抗（ジュール）発熱である。発熱量（電力）は電圧×電流で与えられ，電圧は抵抗×電流であるため，発熱量は抵抗×電流^{2}となる。このため，使用電流（I）および許容使用率（X）での断続作業中の平均発熱量は$X \times I^2$に比例する。許容使用率での発熱量は，定格使用率（X_R）での発熱量に等しいので，この式が成立する。

問題E-4.（選択）

(1)

パルスマグ溶接では電流を精密に制御する必要があるため定電流特性電源を用いるが，定電圧特性電源が持つアーク長自己制御作用を利用できない。そこで，アーク長を所定の長さに維持するために，定アーク長制御機能を電源に付加する必要がある。

(2)

長所：小電流から大電流に至る広範囲な電流域でスパッタを低減した溶接が可能となる。薄板から厚板まで適用できる。

理由：

以下から１つ挙げる。

①溶滴は，パルス期間中に生じる強い電磁ピンチ力の作用でワイ

ヤ端から離脱し，溶融池に短絡することなく移行する。そのため，短絡にともなうスパッタの発生を抑制できる。

②ベース期間の長/短によって平均電流の小/大を決定でき，広い電流域で安定したスプレー移行（プロジェクト移行）を実現できる。

問題E-5.（選択）

(1)

電源特性：定電圧特性

ワイヤ突出し長さと溶接電流の関係：定電圧特性電源では，ワイヤ突出し長さが長くなると，ワイヤ突出し部での抵抗発熱が増加して溶融速度が増大するため，自己制御作用によって溶接電流は減少する。ワイヤ突出し長さが短くなると，ワイヤ突出し部での抵抗発熱が減少して溶融速度が減少するため，溶接電流は増大する。

(2)

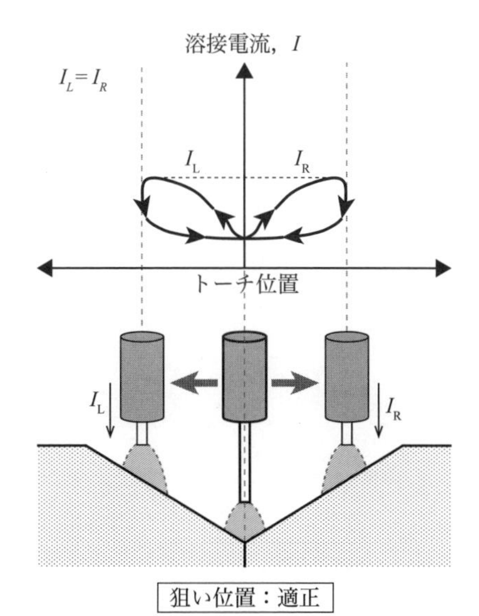

狙い位置：適正

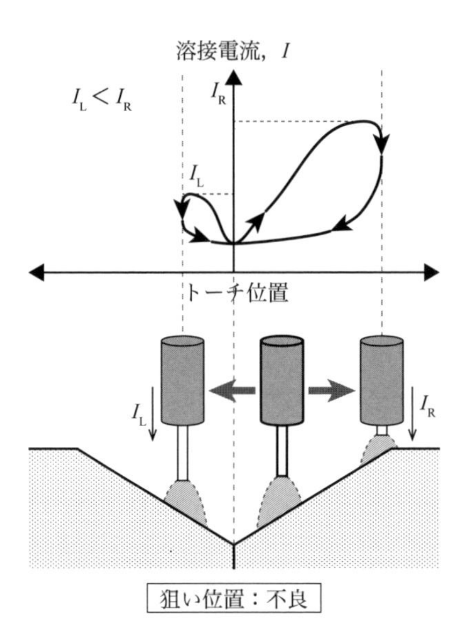
溶接電流，I
$I_L < I_R$
I_R
I_L
トーチ位置
I_L
I_R
狙い位置：不良

●2021年11月７日出題●

特別級試験問題

問題 M-1.（選択）

高張力鋼溶接部のじん性について，以下の問いに答えよ。

(1) 780N/mm^{2}級高張力鋼の熱影響部粗粒域のじん性は低入熱溶接では良好であるが，大入熱溶接では劣っている。その理由をミクロ組織と関連させて記せ。

(2) 490～590N/mm^{2}級高張力鋼の溶接では，溶接金属のじん性確保のため，Ti-B系溶接材料が用いられる。その理由を記せ。

問題 M-2.（選択）

TRC（Tensile Restraint Cracking）試験はルートパス溶接後，一定の引張応力を負荷して低温割れが生じるまでの時間を評価する。右図はTRC試験の結果を定性的に示している。以下の問いに答えよ。

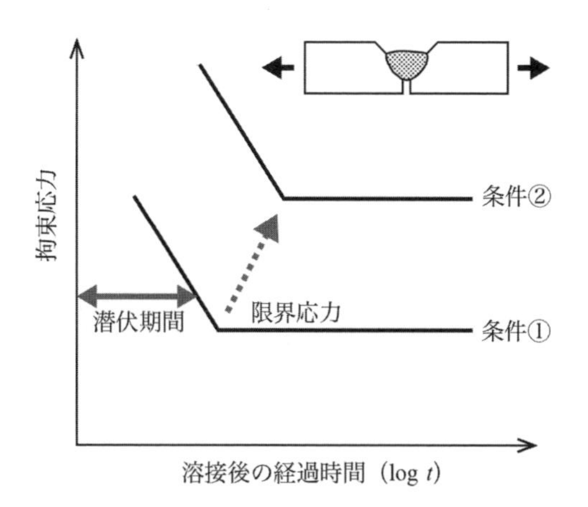

(1) 限界応力とは何を意味するか。

(2) 潜伏期間とは何か。

(3) 図中の条件①から条件②のように，限界応力と潜伏期間を増加させる要因は何か。3つ記せ。

問題M-3.（選択）

Cr-Mo鋼溶接継手に対してPWHTを行うと，溶接止端部から割れが発生することがあり，これを再熱割れという。再熱割れに及ぼす鋼材成分の影響は次のパラメータ，⊿G，P_{SR}で評価できる。

⊿G＝Cr＋3.3Mo＋8.1V－2（％）

P_{SR}＝Cr＋Cu＋2Mo＋10V＋7Nb＋5Ti－2（％）

以下の問いに答えよ。

(1) ⊿GとP_{SR}の値がどうなると再熱割れ発生の危険性があるか。

(2) これら2つのパラメータに含まれる合金元素はどのような働きをするか。

(3) 再熱割れの発生メカニズムについて述べよ。

問題M-4.（選択）

オーステナイト系ステンレス鋼溶接熱影響部の耐食性について以下の問いに答えよ。

(1) 最高加熱温度が600～850℃になる領域の冶金的な特徴を記せ。

(2) 耐食性を改善する対策を３つ記せ。

対策１：

対策２：

対策３：

問題M-5.（選択）

アルミニウム合金の溶接で問題となる溶接欠陥に関し，以下の問いに答えよ。

(1) アルミニウム合金のアーク溶接ではブローホールがよく発生する。このブローホールの発生機構とその具体的な防止策を記せ。

発生機構：

防止策：

(2) アルミニウム合金で発生しやすい溶接割れの種類を挙げよ。また，その割れが発生する理由を記せ。

割れの種類：

理由：

「設計」

問題D-1.（英語選択）

AWS D1.1/D1.1M：2010 Structural Welding Code − Steel（閲覧資料）の規定に関する以下の問いに日本語で答えよ。

(1) 2章のDesign of Welded ConnectionsはPart A，B，C，Dから構成されている。繰返し荷重を受ける鋼継手（ただし，鋼管を除く）を設計する場合に適用するPartをすべて挙げよ。(2.1)

(2) 引張又は圧縮を受ける完全溶込み開先溶接継手では，有効溶接長さはどのようにとるか。(2.4.1.1)

(3) 継手の有効断面に垂直な引張荷重を受ける開先溶接継手の許容応力は，完全溶込み継手及び部分溶込み継手それぞれについて，どのように規定されているか。(Table2.3)

・完全溶込み継手の場合：

・部分溶込み継手の場合：

(4) 板幅の異なる部材（ただし$F_y \geq 90$ksi（620Pa））が接合された完全溶込み開先溶接継手が繰返し荷重を受ける場合の許容疲労限度について，以下の問いに答えよ。

・F_yとは何か。(2.12.2.2)

・許容疲労限度は，幅オフセット部の処理の仕方に応じて，どのように規定されているか。(Table2.5)

問題D-2.（英語選択）

ASME Boiler and Pressure Vessel Code, Section VIII − Division1（閲覧資料）UW-5の規定について，以下の問いに日本語

で答えよ。

(1) 耐圧部に使用される材料には溶接品質の確保が求められる。この溶接品質を証明する方法として何を挙げているか。(UW-5 (a))

(2) 非耐圧部の材料で，材料識別ができない材料については，どのように溶接品質を証明すればよいか。(UW-5 (b)(3))

(3) 規格が異なる2種類の材料を溶接することを認めているか否かを答えよ。認めている場合はその条件を，認めていない場合はその理由を述べよ。(UW-5 (c))

(4) SA-841の溶接に使用が禁止されている溶接法は何か。(UW-5 (e))

問題D-3. （選択）

図のように3本の丸棒が初期温度0℃で剛体板に取り付けられ，中央の棒①のみがT℃温度上昇したときに生じる熱応力を求める。なお，中央の棒①の断面積をA，両隣の棒②の各断面積をBとし，棒①，②の縦弾性係数E，線膨張係数αはそれぞれ同じで，温度によらず一定とする。

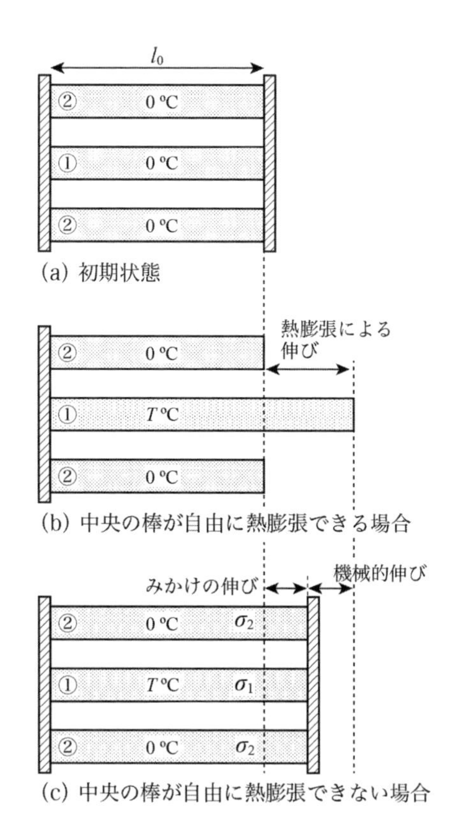

(a) 初期状態

(b) 中央の棒が自由に熱膨張できる場合

(c) 中央の棒が自由に熱膨張できない場合

(1) 中央の棒①が自由に熱膨張できるとき（図(b)），棒①に生じるひずみはいくらか。

(2) 3本の丸棒が剛体板

に取り付けられていて，中央の棒①が自由に熱膨張できないとき（図（c）），棒①に生じる熱応力をσ_1，棒②に生じる熱応力をσ_2とする。力の釣合いから，σ_1とσ_2の関係を記せ。

(3) 図（c）において，みかけの伸びから得られるひずみをε，機械的伸びから得られるひずみをε_mとすると，棒①，棒②に生じる熱応力σ_1，σ_2は，それぞれ$\sigma_1 = E\varepsilon_m$，$\sigma_2 = \mathrm{E}\varepsilon$と書ける。$\varepsilon$と$\varepsilon_m$の関係から，$\sigma_1$と$\sigma_2$の関係を記せ。

(4) 設問（2）と設問（3）の解を連立させて，棒①に生じる熱応力を求めよ。

(5) 棒②の断面積Bが棒①の断面積Aに比べて十分大きいとき，棒①に生じる熱応力σ_1を求めよ。

問題D-4.（選択）

図のように，左側はK開先溶接，右側はすみ肉溶接の十字継手が引張荷重を受けている。以下の問いに答えよ。ただし，継手は日本建築学会の鋼構造設計規準（閲覧資料）に従って設計され，溶接には被覆アーク溶接を適用し，A材はSM520，B材はSM490とする。

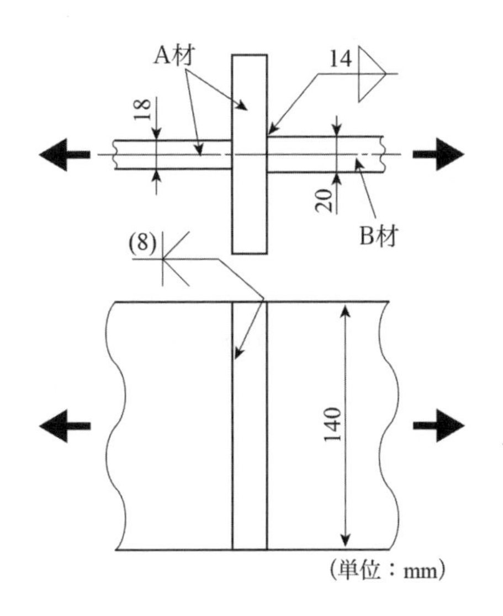

(1)　各溶接継手の許容応力度はそれぞれいくらか。

・K開先溶接継手：(　　) N/mm^2

・すみ肉溶接継手：(　　) N/mm^2

(2)　各溶接継手の有効のど断面積はそれぞれいくらか。ただし，各継手の有効溶接長さは部材幅に等しいとし，すみ肉溶接ののど厚＝0.7×サイズで，サイズ＝脚長とする。

・K開先溶接継手：(　　) mm^2

・すみ肉溶接継手：(　　) mm^2

(3)　各溶接継手の許容最大荷重を求め，十字溶接継手として許容される最大荷重を決定せよ。

・K開先溶接継手の許容最大荷重：(　　) kN

・すみ肉溶接継手の許容最大荷重：(　　) kN

・十字溶接継手として許容される最大倚重：(　　) kN

問題D-5.（選択）

常温で気体を加圧貯蔵する球形タンクをJIS B 8265：2010（閲覧資料）により設計・製作する。設計条件は次のとおりである。

・設計圧力（P）：1.5MPa・球形タンクの内径（D_i）：16m

・腐れ代：3mm・設計温度：常温

・溶接継手の形式：B-1継手で，100%放射線透過試験を実施する。

以下の問いに答えよ。

(1)　胴板に引張強さが570N/mm^2級の鉄鋼材料を用いる場合，SM570（最小降伏強度：450N/mm^2，引張強さ：570～720N/mm^2）とSPV450（最小降伏強度：450N/mm^2，引張強さ：570～700N/mm^2）のどちらを使用した方が板厚が薄くできるか，「許容引張応力の設定基準（解説添付書）」に従って答えよ。考察過程も記せ。なお，許容引張応力は有効数字3桁の値とする。

(2)　設問（1）で求めた材料に対して，E.2.3の内径基準の式を用いて，この球形タンクの胴板の必要板厚を求めよ。途中の計算式も記載し，小数点以下第2位を切り上げて解答せよ。

問題D-6.（選択）

JIS B 8265：2010（閲覧資料）の規定について，以下の問いに答えよ。

(1) B-1継手で，完全溶込み突合せ両側溶接継手と同等以上とみなせる突合せ片側溶接継手とはどのようなものか。

(2) 放射線透過試験なしの場合，両側全厚すみ肉重ね溶接継手の溶接継手効率は，いくら以下と規定されているか。

(3) 突合せ溶接継手で，薄い方の母材の呼び厚さが16mmの場合，分類Aの継手に対する食違いの許容値はいくらか。

(4) 内面合せの突合せ溶接継手の薄い方の母材の呼び厚さが16mmで，開先端面の外面の食違いが4mmの場合に必要なテーパ長さはいくらか。

(5) 呼び厚さ35mmの高張力鋼の突合せ継手で，放射線透過試験を実施する場合の余盛高さの許容値はいくらか。

「施工・管理」

問題P-1.（英語選択）

AWS D1.1/D1.1M：2010 Structural Welding Code－Steel（閲覧資料）のTable 6.1 Visual Inspection Acceptance Criteriaの静荷重が負荷される非パイプ構造に関する以下の問いに日本語で答えよ。

(1) 割れをどのように規定しているか。

(2) 溶接部の外観試験の時期について，どのように規定しているか。

(3) サイズ5/16in（8mm）以上のすみ肉溶接において，許容されるサイズ不足をどのように規定しているか。

(4) 板厚1in（25mm）以上の突合せ溶接におけるアンダカットの許容値はいくらか。

(5) 溶接部表面のポロシティは，どのような場合に許容されないか。

問題P-2.（英語選択）

ASME Boiler and Pressure Vessel Code, Section Ⅷ－Division 1,

Part UW（閲覧資料）の規定に関し，以下の問いに日本語で答えよ。

(1) 製造中の溶接施工記録を作成するのは誰か。(UW-28 (a))

(2) 母材温度が20°F（−7℃）の場合，母材表面を溶接前にどのように処置することを推奨しているか。(UW-30)

(3) 板厚1in.（25mm）の円筒胴の周溶接継手の許容目違い量はいくらか。(UW-33)

(4) どのような溶接法なら，両側溶接継手でも裏はつりが不要か。(UW-37 (b))

(5) 初層と最終層以外の層にピーニングを施工すれば，PWHTを省略できるか。(UW-39)

問題P-3.（選択）

大型溶接鋼構造物のスカラップに関し，以下の問いに答えよ。

(1) スカラップとはどのようなものか。図示するとともにスカラップを設ける目的を記せ。

(2) スカラップを設ることにより損傷が生じたため，最近は従来のスカラップ形状は避けられるようになった。生じた損傷とその原因を記せ。

(3) 従来型スカラップに替わり採用されている方法を２つ記せ。

問題P-4.（選択）

溶接構造物の疲労損傷の発生要因を，溶接設計面から２つ，溶接施工面から２つ挙げよ。また，溶接後に行うことができる疲労き裂の発生抑制法を２つ挙げよ。

(1) 溶接設計面での要因

要因１：

要因２：

(2) 溶接施工面での要因

要因１：

要因２：

(3) 溶接後に行うことができる疲労き裂の発生抑制法

抑制法１：

抑制法２：

問題P-5.（選択）

石油精製装置では，多くの圧力設備が湿潤硫化水素環境下で使用されている。この圧力設備に生じる可能性のある硫化物応力割れ（Sulfide Stress Cracking：SSC）について，以下の問いに答えよ。

(1) SSCが生じやすい材料を１つ挙げよ。

(2) SSCの発生機構（メカニズム）を説明せよ。

(3) 材料面以外のSSC防止策を２つ挙げよ。

防止策１：

防止策２：

問題P-6.（選択）

高温高圧容器では，炭素鋼又は低合金鋼の内面にオーステナイト系ステンレス鋼が肉盛溶接されているものがある。以下の問いに答えよ。

(1) 肉盛溶接を行う目的を記せ。

(2) 肉盛溶接法を選択する場合に，考慮すべき項目を2つ挙げるとともに，圧力容器の胴内面の肉盛溶接
に最も適した溶接法を1つ挙げよ。

考慮すべき項目1：

考慮すべき項目2：

溶接法：

「溶接法・機器」

問題E-1.（選択）

アーク溶接に関する以下の問いに答えよ。

(1) ワイヤ突出し長さとは何か。また，それが何に影響を及ぼすか

記せ。

ワイヤ突出し長さ：

影響：

(2) サイリスタ制御電源とは何か。また，それが適用される溶接法は何か。

サイリスタ制御電源：

溶接法：

問題E-2.（選択）

アーク柱に作用する電磁ピンチ力の発生メカニズムとその作用を簡単に記せ。また，電磁ピンチ力が影響する現象を3つ挙げよ。

(1) 電磁ピンチ力の発生メカニズムとその作用

発生メカニズム：

作用：

(2) 電磁ピンチ力が影響する現象

現象1：

現象2：

現象3：

問題E-3.（選択）

ソリッドワイヤを用いるマグ溶接で生じる溶滴の短絡移行と反発移行について，それぞれ簡単に説明せよ。

(1) 短絡移行

(2) 反発移行

問題E-4.（選択）

エレクトロスラグ溶接の長所を3つ，短所を2つ，それぞれ挙げよ。

長所1：

長所2：

長所3：

短所1：

短所2：

問題E-5.（選択）

アルミニウムのティグ溶接では交流電源を用いる場合が多い。その理由を記せ。

●2021年11月7日出題　特別級試験問題●
解答例

問題M-1.（選択）

(1)

780N/mm^{2}級高張力鋼の熱影響部粗粒域のミクロ組織は低入熱側では下部ベイナイト主体の組織となり，有効結晶粒径が小さく，じん性は良好である。大入熱側では粗粒域のミクロ組織は上部ベイナイトとなり，有効結晶粒径は粗くなる。さらに上部ベイナイトには粒界フェライトから鋸の歯状に成長したフェライトとフェライトの間に，島状マルテンサイトが生成され，ぜい性き裂発生の起点となり，じん性は劣化する。このため一般には780N/mm^{2}級高張力鋼の場合は4.8kJ/mm以下に入熱を制限して溶接する。ただし，この入熱制限値は板厚が30mm以上に適用されるもので，板厚がそれ以下では板厚に応じて入熱制限値はさらに厳しく（低く）なる。

(2)

Ti-B系溶接材料を用いたときの溶接金属の組織は，Ti系酸化物を変態核として生成されるアシキュラーフェライト（粒内変態フェライト）組織である。また，Bは粒界フェライトの析出を抑制（焼入れ性を増加）し，ある温度まで過冷されたときに，粒内で急激なオーステナイト→アシキュラーフェライト変態を生じさせるため，アシキュラーフェライトの割合が増加する。生成されたアシキュラーフェライト組織は，フェライト・パーライトや上部ベイナイト組織に比べ微細となるためじん性が確保される。

問題M-2.（選択）

(1)

TRC試験で低温割れが発生する最小の応力。これ以下の拘束応力では低温割れが発生しない。限界応力値は低温割れ感受性の指標の一つで，この値が高いほど低温割れ感受性は低い。

(2)

潜伏期間とは，溶接が終了してから，集積する水素が限界値を超えて割れが発生するまでの時間をいう。低温割れは溶接金属に溶込んだ拡散性水素が，溶接後に硬化部や応力集中部などに拡散・集積し，集積水素量が限界値を超えた時に低温割れが発生する。

(3)

次のうちから３つ挙げる。

①溶接金属拡散性水素量の減少

②予熱温度の上昇

③直後熱の採用

④溶接部の硬さの低減

⑤低PCM材料の使用

⑥溶接入熱量の増加

⑦溶接部の応力集中の低減

問題M-3.（選択）

(1)

いずれかのパラメータが0を超えると再熱割れ発生の危険性がある。

(2)

これらの元素は析出硬化元素である。溶接熱影響部の粗粒域の結晶粒内に炭化物などとして析出し，粒内の強度を高め，相対的に粒界の強度を低下させる。

(3)

PWHT中の応力緩和の過程でクリープにより結晶にすべり変形が生じようとするが，粒界の相対強度が低いために粒界にすべりが集中し微小粒界割れが起こる。この微小割れが内部応力（残留応力）を解放しながら粒界を伝播して巨視的な割れを形成する。すなわち，再熱割れは粒内析出硬化によって粒界強度（粒界の固着力）が粒内強度より相対的に低下することに起因する溶接熱影響部粗粒域の粒界割れである。また，粒界に不純物元素が偏析し，粒界ぜい化を生じて粒界割れが発生するという説もある。

問題M-4.（選択）

(1)

オーステナイト粒界にCr炭化物が析出し，粒界近傍の固溶Crの濃度が低下して粒界腐食感受性が高くなる。（鋭敏化）

(2)

対策１，２，３：

以下から３つ挙げる。

①C量が0.03%以下の低炭素ステンレス鋼（SUS304L，SUS316Lなど）を使用する。

②Ti，Nbなどを添加した安定化ステンレス鋼（SUS321，SUS347）を使用する。

③溶接後に炭化物を固溶させるために1100℃以上に加熱後急冷する（固溶化熱処理）。

④溶接入熱を小さくする。

⑤パス間温度を低くする。

⑥水冷しながら溶接する。

問題M-5.（選択）

(1)

発生機構：

アルミニウム合金の溶接時に発生するブローホールの主原因は水素である。溶融アルミニウム中の水素の溶解度が凝固時に1/20に激減することによる。また，凝固速度が大きく，生じた気孔の放出が十分でないこともブローホール発生を助長する。

防止策：

次の対策で水素源を減らす。

①湿度の高いときの溶接作業を行わない。

②ガス流量および流速に留意し空気を巻き込まない。

③母材・溶加材表面の水分を除去する。

また，溶接入熱を大きくするなど，冷却速度を小さくすることもガスの放出を助け，ブローホールを減少させる。

(2)

割れの種類：

アルミニウム合金の溶接部に発生しやすい割れは高温割れ（凝固割れ，液化割れ）である。

理由：

アルミニウム合金では，①凝固温度域が広い，②デンドライト樹枝間や結晶粒界に合金元素（Mg，Si，Cuなど）の成分偏析が生じる，③低融点化合物などが存在する，ことが主要因である。また，アルミニウムの熱膨張率および凝固収縮率が大きいことも関与する。

「設計」

問題D-1.（英語選択）

(1) Part A，Part B，Part C

(2) 部材の作用応力に垂直方向の接合部幅

(3)

・完全溶込み継手の場合：母材の規定値と同じ

・部分溶込み継手の場合：溶加材の規格引張強さの0.3倍

(4)

・F_yとは何か：使用鋼の規格保証最小降伏強さ

・許容疲労限度は，幅オフセット部の処理の仕方に応じて，どのように規定されているか。：

幅オフセット部の両側に1/2.5以下の勾配を設けた場合：12ksi (83MPa)

幅オフセット部の両側に半径24in（600mm）以上の円弧を設けた場合：16ksi（110MPa）

問題D-2.（英語選択）

(1)

Section IXに従った溶接施工法確認試験に合格すること。

(2)

その材料を用いて突合せ継手の試験材を作製し，Section IXのQW-451に規定された型曲げ試験に合格すること。

(3)

認めている。

条件：Section IXのQW-250（Welding Variables）の要求に合致していること。

(4)

エレクトロスラグ溶接とエレクトロガス溶接（エレクトロガスアーク溶接）

問題D-3.（選択）

(1) $\alpha T l_0 / l_0 = \alpha T$

(2) $A\sigma_1 + 2B\sigma_2 = 0$

(3)

$\varepsilon = \varepsilon_m + \alpha T$より，$\sigma_2/E = \sigma_1/E + \alpha T$

解説：$|\varepsilon| + |\varepsilon_m| = \alpha T$で，$\varepsilon$および$\varepsilon_m$の符号を考えると，

$\varepsilon - \varepsilon_m = \alpha T \rightarrow \varepsilon = \varepsilon_m + \alpha T$

(4)

$\sigma_1 = -E\alpha T / (1 + A/2B)$

(5)

$A/B \to 0$と見なせることより，$\sigma_1 = -E\alpha T$

問題D-4.（選択）

(1)

・K開先溶接継手：355/1.5＝236.7→236N/mm^2

・すみ肉溶接継手：$325/1.5\sqrt{3} = 125.1$→125N/mm^2

(2)

・K開先溶接継手：(8-3)×2×140＝1400mm^2

・すみ肉溶接継手：0.7×14×2×140＝2744mm^2

(3)

・K開先溶接継手の許容最大荷重：236×1400＝330400→330.4kN

・すみ肉溶接継手の許容最大荷重：125×2744＝343000→343kN

・十字溶接継手として許容される最大荷重：330.4kN

問題D-5.（選択）

(1)

SM570はJIS G 3106で規定された材料であり，許容引張応力は2.1.1a）より，設計温度が常温の場合は，許容引張応力は1）の570×1/4＝142.5N/mm^{2}と3）の450×1/1.5＝300.0N/mm^{2}の小さい方となる。すなわち，許容引張応力は142N/mm^{2}となる。

SPV450はJIS G 3115で規定された特定鉄鋼材料であり，許容引張応力は2.1.6a）より，450×0.5×（1.6－450/570）＝182.368N/mm^{2}となる。すなわち，許容引張応力は182N/mm^{2}となる。したがって，許容引張応力を高くとれるSPV450を選定した方が板厚を薄くできる。

(2)

SPV450を使用した場合，$0.665\sigma_a\eta = 0.665 \times 182 \times 1 = 121.0$となり，$P = 1.5 \leqq 0.665\sigma_a\eta$が成り立つので，E.2.3a）の内径基準の式を用いて計算する。

$t = PD_i/(4\sigma_a\eta - 0.4P)$ ここで，$P = 1.5$，$D_i = 16{,}000$，$\sigma_a = 182$N/mm²，$\eta = 1.00$ を代入して，$t = 1.5 \times 16{,}000/(4 \times 182 - 0.4 \times 1.5) = 32.99$

小数点以下第２位を切り上げて腐れ代を加えると，必要板厚は 33.0 + 3 = 36.0mm

問題 D-6.（選択）

(1)

①裏波溶接，融合インサートなどを用いる方法によって十分な溶込みが得られ，裏側の滑らかな突合せ片側溶接継手。ただし，融合インサートが残っていてはならない。

②裏当てを用いて溶接した後，これを除去し，母材と同一面に仕上げた突合せ片側溶接継手。

(2)

表1から当該継手はL-1継手であり，表2からL-1継手の継手効率は，0.55以下。

(3)

表3から，分類Aの継手の食違いの許容値は，板厚の1/4，ただし最大値3.5mm。この場合，板厚の1/4は4mmなので，3.5mm以下。

(4)

食違いが3.5mmを超えているので，6.3.2a）より必要なテーパ長さは厚さの差4mmの3倍，すなわち12mm以上。

(5)

表4から，呼び厚さが35mmの場合の余盛の高さは3.0mm以下。

「施工・管理」

問題 P-1.（英語選択）

(1)

サイズや場所に関わらず，割れは許容されない。

(2)

すべての鋼材について，外観試験は溶接が完了し，室温に冷却した後，すぐに始めてよい。ただし，ASTM A514，A517及びA709グレード100と100Wの合否判定は，溶接完了後48時間以上経過してから行わなくてはならない。

(3)

サイズ不足は1/8in（3mm）まで許容される。ただし，サイズ不足となっている溶接箇所の長さは溶接長の10%以下。

(4)

1/16in（2mm）

(5)

引張応力方向を横切る突合せ継手の完全溶込み溶接（CJP溶接）は，パイピングポロシティがあってはならない。

問題P-2.（英語選択）

(1)

製造事業者

(2)

溶接開始点から3in.（75mm）のすべての範囲の表面を手で温かく感じる温度（60°F（15℃）より高い温度）に予熱することを推奨している。

(3)

円筒胴の周溶接継手は，分類Bの継手のため3/16in.（5mm）。

(4)

適切な溶融と溶込みがあり，ルート部に溶接欠陥を生じない溶接法。

(5)

省略できない。（ピーニングをPWHTの代わりとして認めていないため）

問題P-3.（選択）

(1)

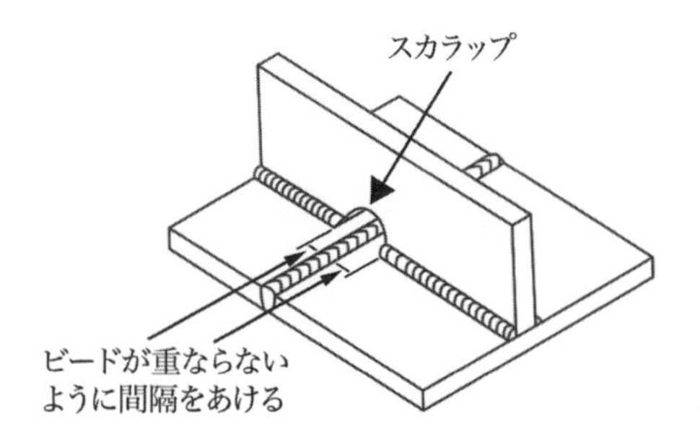

スカラップ：

突合せ継手とすみ肉継手，またはすみ肉継手同士の交差部に設ける扇形（または貝形）の切り抜き。

目的：

溶接線が交差する場合に，未溶接部や溶接欠陥を残さないため。

(2)

損傷：疲労破壊とぜい性破壊

理由：幾何学的不連続による応力集中と断面欠損による応力増加

(3)

ノンスカラップ工法：

まったくスカラップを設けないか，小さな隙間を設けて最終的に溶接で塞ぐ。

改良スカラップ工法：

スカラップ面積を極力小さくし，すみ肉溶接の回し溶接部がソフトトウとなるようにする。

問題P-4.（選択）

(1)

要因１，２：

以下から２つ挙げる。

①継手の応力集中が大きい（ガセットプレート，裏当て金，ハードトウ，スカラップ等）
②構造的応力集中部の存在
③すみ肉溶接
④部分溶込み溶接

(2)
要因１，２：
以下から２つ挙げる。
①余盛止端形状（止端曲率半径が小さい）
②溶接変形（面外変形）
③組立精度不良（目違い等）
④溶接欠陥（溶込不良，アンダカット，オーバラップ，割れ，ビード不整等）

(3)
抑制法１，２：
以下から２つ挙げる。
①ドレッシング（溶接ビードをグラインダ等で平滑に仕上げる，溶接ビード止端部をティグアークで溶融し滑らかに仕上げる）
②ピーニング（ハンマーピーニング，超音波ピーニング，ウォータジェットピーニング，レーザピーニング等）
③PWHT，応力除去焼鈍
④機械的応力除去法（振動法）

問題P-5.（選択）

(1)
炭素鋼，低合金鋼および高張力鋼から１つ挙げていればよい。

(2)
硫化水素による腐食反応で発生した水素が鋼中に侵入することにより，硬化した部分（溶接熱影響部，溶接金属）で水素ぜい化割れが生じる。

(3)

防止策１，２：

次のうち，２つ挙げていればよい。

①溶接部の最高硬さを硫化水素濃度に応じて制限する。（例えば235HB以下等）

②PWHTを施工する。

③硫化水素濃度を低くする。

問題P-6.（選択）

(1)

低コストで耐食性を向上させ，容器の寿命を長くするために行う。高温高圧容器全体を耐食性を有するオーステナイト系ステンレス鋼で製作すると高価になるため，安価な炭素鋼または低合金鋼に強度を負担させ，耐食性が必要な内面部分にオーステナイト系ステンレス鋼を肉盛溶接して，材料費の低減を図る。

(2)

考慮すべき項目1，2：

①：希釈率。希釈率が低いほどよい。

②：溶着速度。溶着速度が大きいほどよい。

溶接法：

下記のどちらか１つを挙げていればよい

帯状電極を用いた，エレクトロスラグ溶接またはサブマージアーク溶接（バンドアーク溶接）。

「溶接法・機器」

問題E-1.（選択）

(1)

ワイヤ突出し長さ：

消耗電極式アーク溶接における，コンタクトチップ先端からワイヤのアーク発生点までの長さ・距離。

簡便的には，コンタクトチップ先端と母材の間の距離（チップ-母材間距離）を指すこともある。

影響：

ワイヤ突出し長さはワイヤで生じる抵抗発熱量に強く関与し，ワイヤ溶融量に大きく影響する。

(2)

サイリスタ制御電源：

サイリスタとよばれる半導体素子で構成した回路で，交流を直流に変換（整流）すると同時に，その導通時間（点弧位相角）を変化させて出力の大小を制御（点弧位相角制御）する電源。導通時間を短くすると出力は小さく，導通時間を長くすると出力は大きくなる。

溶接法：

マグ溶接またはティグ溶接など。

問題E-2.（選択）

(1)

発生メカニズム：

アークは気体で構成された平行導体の集合体とみなせ，平行な導体に同一方向の電流が通電されると，導体間には電磁力による引力が発生する。その力を“電磁ピンチ力”という。

作用：

平行導体間に発生する引力は，アークの断面を収縮させる力として作用する。このような作用を“電磁的ピンチ効果”という。

(2)

現象1，2，3：

以下から3つ挙げる。

①プラズマ気流の発生

②アークの硬直性

③アーク圧力（アーク力）の発生

④溶滴のスプレー移行化

⑤ワイヤ端からの溶滴離脱（溶滴移行）

問題E-3.（選択）

(1)

比較的小電流域における溶滴の移行形態で，電極先端の溶滴が溶融池と接触して短絡状態になり，短絡部での電磁ピンチ力や表面張力などによって，この短絡部分が分離して溶融池へ移行する溶滴の移行形態。短絡期間と，短絡が解放されてアークが発生するアーク期間とが，比較的短い周期（60～120回/秒程度）で交互に繰返される。ワイヤ端の溶滴はアーク期間中に形成され，溶滴と溶融池の短絡（橋絡）部に働く電磁ピンチ力や表面張力などの作用で，短絡期間中にワイヤ端から分離して溶融池へ移行する。ワイヤ端から溶滴が分離されると，短絡が解放されてアークが再生し，アーク期間へ移行する。

(2)

中・大電流域における溶滴の移行形態で，CO_2の解離にともなう吸熱反応によるアークの冷却作用で陽極部が収縮し，アークの反力で溶極端が上方（ワイヤ方向）に押し上げられ，溶滴が大塊となって，主に重力などの影響でワイヤから離脱して溶融池へ移行する。大粒かつ多量のスパッタが発生しやすい。

CO_2は高温になるとCOとOに解離し，多量の熱（約283kJ/mol）を奪う。アークはこの強い冷却作用（熱的ピンチ効果）を受けて緊縮し，溶滴の下端部に集中して発生する。その結果，溶滴はアークによる強い反力を受けてワイヤ方向に押上げられ，ワイヤ端からのスムーズな離脱が妨げられ，ワイヤ径以上の大塊となった溶滴がワイヤ端から離脱する。

問題E-4.（選択）

長所1，2，3：

以下から，長所を３つ挙げる。

①熱効率が極めて高い。
②スパッタの発生がなく，溶着効率は100%に近い。
③厚鋼板を1パスで能率よく溶接でき，角変形が少ない。
④Ｉ開先が基本であり，開先準備が簡単である。
⑤開先精度に対する裕度が比較的大きい。
⑥アーク光の発生がなく，作業環境に優れる。

短所1，2：

以下から，短所を２つ挙げる。

［短所（２つ）］

①溶接姿勢は立向に限られる（肉盛溶接を除く）。
②溶接入熱が大きく，溶接金属や熱影響部のじん性劣化を生じやすい。
③横収縮量が大きいため，溶接の進行にともなう開先間隔の減少を抑制する対策が必要である。
④溶接を中断すると修復と再溶接の開始に時間を要する。
⑤溶接開始部では融合不良を生じやすく，溶接終了部ではクレータに対する処置が必要となる。

問題E-5.（選択）

アルミニウムの融点は約660℃であるが，その表面には融点が2,000℃を超える酸化皮膜（Al_2O_3）が存在する。この酸化皮膜はアーク熱のみで除去することが難しく，クリーニング作用とよばれる現象を利用して除去する。

クリーニング作用は棒プラス極性で得られるが，この極性では電極が過熱され，アークの指向性・集中性に欠ける。一方，棒マイナス極性ではクリーニング作用は得られないが，集中した指向性の強いアークが得られ，電極の熱負担も少ない。このような理由から，両極性の利点を併用できる交流を用いた溶接が採用される。

●2021年６月６日出題●

特別級試験問題

「材料・溶接性」

問題M-1.（選択）

右図は鉄-炭素二元系状態図である。以下の問いに答えよ。

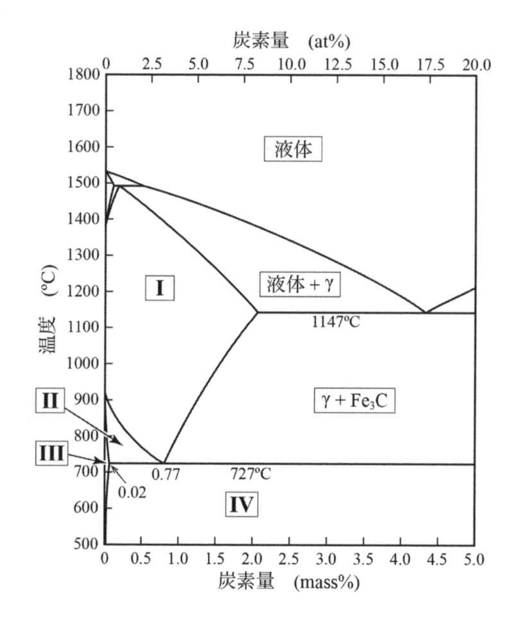

(1) 図中のⅠ～Ⅳに示される領域に現れる相は，それぞれ何か答えよ。

領域Ⅰ：

領域Ⅱ：

領域Ⅲ：

領域Ⅳ：

(2) 0.15mass% C 鋼を1050℃から室温まで徐冷する場合を考える。下図に示す1050℃でのミクロ組織を参考にして，800℃及び室温におけるミクロ組織をそれぞれ模式的に示せ。

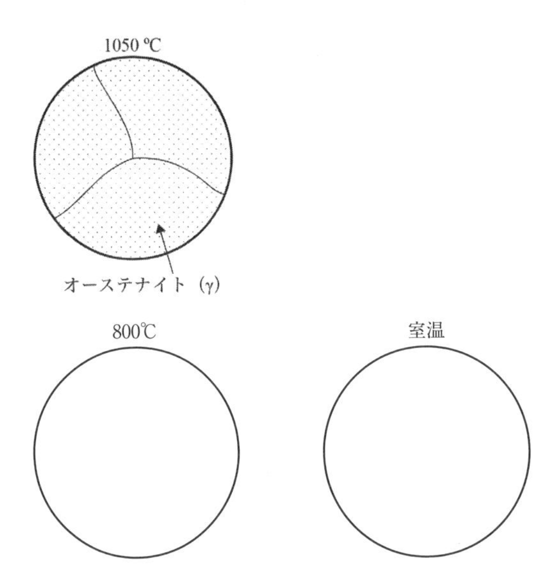

問題M-2.（選択）

高張力鋼の多層アーク溶接継手の溶融線近傍熱影響部において、二重の熱サイクルを受けた領域は、金属組織的に粗粒HAZ，細粒HAZ，二相域加熱HAZ，粗粒焼戻しHAZに分類される。これらの中でぜい化が生じる部分を２つ挙げ，それぞれについて受けた熱履歴とぜい化の理由を簡潔に記せ。

(1) ぜい化が生じる部分 ①

名称①：

熱履歴①：

ぜい化の理由①：

(2) ぜい化が生じる部分②

名称②：

熱履歴②：

ぜい化の理由②：

問題M-3.（選択）

フェライト系ステンレス鋼を溶接した場合に生じる問題点を２つ説明し，その防止対策を述べよ。

(1) 問題点①：
対策 ①：

(2) 問題点 ②：
対策 ②：

問題M-4.（選択）

オーステナイト系ステンレス鋼の溶接に関する以下の問いに答えよ。

(1) 溶接熱影響部に発生するウェルドディケイとはどのような現象か，また，その防止法を２つ挙げよ。
現象：
防止法①：
防止法②：

(2) ナイフラインアタックとはどのような現象か，また，その防止法を１つ挙げよ。
現象：
防止法：

問題M-5.（選択）

アルミニウム合金のアーク溶接において，① 酸化皮膜に起因する問題点とその対策，②水素の溶解度に起因する問題点とその対策を述べよ。また，③アルミニウム合金と鋼とのアーク溶接が困難である理由を述べよ。

①酸化皮膜に起因する問題点と対策：
②水素の溶解度に起因する問題点と対策：
③アーク溶接が困難な理由：

「設計」

問題D-1．（英語選択）

AWS D1.1/D1.1M:2010 Structural Welding Code - Steel（閲覧資料）の規定に関する以下の問いに日本語で答えよ。

(1) 完全溶込み開先溶接継手がせん断を受ける場合，継手の許容応力はどのようにとるか。母材に働くせん断応力の大きさの規定とともに答えよ。(Table 2.3)

(2) 荷重を伝達する重ねすみ肉継手の重ね代の最小寸法はいくらか。(2.9.1.2)

(3) 平板の端部重ね継手を縦すみ肉溶接のみで製作する場合について，以下の問いに答えよ。(2.9.2)

a）各すみ肉溶接の長さはいくら以上とすべきか。

b）すみ肉溶接の間隔はどのように制限されているか，また，それはどのような場合に適用するか。

・すみ肉溶接の間隔制限：

・適用条件：

(4) 幅の異なる部材の突合せ継手が繰返し荷重を受ける場合，接合部はどのように面取りするか。(2.17.1.2)

問題D-2．（英語選択）

ASME Boiler and Pressure Vessel Code, Section VIII - Division 1（閲覧資料）UW-11 (a) では，全線放射線透過試験（RT）に対する基本的な要求事項を規定している。以下の問いに日本語で答えよ。

(1) 容器の胴板及び鏡板の突合せ継手で，特に規定された材料を除き，全線RT が必ず要求される条件を次の項目について挙げよ。

条件１：内容物

条件２：公称厚さ（接合される２部材の厚さが異なる場合は，薄い方の厚さ）

(2) 下記の溶接法による突合せ継手で，全線RT が必要な条件は何か。

①エレクトロガスアーク溶接：

②エレクトロスラグ溶接：

(3) 全線RT の代替試験としてUT を適用してもよいのはどのような継手で，どのような条件の場合か。

① 継手：

② 条件：

問題D-3. (選択)

図のような軸引張力を受ける重ね継手を道路橋示方書・同解説（閲覧資料）に基づいて設計する。以下の問いに答えよ。なお，使用鋼材はSM400 とする。

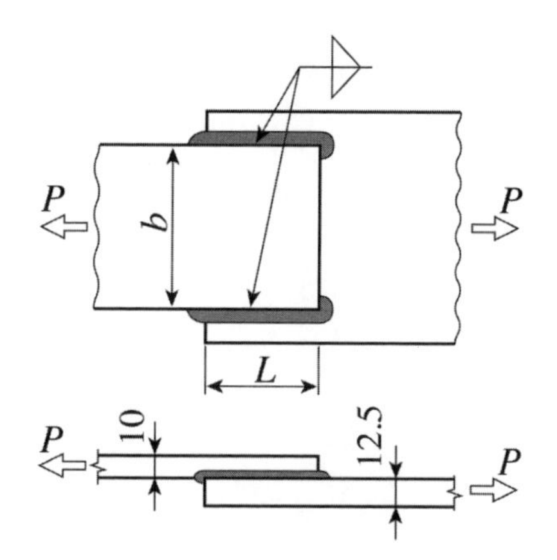

(1) 薄い方の部材の板幅bの上限はいくらか。また，上限を設けている理由を述べよ。

・$b \leq$（　　）mm

・上限値を設けている理由：

(2) b = 150 mm のとき，すみ肉溶接長さLは何mmより大きくなくてはならないか。また，下限を規定している理由を述べよ。

・$L >$（　　）mm

・下限値を設けている理由：

(3) すみ肉溶接のサイズSの上下限はいくらか。また，上下限を設けている理由を述べよ。

・①（　　）mm$\leq S<$②（　　）mm

・下限値を設けている理由：

・上限値を設けている理由：

(4) すみ肉溶接の長さLを前問（2）の下限値の２倍，サイズSを前問（3）の下限値に設定したとき，許容最大荷重Pはいくらか。計算過程も示せ。ただし，$1/\sqrt{2}=0.7$とする。

・$P=$（　　）kN

・計算過程：

問題D-4.（選択）

半径R，板厚hの薄肉円筒が内圧pを受けている。円筒半径Rは円筒厚さhに比べて十分大きいとして以下の問いに答えよ。

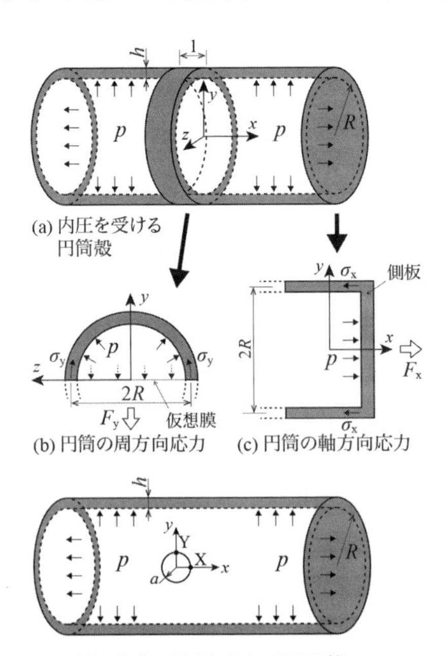

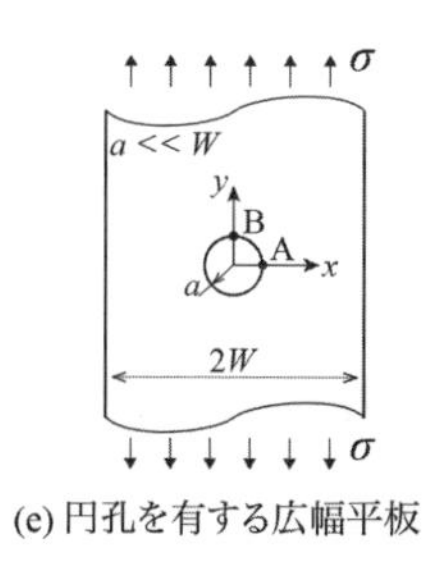

(e) 円孔を有する広幅平板

(1) 円筒の軸方向応力σ_xを求めよ。解答手順も記せ。

(2) 円筒の周方向応力σ_yを求めよ。解答手順も記せ。

(3) 円筒に図（d）のように小さな円孔（半径a <<R）が空いている場合，円孔縁の最大応力の発生位置はどこか。また，最大応力はいくらか。ただし，円孔が存在しても内圧の変化は生じないものとする。

【ヒント】円孔を有する十分広幅の平板が図（e）のようにy方向に一様引張負荷を受けるとき，A点の応力集中係数（y方向）は3，B点の応力集中係数（x方向）は－1である。

最大応力の発生位置：

最大応力の値：

問題D-5.（選択）

JIS B 8265：2010 附属書E（閲覧資料）では，薄肉円筒形圧力容器の円筒胴の板厚tを内径基準で求める式を次のように規定している。すなわち，$P \leqq 0.385\,\sigma_a \eta$・・・① が成立する場合，

$t = PD_i / (2\sigma_a \eta - 1.2P)$・・・②

ここで，σ_a：許容引張応力，P：設計圧力，η：溶接継手効率，D_i：内径である。これらの式より，内径D_iに対する板厚tの適用範囲を求めよ。なお，解答手順も記せ。

問題D-6.（選択）

JIS B 8265：2010附属書O，P，S（閲覧資料）の規定について，

以下の問いに答えよ。

(1) 突合せ片側溶接部の厚さが20mmの場合，必要な曲げ試験片の種類と個数を挙げよ。また，母材がP-1 鋼の場合，曲げ半径は試験片板厚の何倍か。

曲げ試験の種類と個数：

曲げ半径：

(2) 耐圧試験は水圧試験を原則としているが，気圧試験を行ってもよい条件を１つ選んで記せ。

(3) 水圧試験の終了後の降圧及び排水時に注意しなければならないことは何か。

(4) 厚さが35mmのP-1鋼の容器で溶接後熱処理を省略してもよい条件は何か。ただし，致死的物質又は毒性物質を保有しないものとする。

(5) 厚さが20mmのP-3鋼の容器を600℃で溶接後熱処理を実施する場合の，最小保持時間はいくらか。

「施工・管理」

問題P-1.（英語選択）

AWS D1.1/D1.1M:2010 Structural Welding Code - Steel（閲覧資料）5.22 より，以下の問いに日本語で答えよ。

(1) 厚さが３in（75mm）以上の形材又は平板の場合を除いて，すみ肉溶接のルート間隔の許容値はいくらか。(5.22.1)

(2) 適切な裏当て材を使用した場合に許容されるすみ肉溶接のルート間隔はいくらか。(5.22.1)

(3) すみ肉溶接のルート間隔が前問（1）の条件を満たしているが，1/16in（２mm）よりも大きい場合，どのような処理が必要か。(5.22.1)

(4) 突合せ継手における目違いはどの程度許容されているか。(5.22.3)

(5) パイプの周溶接継手の間隔はどのように規定されているか。

（5.22.3.1）

問題P-2.（英語選択）

ASME Boiler and Pressure Vessel Code, Section VIII - Division 1（閲覧資料）Part UW の規定に関し，以下の問いに日本語で答えよ。

(1) 長手継手と周継手の交点から長手継手を4 in（100mm）の範囲で放射線透過試験しない場合，胴の長手溶接継手の中心線をどのようにすべきか。（UW-9（d））

(2) 圧力容器の製作に使用できる溶接法で，アーク溶接及び圧接以外の溶接法を２つ挙げよ。（UW-27）

(3) 溶接前に表面から除去するものを２つ挙げよ。（UW-32）

(4) 溶接技能者が識別番号，文字，又は記号を溶接線に沿って，3 ft（1 m）以内ごとにスタンプするのは，どのような溶接の場合か。（UW-37（f）(1)）

(5) 炉で数回に分けてPWHT する際，加熱部の重なりを3 ft（1 m）とした。これが許されるか否かを理由とともに記せ。（UW-40（a）(2)）

問題P-3.（選択）

溶接部材の組立に関し，以下の問いに答えよ。

(1) 組立の際にタック溶接する目的を２つ述べよ。

目的１：

目的２：

(2) 高張力鋼にタック溶接する場合の留意点を２つ述べよ。

留意点１：

留意点２：

(3) 突合せ継手でルート間隔が以下の場合，どのような処置が必要か。

・10mmの場合：

・20mmの場合：

(4) 調質鋼に溶接で取り付けたピースを除去する際の留意点を，除去作業時，除去作業後に分けて述べよ。

除去作業時：

除去作業後：

問題P-4.（選択）

溶接残留応力の緩和法を２つ挙げ，その名称，方法及び原理を簡単に説明せよ。

(1) 緩和法１

①名称

②方法

③原理

(2) 緩和法２

①名称

②方法

③原理

問題P-5.（選択）

JIS B 8266：2003（閲覧資料）は胴の成形について規定している。低合金鋼板を用いて圧力容器の円筒胴を冷間成形する場合について，以下の問いに答えよ。

(1) 低合金鋼板の厚さが100mm，胴の内径が1600mmの場合，成形後の伸び率はいくらか。

(2) 前問（1）の円筒胴の冷間成形加工では後熱処理が必要であるか否かを，その根拠とともに記せ。

(3) 冷間成形によって低合金鋼板に生じる２つの事象を説明し，後熱処理の効果を述べよ。

問題P-6.（選択）

Cr-Mo鋼とオーステナイト系ステンレス鋼（SUS304）との厚肉配管異材アーク溶接継手について，以下の問いに答えよ。

⑴ 溶接割れ防止の検討に用いられる組織図を１つ挙げよ。
⑵ 割れを生じないために用いるべき溶接材料は何か。また，溶接材料の選定根拠を述べよ。
溶接材料：
選定根拠：
⑶ 溶接時の予熱温度及び溶接後熱処理（PWHT）条件選定の考え方を述べよ。

「溶接法・機器」

問題E-1.（選択）

アーク溶接に関する次の用語についてそれぞれ簡単に説明せよ。
⑴ 臨界電流
⑵ 埋れアーク

問題E-2.（選択）

溶接アークの硬直性とはどのような現象か。また，アークが硬直性を示す理由について説明せよ。
⑴ 現象
⑵ 理由

問題E-3.（選択）

一般に，太径ワイヤを用いるサブマージアーク溶接では垂下特性の溶接電源が，マグ溶接では定電圧特性の溶接電源が用いられる。それぞれの溶接中にアーク長が変動した場合のアーク長制御について説明せよ。
⑴ 太径ワイヤを用いるサブマージアーク溶接の場合
⑵ マグ溶接の場合

問題E-4.（選択）

ティグアークの起動方式の名称を２つ挙げ，その概要と特徴をそれぞれ簡単に述べよ。

(1) 起動方式①

名称：

概要と特徴：

(2) 起動方式②

名称：

概要と特徴：

問題E-5. (選択)

アーク溶接ロボットでのティーチング・プレイバック方式とオフラインティーチング方式の教示方法の概要と特徴を，それぞれ簡単に説明せよ。

(1) ティーチング・プレイバック方式

概要：

特徴：

(2) オフラインティーチング方式

概要：

特徴：

●2021年6月6日出題　特別級試験問題●
解答例

「材料・溶接性」

問題M-1. (選択)

(1)

領域Ⅰ:オーステナイト（γ）

領域Ⅱ:オーステナイト（γ）＋フェライト（α）

領域Ⅲ:フェライト（α）

領域Ⅳ:フェライト（α）＋セメンタイト（Fe_3C）

(2)

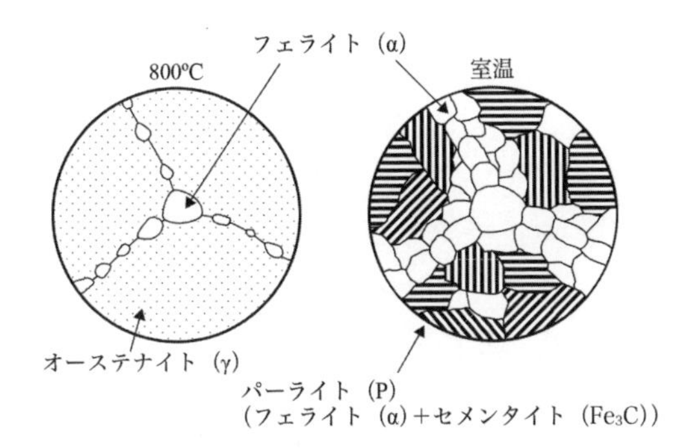

問題M-2.（選択）

(1) ぜい化が生じる部分①

名称①：粗粒HAZ

熱履歴①：先行する溶接パスの熱サイクルで1250℃以上に加熱された領域が，後続パスによって再度1250℃以上に加熱された部分である。

ぜい化の理由①：この領域では旧オーステナイトの結晶粒の粗大化が生じ，粗粒化により焼入性が高くなり，マルテンサイトや上部ベイナイトの形成量が増えることがぜい化の原因となる。

(2) ぜい化が生じる部分②

名称 ②：二相域加熱HAZ

熱履歴②：先行する溶接パスの熱サイクルによって1250℃以上に加熱され旧オーステナイトの結晶粒が粗大化した部分が，後続パスによってA_{C1}～A_{C3}点の間の温度域（750 ～900℃）に加熱された部分である。

ぜい化の理由 ②：この領域では，高C濃度の部分のみがオーステナイト化し，冷却過程において，旧オーステナイト粒界などに島状マルテンサイト（MA）を生成しやすい。この島状マルテンサイトはもろいために，二相域加熱HAZ部は低いじん性を示す。

問題M-3.（選択）

下記のうちから２つ選んで解答する。

例１：結晶粒の粗大化による延性・じん性低下

フェライト系ステンレス鋼では相変態が起こらないため，結晶粒が粗大化しやすい。それによって，延性・じん性低下を引き起こしやすい。溶接後熱処理によって延性を回復することはできるが，じん性は回復されない。

対策としては，以下が挙げられる。

(i) 溶接入熱の低減，またはレーザ溶接や電子ビーム溶接のような高エネルギー密度溶接法を採用することによって，結晶粒が成長する温度域をできるだけ短時間で通過するようにする。

(ii) 粒界移動を阻害し結晶粒成長を抑制するNb などを添加した溶加材を採用する。

例２：低温割れ

水素が原因となって低温割れを起こすことがある。

対策としては，炭素鋼の場合と同じように，予熱および直後熱が有効である。また，水素量の少ない溶接法を選定する。

例３：475℃ぜい化

フェライト系ステンレス鋼では，大入熱溶接で600～400℃の範囲を徐冷するとぜい化を生じることがある。この現象を475℃ぜい化と呼ぶ。

対策としては，溶接入熱を低減し上記の温度範囲の冷却速度を速くするか，溶接後熱処理として600℃以上の温度に短時間加熱する。

例４：シグマ相ぜい化

フェライト系ステンレス鋼では，600～ 800℃の温度域で長時間加熱されるとFe-Cr系の金属間化合物であるシグマ相が析出し，延性やじん性を著しく低下させる。一般にシグマ相の析出速度は冷間加工やCr 量の増加により促進されるため，冷間加工を受けた高クロムステンレス鋼で特にその影響が大きい。

対策としては，大入熱溶接を避け800～ 600℃の温度域の冷却速度を速めることや，溶接後熱処理として1000℃以上で短時間加熱を行うことが有効である。また，冷間加工材は溶接前に焼なまし処理を行う。

問題M-4.（選択）

(1)

現象：オーステナイト系ステンレス鋼において，最高加熱温度が650～850℃に加熱された熱影響部では，粒界にCr炭化物（$M_{23}C_6$）が析出し，Cr炭化物周辺でCr濃度が低い領域（Cr欠乏層）が形成される。これを鋭敏化という。Cr欠乏層が選択的に腐食され粒界腐食感受性が増大する。ウェルドディケイは，このように溶接熱影響部において，鋭敏化により粒界腐食を生じる現象である。

防止法：

下記から２つ挙げる。

①低炭素ステンレス鋼（C<0.03%）の使用（SUS304L，SUS316LなどのＬグレード鋼の使用）

②TiまたはNbを添加してCを固定した安定化鋼（SUS321，SUS347）の使用

③鋭敏化温度域を急冷する（入熱制限，パス間温度の制限，強制水冷）

④溶接後の固溶化熱処理（1100℃以上）

などが有効である。

(2)

現象：

SUS321やSUS347などの安定化ステンレス鋼を使用した場合，溶接熱サイクルにより約1200℃以上に加熱された溶融線近傍の狭い領域（安定化鋼の溶体化部）で，粒界腐食を生じることがある。この粒界腐食をナイフラインアタックとよぶ。安定

化鋼の溶体化部では，NbCやTiCなどの安定化炭化物が再固溶するため，その後，この部分が鋭敏化温度域に加熱されるとCr炭化物が析出して粒界腐食が発生しやすい。

防止法：

下記から１つ挙げる。

① 再びNbCやTiCが形成されるように溶接後870～950℃で安定化熱処理を行う

②低炭素・窒素添加鋼，希土類元素添加鋼（ナイフラインアタック対策鋼）の使用

などが有効である。

問題M-5.（選択）

①

問題点：

アルミニウムは酸素との親和力が強く，表面には強固な酸化皮膜が存在する。この酸化皮膜の融点は母材融点よりはるかに高く，母材が溶融しても酸化皮膜は簡単には溶融しない。このため，健全な溶接が困難である。

対策：

・溶接前の母材の表面皮膜の除去

・クリーニング作用の活用

②

問題点：

アルミニウムは鋼に比べて，水素が主因であるポロシティ（ブローホール）を発生しやすい。これは，水素の溶解度が凝固に際して 1/20に激減すること，また，熱伝導度が高く凝固速度が速いために，溶融池中に生じた気泡が（表面に浮上する前に溶融金属が凝固し），溶接金属中に閉じ込められやすいことによる。

対策：

・湿度の高い雰囲気での溶接作業は避ける。

・溶加材の保管に留意し，水分や有機物が表面に付着しないようにする。
・開先内，溶加材の表面の水分や有機物を溶接前に除去する。
・（シールドガスおよびホースなどの）露点管理を行う。

③

アルミニウムは，鉄と溶融するとぜい弱な金属間化合物を形成する。このため，アルミニウム合金と鋼との溶融溶接を行うのは困難である。

「設計」

問題D-1.（英語選択）

(1)

溶加材の規格引張強さの0.3倍，ただし母材のせん断応力は母材降伏強さの0.4倍を超えないものとする。

(2)

薄い方の母材厚さの5倍，ただし1 in（25mm）以上

(3)

a）すみ肉溶接の間隔以上

b）

・すみ肉溶接の間隔制限：薄い方の板厚の16倍以下
・適用条件：部材の座屈やすみ肉溶接の剥がれを防止する措置がない場合

(4)

幅オフセット部の両側に1/2.5以下の勾配をつけるか，突合せ継手の中心線上に中心をもつ最小半径24in（600mm）の円弧を幅の狭い方の部材に接するように加工する。

問題D-2.（英語選択）

(1)

条件1：致死的物質

条件2：1.5in（38mm）超

(2)

①エレクトロガスアーク溶接：１パス厚さが1.5in（38mm）超の突合せ継手

②エレクトロスラグ溶接：すべての突合せ継手

(3)

①継手：容器の最終溶接継手

②条件：規格の要求に従って判定できる放射線透過写真が得られない場合（UW-11（a）(7)）

問題D-3.（選択）

(1)

・$b \leq$ (200) mm

引張力のみを受ける場合，側面すみ肉溶接線の間隔は薄い方の板厚の20倍以下。

・上限値を設けている理由：材片の局部座屈や浮き上がりを防止し，応力の伝達をなめらかにするため。(7.2.11（4）)

(2)

・$L >$ (150) mm

すみ肉溶接の長さは溶接線間隔より大きくする。

・下限値を設けている理由：応力の流れをなめらかにするため。(7.2.11（4）)

(3)

・①（ 6 ）mm ≤ S < ②（ 10 ）mm

$\sqrt{2t_2} \leq S < t_1$ かつ6mm ≤ S，t_1：薄い方の母材の厚さ，t_2：厚い方の母材の厚さ

・下限値を設けている理由：サイズが小さすぎると溶接部が急冷されて，割れなどの欠陥が発生しやすくなるため（7.2.5）。

・上限値を設けている理由：サイズが不必要に大きくなると溶接によるひずみが大きく，また母材組織の変化する範囲が広くなるため（7.2.5）。

(4)

・P ＝ (201.6) kN

・計算過程：(2 × 150) × (6 × 0.7) × 2 × 80 = 201,600N (80N/mm^2：厚さ40mm以下のSM400の許容せん断応力度)

問題D-4. (選択)

(1)

円筒側板に作用する力 $F_x = \pi R^2 p$

この力は，円筒軸方向応力 σ_x × 円筒周断面積 ＝ $\sigma_x \times 2\pi Rh$ に等しいので，軸方向応力 $\sigma_x = pR/2h$

(2)

単位長さの円筒部分において，円筒上半分での力の釣り合いを考える。円筒中央断面に仮想膜（円筒直径寸法の仮想膜）を考えると，この仮想膜に働く力 F_y は，内圧 × 仮想膜面積で与えられるので，$F_y = p \cdot 2R \cdot 1 = 2pR$

この力は，円筒周方向応力 σ_y × 単位長さの円筒の軸方向中央断面積 ＝ $\sigma_y \times 2h$ に等しいので，周方向応力 $\sigma_y = pR/h$

(3)

最大応力の発生位置：図（d）のX点

最大応力の値：$3 \times \sigma_y - \sigma_x = 6\sigma_x - \sigma_x = 5\sigma_x = 5pR/2h$

問題D-5. (選択)

式②から，

$PD_i = (2\sigma_a \eta - 1.2P)\ t = 2\sigma_a \eta t - 1.2Pt$

$PD_i + 1.2Pt = 2\sigma_a \eta t$

$P = 2\sigma_a \eta t / (D_i + 1.2t)$

この P を式①に代入すると，

$2\sigma_a \eta t / (D_i + 1.2t) \leqq 0.385\sigma_a \eta$

$2t / (D_i + 1.2t) \leqq 0.385$

$2t \leqq 0.385D_i + 0.385 \times 1.2t$

$2t - 0.462t \leqq 0.385D_i$

$1.538t \leqq 0.385D_i$

$t \leqq (0.385/1.538)\ D_i$

$t \leqq 0.25D_i$

すなわち，板厚が内径の25％以下の場合に式②が適用できる。

問題D-6.（選択）

(1)

曲げ試験の種類と個数：側曲げ試験片１個および裏曲げ試験片１個（表O.1）

曲げ半径：試験片板厚の２倍（表O.2）

(2)

P.2b）に規定された以下の５項目の条件から１つ記載していればよい。

1）水の存在が圧力容器の使用上許容されない。

2）水圧試験後の水抜きが完全にできない。

3）水を満たすと圧力容器，支持構造物などに不適切な応力または変形が発生するおそれがあり，その対策が実際的ではない。

4）水の入手が量的に著しく困難である。

5）適切な水質の水が入手困難である。

(3)

排水は，大気圧以下の圧力が発生しないように注意する。（P3.3c））

(4)

95℃以上の予熱を行う場合（S4.1a）2））

(5)

20/25hrすなわち0.8時間（表S.1）

「施工・管理」

問題P-1.（英語選択）

(1) 3/16in（5mm）以下

(2) 5/16in（8mm）以下

(3) ルート間隔の分だけ増し脚長を行うか，要求された有効のど厚が確保されていることを証明しなければならない。

(4) 薄い方の板厚の10％と1/8in（3mm）の小さい方

(5) 周継手間隔はパイプ外径と３ft（1m）の小さい方以上，かつ，受渡当事者間での合意がない限り継手数は長さ10ft（3m）以内に２本までとする。

問題P-2.（英語選択）

(1) 長手溶接継手の中心線を厚い方の板厚の５ 倍以上離さなくてはならない。

(2) 電子ビーム，エレクトロスラグ，レーザ（ビーム），ガス，テルミット溶接および摩擦攪拌接合から２つ記載してあればよい。

(3) スケール，錆，油，グリース，スラグ，有害な酸化物，および有害な異物から２つ記載してあればよい。

(4) 厚さ1/4in（6mm）以上の鋼板，および厚さ1/2in（13mm）以上の非鉄金属板を溶接する場合

(5) 加熱部の重なりは５ft（1.5m）以上必要と規定されているため許されない。

問題P-3.（選択）

(1) 目的1，2：

・部材を所定の位置に固定する。

・溶接中の開先間隔を保持する。

(2) 留意点1，2：

下記から２つ挙げる。

・ビードの最小長さは40～50mm にする。（ショートビードにしない）

・低水素系の被覆アーク溶接棒を用いる。

・ガスシールドアーク溶接を採用する。

・予熱温度を本溶接よりも30～50℃高くする。

・本体の溶接と同等の溶接資格を保有する作業者が行う。

(3)

・10mmの場合：裏当て材を用いて溶接する

・20mmの場合：開先の肉盛整形後，溶接を行う。または，母材の一部を取り替える。

(4)

除去作業時：

・母材を傷つけないように，母材から離れた位置でガス切断し，グラインダで仕上げる。

・ガスガウジングを使用しない。（エアアークガウジングやグラインダを用いる。）

など

除去作業後：ピース除去跡に対して磁粉探傷試験または浸透探傷試験で傷のないことを確認する。

問題P-4.（選択）

下記から２つ挙げる。

(1)

①名称：溶接後熱処理（PWHT）

②方法：溶接構造物全体または溶接部を含む部分を均一に加熱し，一定時間保持後緩やかに冷却する方法である。（通常，最低保持温度は軟鋼では595℃，低合金鋼では675℃で，軟鋼では50mm厚さ以下，低合金鋼では125mm厚さ以下の場合，厚さ25mm当たり１時間の保持後，徐冷する。）

③原理：加熱による材料の降伏点（耐力）の低下と高温でのクリープ現象で溶接部に引張塑性ひずみを生じさせ，圧縮塑性ひずみを小さくする。

(2)

①名称：機械的手法による過ひずみ法（機械的応力緩和法）

②方法：溶接線方向に引張後，除荷する。
③原理：溶接線方向の引張で，溶接部近傍に引張塑性ひずみを発生させ，溶接部の圧縮塑性ひずみを小さくする。

(3)
①名称：ピーニング
②方法：特殊なハンマや，ショットピーニング，ウォータジェットピーニング，レーザピーニング，超音波ピーニングなどで溶接部を連続的に打撃する。
③原理：溶接部の表面近傍に，打撃方向に対し垂直方向の引張塑性ひずみを発生させ，溶接部表面近傍に圧縮残留応力を発生させる。

(4)
①名称：振動残留応力除去法
②方法：溶接部近傍に振動を付与する。
③原理：部材の共振周波数に近い振動数で加振し，振動により引張塑性ひずみを付与し残留応力を緩和する。

(5)
①名称：低温応力緩和法
②方法：溶接線の両側100～200mm程度離れた部分を150～200℃に加熱した後，常温に戻す。
③原理：溶接部の変形を拘束している溶接線近傍の母材を膨張させて，溶接部に引張塑性ひずみを与えて溶接部の圧縮塑性ひずみを小さくする。

問題P-5.（選択）

(1)

JIS B 8266では円筒胴の成形後の伸び率を次式で与えている。(8.6g))

成形後の伸び率（%）＝$50t\,(1-R_f/R_e)\,/R_f$

ここで，tは板の呼び厚さ，R_fは成形後の板の中立軸での半径，R_e

は成形前の板の中立軸での半径で，平板の場合，R_eは∞となる。式に数値を入れると，

伸び率＝50×100/（800＋50）=5.9（%）

(2)

本事例は成形後の伸び率が５％を超えており，加えて板厚が16mmを超え，冷間加工のため成形中の温度が480℃以下なので，後熱処理が必要である。（伸び率に加え，板厚か温度のどちらかが記載されてあればよい。）

【参考】成形後の伸び率が５％を超え，次のいずれかの条件に該当している場合は後熱処理が必要と規定されている。(8.6e))

- ・致死的物質を取り扱うことを目的とする圧力容器
- ・衝撃試験が要求されている材料
- ・冷間成形による板の厚さが16mmを超えるもの
- ・冷間成形による板厚減少が板厚の10%を超えるもの
- ・成形中の材料の温度が480℃以下で行われるもの

(3)

加工度が大きくなると，加工硬化とひずみ時効が生じる。加工硬化は強度が高くなり，延性が低くなる事象である。ひずみ時効は加工後に材料が時間の経過とともに硬くなる事象である。この２つの効果によって，通常数%のひずみで破面遷移温度は20～30℃上昇する。後熱処理を行うことによって，加工硬化とひずみ時効によるぜい化は低減される。

問題P-6.（選択）

(1)

シェフラーの組織図，デュロングの組織図，WRC線図のいずれかが挙げてあればよい。

(2)

溶接材料：

Cr-Mo鋼側をSUS309系でバタリングした後，SUS308 系で

溶接する。(なお，バタリングしない場合は，SUS309系またはインコネル系（70Ni-15Cr-10Feなど）を選定する。)

選定根拠：

Cr-Mo鋼用の溶接材料を選定すると，ステンレス鋼との希釈により溶接金属にマルテンサイトが生じ，溶接金属が硬くてもろくなるとともに，溶接時に低温割れを生じやすくなる。

一方，オーステナイト系溶接材料を用いると溶接金属はオーステナイト組織となり，低温割れの問題がなく，継手性能も良好となる。SUS304用の溶接材料はSUS308系であるが，Cr-Mo鋼による希釈を考慮して，シェフラーの組織図からSUS309系またはインコネル系を用いる。ただし，ステンレス鋼溶接材料を用いる場合は，高温割れ防止の観点から溶接金属には5%以上のフェライトを含有させる必要がある。

(3)

予熱およびPWHT条件はCr-Mo鋼の条件に合わせる。ただし，バタリング後の予熱は不要である。Cr-Mo鋼側溶接境界部における脱炭層・浸炭層の生成を抑制するために，PWHTの保持温度・保持時間は必要最小限に留める。

「溶接法・機器」

問題E-1.（選択）

(1)

マグ溶接やミグ溶接の溶滴移行形態は，電流やシールドガス組成の影響を受ける。これらの溶接において，溶滴の移行形態が，グロビュール移行からスプレー移行に遷移する電流のこと。臨界電流は，シールドガス組成，ワイヤ材質，ワイヤ径などによって異なる。特に，シールドガス中の炭酸ガスの混合比率が約30%以上になると臨界電流は存在しなくなり，溶滴は，大電流域においてもグロビュール移行になる。

(2)

アーク電圧を低下させてアーク長を短く保ち，アーク力で掘り下げられた溶融池の中までアーク柱のかなりの部分が突っ込んだ状態，またはアーク柱の大部分が母材表面より下に形成された状態。多量の大粒スパッタが発生しやすい炭酸ガスシールドのマグ溶接のグロビュール移行領域などで，スパッタの低減対策として用いられる。また，深い溶込みを確保する目的で，埋れアーク方式が採用される場合がある。

問題E-2.（選択）

(1)

電流が比較的大きい場合，アークはトーチの軸方向に発生しようとする傾向があり，トーチを傾けてもアークはトーチの軸方向に発生する。このようなアークの直進性を“アークの硬直性”という。

(2)

アーク溶接では，その周囲に溶接電流による磁界が形成され電磁力が発生する。そのため，シールドガスの一部はアーク柱内に引き込まれ，電極から母材に向かう高速のプラズマ気流が発生する。アークはその影響を受けて強い指向性（硬直性）を示すため，トーチを傾けてもアークはトーチの軸方向に発生しようとする。

電流値が小さくなると電磁力は低下してプラズマ気流も弱くなるため，小電流域でのアークは硬直性が弱まり，不安定でふらつきやすくなる。

問題E-3.（選択）

(1)

垂下特性電源ではアーク長が変化しても溶接電流はほとんど変化せず，アーク電圧が変化する。そのためアーク電圧をワイヤ送給モータにフィードバックしてワイヤ送給速度を制御する。

アーク長が長くなると（アーク電圧が増加すると）ワイヤの送給

速度を速くしてアーク長を減少させ，アーク長を元の長さに戻す。反対に，アーク長が短くなると（アーク電圧が減少すると）ワイヤの送給速度を遅くしてアーク長を増加させる。すなわち，アーク長（アーク電圧）の変動に応じてモータ回転速度を増減させることによって，アーク長を一定に制御する（アーク電圧のフィードバック制御）。

(2)

ワイヤが比較的速い速度で送給されるマグ溶接では，アーク電圧の変動に応じてワイヤ送給速度を変化させて，アーク長を制御することは難しい。しかし，定電圧特性の溶接電源を使用すると，アーク長が伸びると溶接電源の外部特性に従って溶接電流は減少し，ワイヤの溶融速度が低下して，アーク長を元の長さに戻す。反対にアーク長が短くなると，溶接電流は増加し，ワイヤの溶融速度が増大して，元のアーク長を維持するように作用する。

定電圧特性の溶接電源を使用してワイヤを一定速度で送給すると，アーク長の変動に応じて溶接電流が自動的に変化し，アーク長が一定に保たれる（電源のアーク長自己制御作用）。

問題E-4.（選択）

下記から２つ挙げる。

▷起動方式の名称：高周波高電圧方式

概要と特徴：周波数が数MHz でピーク電圧が10kV程度の高周波高電圧交流を用いて，電極と母材間の絶縁を破壊し，電極と母材は非接触でアークを起動する。高周波高電圧方式では強い電磁ノイズが発生し，電波障害を生じやすいため，ノイズ対策が必要となることもある。

▷起動方式の名称：電極接触方式

概要と特徴：電極を母材へ接触させて通電を開始し，通電したままで電極を引上げてアークを起動する。ノイズに関する問題をほとんど生じないが，アーク起動時に傷損した電極先端部を溶接部に巻込み，溶接欠陥を生じることがある。

▷起動方式の名称：直流高電圧方式

概要と特徴：タングステン電極と母材との間に数kVの直流高電圧を加えて両者間の絶縁を破壊し，電極と母材は非接触でアークを起動する。溶接装置は比較的高価で，絶縁に関する対策などの制約も受けるため，適用はロボット溶接や自動溶接装置など一部の特殊な用途に限られている。

問題E-5.（選択）

(1) ティーチング・プレイバック方式

概要：実ワークを用い，アークを発生させずにロボットを動かし，その動作・作業手順をロボットに直接ティーチングして，溶接時に同一の動き・作業を再現する方式。

特徴：溶接していない状態でロボットを使用してティーチングするため，その間はロボットによる溶接作業ができず，ロボットの稼働率が低下する。実ワークを用いるため，ティーチングデータの補正は比較的少ない。

(2) オフラインティーチング方式

概要：CADデータなどを利用して，コンピュータの画面上でロボットの動作をシミュレートして，ティーチングプログラムを作成する方式。コンピュータ上で作成したティーチングデータは，記憶媒体または通信回線を利用してロボット制御装置に入力され，ロボットはそのティーチングデータに従って動作する。

特徴：ティーチング作業と溶接作業をそれぞれ独立して行えるため，ロボットの稼働率を大幅に向上させることができる。実ワークに対するティーチングデータの補正が必要になることが多い。

●2020年11月１日出題●

特別級試験問題

「材料・溶接性」

問題M-1.（選択）

図は，SM490鋼の溶接金属部及び熱影響部におけるシャルピー衝撃試験の吸収エネルギーの分布を模式的に示したものである。以下の問いに答えよ。

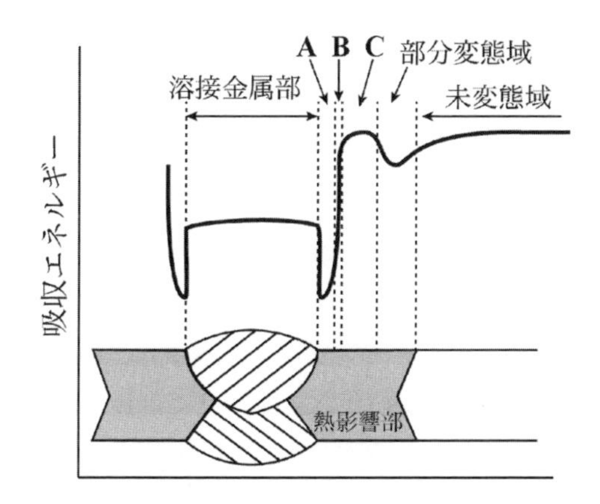

(1) 領域A，B及びCの名称を記せ。

領域Aの名称：

領域Bの名称：

領域Cの名称：

(2) 領域A及び領域Cにおけるじん性の違いを，これらの領域に形成される金属組織及びその組織の形成過程と関連付けて説明せよ。

問題M-2.（選択）

炭素鋼の大電流のサブマージアーク溶接やマグ溶接において，梨形ビード割れが生じることがある。この割れの発生機構を説明するとともに，防止対策を２つ挙げよ。

発生機構：

防止対策１：

防止対策２：

問題M-3.（選択）

Cr-Mo鋼の溶接部のPWHTについて以下の問いに答えよ。

(1) PWHTの最低保持温度はCr，Mo含有量が多いほど，より高温度に規定している。この理由を記せ。

(2) PWHTに際して留意しなければならない割れの名称と，その割れの形態を答えよ。また，その防止策を１つ挙げよ。

割れの名称：

割れの形態：

防止策：

問題M-4.（選択）

板厚8 mmのオーステナイト・フェライト系（二相）ステンレス鋼板（SUS329J1）の突合せ溶接を被覆アーク溶接で行った。溶接後１週間が経過した後に溶接金属で割れが発見された。この割れの破面形態は擬へき開破面であった。また，溶接金属のフェライト量を調べると約80%であった。この割れの種類と原因を推定し，説明するとともに，対策を２つ挙げよ。

割れ種類：

割れ原因：

対策１：

対策２：

問題M-5.（選択）

チタン及びその合金のアーク溶接にあたっては，大気混入に留意する必要がある。大気の混入が溶接部に及ぼす影響を説明せよ。また，その影響を少なくするために溶接施工上どのような対策が採られるか。さらに，外観から施工良否を判断する方法を述べよ。

溶接部への影響：

溶接施工上の対策：

外観から施工良否を判断する方法：

「設計」

問題D-1．（英語選択）

AWS D1.1/D1.1M:2010 Structural Welding Code-Steel（閲覧資料）の規定に関する以下の問いに日本語で答えよ。

(1) 完全溶込み開先溶接継手では，有効サイズをどのようにとるか。(2.4.1.2参照)

(2) すみ肉溶接の最小長さはいくらか。(2.4.2.3参照)

(3) 母材厚さが5 mmの場合，すみ肉溶接の最小サイズはいくらか。(Table 5.8参照)

(4) 重ね継手の母材縁に沿ったすみ肉溶接の最大サイズはいくらか。(2.4.2.9参照)

(5) 片側表面のみの開先溶接が認められるのはどのような場合か。(2.18.1参照)

問題D-2．（英語選択）

ASME Boiler and Pressure Vessel Code, Section VIII-Division 1（閲覧資料）UG-20 (f) では，圧力容器の材料が５つの条件を全て満足する場合に衝撃試験が免除される。次の①～⑤の記述は，それぞれUG-20 (f) の条件 (1)～(5) に該当するか。該当するものに○，該当しないものに×を記せ。また，×の場合はその理由を記せ。

①条件 (1)：UCS-66 (a) で定義される板厚が13 mm 以下のすべての種類の炭素鋼（　　）

②条件 (2)：容器の完成後に耐圧試験として気圧試験を実施する（　　）

③条件（3）：最低設計温度が－50℃（　　）

④条件（4）：静的荷重のみが作用する（　　）

⑤条件（5）：疲労設計が要求される場合（　　）

問題D-3.（選択）

日本建築学会の鋼構造設計規準（閲覧資料）により応力を負担する溶接継手を設計する場合，下図に示した溶接継手は認められるか。認められる場合には○印を，認められない場合には×印を（　　）内に記せ。また，その理由を記せ。ただし，すみ肉溶接のサイズ＝脚長とする。

(1)（　　）

理由：

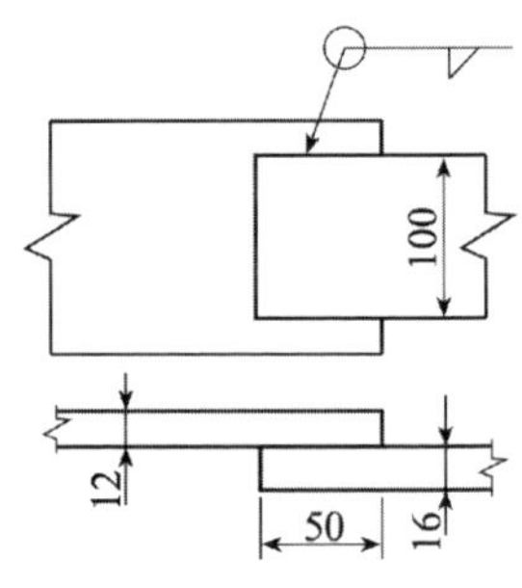

(2)（　　）

理由：

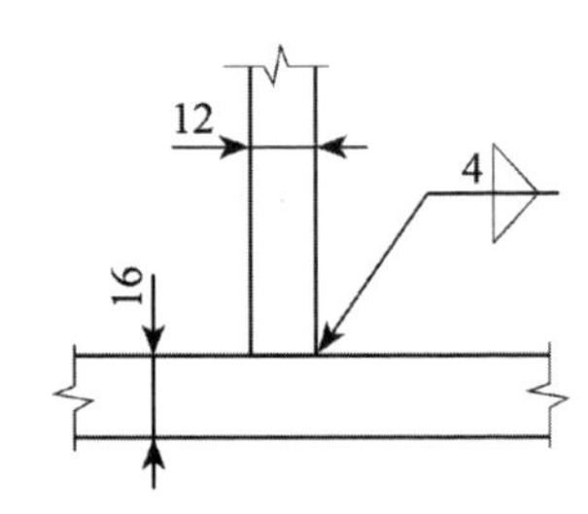

(3)（　　）16.3節～16.5節を参照

理由：

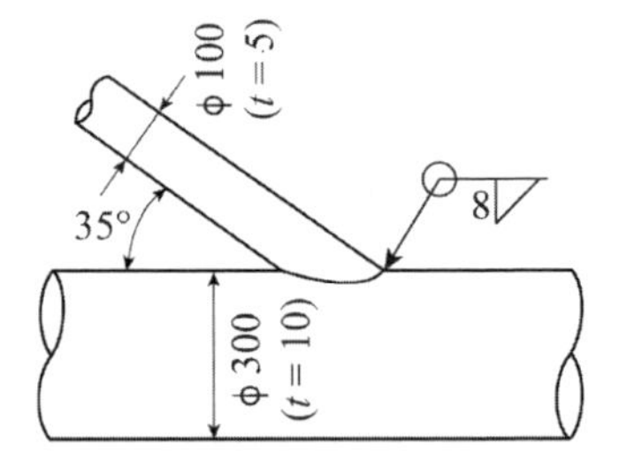

問題D-4.（選択）

図に示すように，溶接部から距離Lの位置に集中荷重Pが作用する完全溶込み溶接継手（A）とすみ肉溶接継手（B）がある。すみ肉溶接継手（B）の静的強度を完全溶込み溶接継手（A）と等しくするには，すみ肉溶接のサイズSはいくらにすればよいか，道路橋示方書・同解説（閲覧資料）に基づき以下の手順で考えよ。

また，$L=2h$のとき，このサイズSは道路橋示方書・同解説の規定を満足するか，理由とともに述べよ。

なお，矩形断面梁の断面係数Zは，$Z=bh^2/6$（b：はりの厚さ，h：はりの高さ）である。

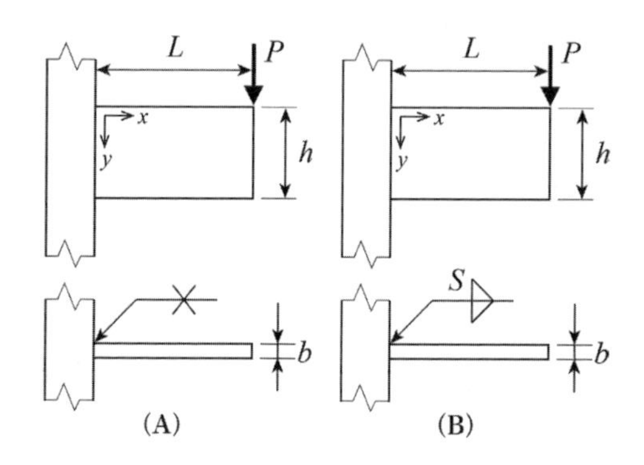

(1) 完全溶込み溶接継手（A）に働く最大曲げ応力σ_{max}，平均せん断応力τを求め，許容引張応力度の自乗σ_a^2をP，L，b，hの関数として表現せよ。

・最大曲げ応力σ_{max}

・平均せん断応力τ

・許容引張応力度の自乗σ_a^2

(2) すみ肉溶接継手（B）に働く最大せん断応力τ_x，溶接線方向の平均せん断応力τ_yを求め，許容せん断応力度の自乗τ_a^2をP，L，S，hの関数として表現せよ。

・最大せん断応力τ_x

・溶接線方向の平均せん断応力 τ_y

・許容せん断応力度の自乗 τ_a^2

(3) すみ肉溶接継手（B）の静的強度が完全溶込み溶接継手（A）と等しくなるすみ肉溶接のサイズSをL, b, hの関数として求めよ。

(4) L=2hのとき，前問（3）で求めたSは道路橋示方書・同解説（7.2.5節）の規定を満足するか。ただし，はり厚さは柱部材厚さより小さい。

問題D-5.（選択）

ASME Boiler and Pressure Vessel Code, Section VIII-Division 1（閲覧資料）UG-27 に従って，常温で気体を加圧貯蔵する球形タンクを設計する。設計条件は次のとおりである。

・設計圧力（P）：1.5MPa

・球殻の内径（直径）：11.6m

・球殻の溶接継手の形式：完全溶込み両側突合せ溶接継手

・放射線透過試験（RT）：全線RTを適用する

・腐れ代：3mm

(1) この容器の継手効率（E）はいくらか。Table UW-12に従って答えよ。

(2) 球殻の材料に次の２種類の鋼材を使用した場合の，それぞれの最小設計板厚を求めよ。計算結果は小数点以下を切り上げること。なお，Sは常温における最大許容応力である。

（ア）SA-516Gr.60：引張強さ：415-550MPa，降伏応力≧220MPa，S：118MPa

（イ）SA-516Gr.70：引張強さ：485-620MPa，降伏応力≧260MPa，S：138MPa

(3) この規格のTable UCS-56-1 のNote (b) には次の規定がある。この規定に従い，前問（2）の（ア），（イ）のそれぞれの材料を使用した時のPWHTの要否を判定せよ。

Postweld Heat Treatment is mandatory under the following conditions: (1) for welded joints over 38 mm nominal thickness; (2) for welded joints over 32 mm nominal thickness through 38mm nominal thickness unless preheat is applied at a minimum temperature of 95 ℃ during welding.

（ア）の場合：

（イ）の場合：

問題D-6.（選択）

JIS B 8265及びJIS B 8266（閲覧資料）「圧力容器の構造」に関する以下の問いに答えよ。

(1) JIS B 8265では，炭素鋼又は低合金鋼の最小制限厚さをどのように規定しているか。

(2) JIS B 8266では，炭素鋼又は低合金鋼の最小制限厚さを何mmと規定しているか。

(3) JIS B 8265において規定するL-1継手とは，どのような継手か。

(4) JIS B 8265では，L-1継手の溶接継手効率をいくらとしているか。

(5) JIS B 8265では，設計温度における許容せん断応力をいくらとしているか。

(6) JIS B 8265では，引張強さが400MPa，降伏点が220 MPa の鋼材を常温で使用した場合，許容せん断応力はいくらとなるか。解説添付書2.1.1a)(283頁) を参照せよ。

(7) JIS B 8265では，板厚20mmと25mmの突合せ溶接部で外面のみに板厚差を設ける場合は，外面にテーパを設けなければならない。テーパ部を溶接部に含めてよいか。

(8) JIS B 8266では，調質高張力鋼を用いた溶接継手にB-2継手を適用することができるか。

(9) JIS B 8266では，分類Aに用いるB-1継手に部分放射線透過試験の適用を認めているか。

(10) JIS B 8266では，鏡板と胴のそれぞれの厚さの中心線の食い違いを，いくらまで許容しているか。

「施工・管理」

問題P-1.（英語選択）

AWS D1.1/D1.1M:2010 Structural Welding Code（閲覧資料）「5.Fabrication」の中で「5.4 ESW and EGW Process」,「5.6 Preheat and Interpass Temperatures」, 及び「5.7 Heat Input Control for Quenched and Tempered Steels」の規定に関し，以下の問いに日本語で答えよ。

(1) エレクトロガス溶接やエレクトロスラグ溶接における予熱について，どのように規定されているか。

(2) 多層溶接で予熱・パス間温度の下限が要求されている場合，溶接中その温度に維持すべき最小範囲はいくらか。

(3) 前問（2）で予熱・パス間温度はいつ計測するか。

(4) 調質鋼に対する溶接入熱はどのように制限すべきか。

(5) 調質鋼にガウジングを適用する場合，その方法に関してどのような制約があるか。

問題P-2.（英語選択）

ASME Boiler and Pressure Vessel Code Section Ⅷ Division 1 Part UW（閲覧資料）の規定に関し，以下の問いに日本語で答えよ。

(1) 容器に適用される施工法は，ASME Code のどのSection に準拠すべきか。(UW-28（b))

(2) 強風の場合，どのようにすることを推奨しているか。(UW-30)

(3) 両側溶接において裏側を溶接する際に，事前にどのようなことをすべきか。(UW-37（a))

(4) ピーニングが行われる位置はどこか。(UW-39)

(5) 補修溶接の場合，PWHT 条件を規定する厚さは，どのように決められているか。(UW-40（f)(6))

問題P-3.（選択）

炭素鋼にマグ溶接を適用する場合について，以下の問いに答えよ。

(1) 溶接中にシールド状態が悪化した場合，溶接欠陥（ポロシティなど）以外に発生する機械的特性の問題点とその原因について述べよ。

発生する問題：

原因：

(2) 溶接中のシールド状態を良好に保つには，ノズル先端でのシールドガス流量を適正に保持することが重要であるが，そのために留意すべき点を２つ述べよ。

留意点１：

留意点２：

(3) ノズル先端でのシールドガス流量以外に溶接中のシールド状態を良好に保つために留意すべき点を２つ述べよ。

留意点１：

留意点２：

問題P-4.（選択）

鉄鋼材料の溶接割れの１つに「ラメラテア」がある。ラメラテアに関し，以下の問いに答えよ。

(1) ラメラテアの形態的特徴と発生原因を述べよ。

(2) ラメラテアが生じやすい継手の例を２つ挙げよ。

継手例１：

継手例２：

(3) ラメラテアの防止法を３つ挙げよ。

防止法１：

防止法２：

防止法３：

問題P-5.（選択）

LNGの地上タンク（LNG温度－162℃）では，内槽に９％Ni鋼を使用しているものが多い。この９％Ni鋼の溶接には，70％Ni合金が溶接材料として使われている。この溶接施工に関して，以下の問いに答えよ。

(1) 溶接材料に70％Ni合金が使われる理由を２つ記せ。

理由１：

理由２：

(2) 溶接施工時に予熱が必要か否か。また，その理由を記せ。

(3) 溶接施工上の留意点を２つ記せ。

留意点１：

留意点２：

問題P-6.（選択）

オーステナイト系ステンレス鋼（SUS304）の溶接継手に発生する応力腐食割れ（SCC）について，以下の問いに答えよ。

(1) SCCを生じさせる環境を１つ挙げよ。

(2) 溶接熱影響部にSCCが発生しやすい理由を記せ。

(3) 溶接施工面からのSCC防止策を２つ挙げよ。

防止策１：

防止策２：

「溶接法・機器」

問題E-1.（選択）

鋼板の突合せ継手を直流アーク溶接する場合，アークが板の端部に近づくと，板の中央部（ビード側）に向かってアークが偏向する（振れる）現象を生じることがある。この現象は何と呼ばれているか。また，この現象が発生する原因について簡潔に説明し，その軽減対策を２つ挙げよ。

現象の名称：

発生原因：
軽減対策１：
軽減対策２：

問題E-2.（選択）

マグ溶接で生じるアークの不安定について，考えられる原因を５つ挙げよ。

原因１：
原因２：
原因３：
原因４：
原因５：

問題E-3.（選択）

ティグ溶接では，酸化物入りタングステン電極が多用される。以下の問いに答えよ。

(1) 電極材料に含まれる酸化物の名称を２つ挙げよ。

名称１：
名称２：

(2) 酸化物入りタングステン電極を使用するメリットを２つ挙げよ。

メリット１：
メリット２：

(3) 前問（2）のメリットが得られる原理を説明せよ。

問題E-4.（選択）

右図は，溶接ビードの形成に及ぼす溶接電流と溶接速度の一般的な関係を示したものである。右上部の領域Ｃについて以下の問いに答えよ。

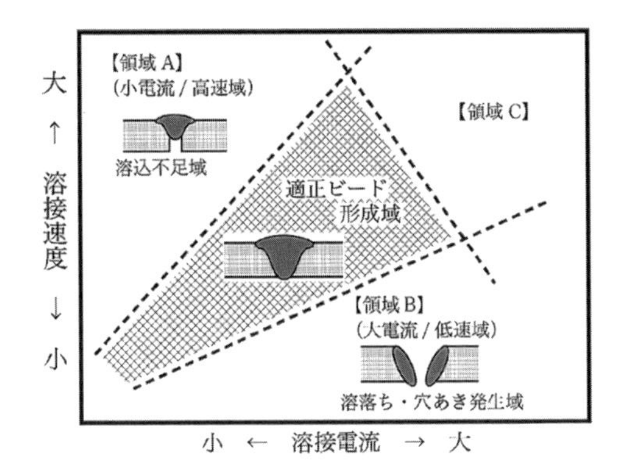

(1) 発生しやすい溶接欠陥を２つ挙げよ。

溶接欠陥１：

溶接欠陥２：

(2) その欠陥が生じやすい理由を簡潔に記せ。

問題E-5.（選択）

炭素鋼のレーザ切断では，アシストガスに酸素（空気）を用いるが，ステンレス鋼のレーザ切断では窒素が用いられる。その理由をそれぞれ簡潔に記せ。

炭素鋼の切断に酸素(空気)が用いられる理由：

ステンレス鋼の切断に窒素が用いられる理由：

●2020年11月１日出題　特別級試験問題●
解答例

問題M-1.（選択）

(1)

領域Ａの名称：粗粒域

領域Ｂの名称：混粒域（混合域）

領域Cの名称：細粒域

(2)

領域A（粗粒域）は溶接金属に接する領域で，溶接中にA_{C3}点を大幅に超える融点直下までの高温域に加熱され，オーステナイト粒が（著しく）粗大化する。このため，冷却過程で形成される変態組織が粗大化し，また，硬化組織も形成されやすくなるため，じん性が低下する。領域C（細粒域）はA_{C3}点直上の温度域に加熱された領域で，オーステナイト粒が粗大化しないため，変態組織が細かくなり，じん性が高くなる。

問題M-2.（選択）

発生機構：

大電流溶接の場合は，凝固時に柱状デンドライトが，ビード上方に向かわず対向する方向に成長しやすい。また，最終凝固時の柱状晶会合面に低融点不純物元素（P，S）が偏析し，低融点液膜が形成される。このような箇所に収縮ひずみが作用して，梨形ビード割れが発生する。この梨形ビード割れは，ビード幅に対して溶込み深さが大きい場合に生じやすい。

防止対策１，２：

次のうちから２つ。

①ビード幅に対する溶込み深さの比がほぼ１以下になるようする。

②開先角度を拡げる。

③溶接電流を下げて溶接速度を小さくする。または溶接入熱を小さくする。

④不純物元素（P，S）含有量の少ない溶接材料，鋼材を選ぶ。

問題M-3.（選択）

(1)

PWHTの目的の１つに溶接残留応力の緩和がある。Cr，Mo量が高いほど高温強度およびクリープ強度が高くなるので，残留応力を緩和するためには保持温度を高くする必要がある。PWHTにおいて，残留応力はまず加熱過程で材料の降伏点の低下に従って減少し，PWHT温度に達すると，その温度における降伏点直下の応力値にまで緩和される。さらに加熱・保持時間中にクリープ現象によって残留応力の緩和が進行する。また，硬化・ぜい化した溶接熱影響部の軟化および延性・じん性の回復のために必要な保持温度も，Cr，Mo量の増加とともに高くなる。

(2)

割れの名称：再熱割れ（SR割れ）

割れの形態：

溶接残留応力，応力集中の高い場合にPWHTの過程でHAZ粗粒域に生じる粒界割れである。高張力鋼やCr-Mo 鋼の溶接残留応力を緩和するために，550～700℃の温度域でPWHTを行った場合に生じる。析出硬化元素量が多いほど生じやすい。

防止策：

①低いP_{SR}または低い⊿G値の鋼材の使用
②溶接入熱の減少によるHAZ粗粒化の抑制
③グラインダ仕上げによる余盛止端部の応力集中の緩和
④テンパビード溶接によるHAZの微細化

など。

問題M-4.（選択）

割れ種類：低温割れ

割れ原因：

割れが溶接後，1週間経過した後発生したこと，割れの伝播経路や破面形態の特徴，さらに溶接金属組織はオーステナイト相よりフェライト相の割合が多いことなどから，この割れは低温割れと考えられる。溶接棒の乾燥不良，溶接部の清掃不良などのため，溶接金属中に水素が混入し，また，冷却速度が大きすぎたことによりオーステナイト析出量が少なく，フェライト量が多くなったため，フェライト相において低温割れが発生したと考えられる。

対策１，２：

オーステナイト相の確保および拡散性水素の低減が，割れ発生防止につながる。

オーステナイト相の確保には，

①溶接材料を高窒素・高Ni材に変える。

②オーステナイト相の析出を促すため，溶接時の冷却速度を小さくする。

拡散性水素の低減策として，

③水素量の少ない溶接法（ティグ溶接など）に変更する。

④適正な条件で溶接棒を乾燥・保管する。

⑤溶接部を清掃する。

⑥予熱を行う。

問題M-5.（選択）

溶接部への影響：

酸素と窒素の侵入は著しい硬化，および延性とじん性の低下をもたらす。また，大気の混入によりポロシティが発生することがある。

溶接施工上の対策：

大気の混入を防止するためには，溶融部ならびに高温に加熱された部分を不活性ガスによりシールドする必要がある。このため，アフターシールド（トレーリングシールド）ジグ，バックシールドジグ，またはチャンバなどを用いる。さらに，溶接部が十分低い温度（500℃程度）に冷却されるまで大気から保護する。また，プリフロー・アフターフローの時間を長くして，スタート部およびクレータ部のシールドを十分に行う。

外観から施工良否を判断する方法：

大気の混入の程度は，溶接部表面の色により判断することができる。高温での加熱温度，保持時間により「銀色→金色（麦色）→紫色→青色→青白色→暗灰色→白色→黄白色」の順（低温→高温）に変化する。一般には青色までが合格とされることが多い。

「設計」

問題D-1.（英語選択）

(1) 薄い方の部材厚さ

(2) 公称すみ肉サイズの４倍の長さ

(3) 単調載荷の場合は3 mm（1/8in）で，繰返し荷重を受ける場合は5 mm（3/16in）

(4)

母材厚さが6 mm（1/4in）未満の場合：母材厚さ

母材厚さが6 mm（1/4in）以上で，母材厚さと等しい脚長が得られない場合：母材厚さから2 mm（1/16in）減じた寸法

(5) ２次部材または応力非伝達部材の場合と，計算応力の方向に平行な角継手の場合

問題D-2.（英語選択）

①（×）

理由：この免除条件は，P-No.1の炭素鋼のうちGr.No.1または2の材料にのみ適用できるため。例えば，P-No.1，Gr.No.3の炭素鋼の場合には適用できない。

②（○）

③（×）

理由：最低設計温度が－29～345℃の範囲で規定されているため。

④（○）

⑤（×）

理由：繰返し荷重が設計条件となっていると免除されない。

問題D-3. （選択）

(1)（×）

理由：応力を伝達する重ね継手では，薄い方の板厚の５倍以上で，かつ30mm以上重ね合わさねばならない（16.8節）。この場合，薄い方の板厚は12mmで12×5=60mmなので規定を満たしていない。

(2)（×）

理由：T継手で板厚６mmを超える場合は，すみ肉溶接のサイズは４mm以上で，かつ$1.3\sqrt{\text{厚い方の母材厚さ}}$ 以上でなければならない（16.5節）。

サイズは$1.3\sqrt{16}=5.2$mm以上必要で，規定を満たしていない。

(3)（○）16.3節〜16.5節を参照

理由：

- 鋼管の分岐継手では，鋼管の交差角が30°超え150°未満の場合は応力を負担させることができる（16.3節）。交差角35°は規定の範囲内にある。
- 支管外径が主管外径の1/3以下のときは，全周すみ肉溶接とすることができる（16.4節（3））。したがって，規定を満たしている。
- 鋼管分岐継手のすみ肉のサイズは，薄い方の管（支管）の厚さの２倍まで増すことができる（16.5節）。サイズ８mmは2×5=10mm以下なので，規定を満たしている。

問題D-4. （選択）

(1)

・最大曲げ応力$\sigma_{max}=PL/Z$

$=PL/(bh^2/6)=6PL/bh^2$

・平均せん断応力$\tau=P/bh$

・許容引張応力度の自乗$\sigma_a^2=(\sigma^2+3\tau^2)/1.2=[(6PL/bh^2)^2+3(P/bh)^2]/1.2$

【解説】式(7.2.6)より，$(\sigma/\sigma_a)^2+(\tau/\tau_a)^2=1.2$で，許容せん断応力度$\tau_a=\sigma_a/\sqrt{3}$より，$\sigma^2+3\tau^2=1.2\sigma_a^2$

(2)

・最大せん断応力$\tau_x=PL/Z=PL/(\sqrt{2}Sh^2/6)=6PL/\sqrt{2}Sh^2=3\sqrt{2}PL/Sh^2$

【解説】荷重を支える断面はのど断面なので，梁の厚さに代えてすみ肉溶接ののど厚の総和$2\times S/\sqrt{2}=\sqrt{2}S$を用いる。すみ肉溶接継手では，最大曲げ応力$\sigma_{max}$をせん断応力$\tau_x$として伝える。

・溶接線方向の平均せん断応力$\tau_y=P/\sqrt{2}Sh$

・許容せん断応力度の自乗$\tau_a^2=\tau_x^2+\tau_y^2=(3\sqrt{2}PL/Sh^2)^2+(P/\sqrt{2}Sh)^2$

【解説】式（7.2.7）より，$\tau_x^2+\tau_y^2=\tau_a^2$

(3)

許容せん断応力度$\tau_a=\sigma_a/\sqrt{3}$より，

問(2)のτ_a^2は$\tau_a^2=\sigma_a^2/3=(3\sqrt{2}PL/Sh^2)^2+(P/\sqrt{2}Sh)^2\rightarrow\sigma_a^2=3[(3\sqrt{2}PL/Sh^2)^2+(P/\sqrt{2}Sh)^2]$

これを問（1）のσ_a^2と等しくおくと，

$$3[(3\sqrt{2}PL/Sh^2)^2+(P/\sqrt{2}Sh)^2]=[(6PL/bh^2)^2+3(P/bh)^2]/1.2$$

よって，$S^2=1.2b^2\dfrac{18(L/h)^2+0.5}{12(L/h)^2+1}$

(4)

$L=2h$のとき，

$S^2=1.2\times(72.5/49)b^2=1.7755b^2$より，$S=1.3325b$となって，サイズ$S$は薄い方の部材厚さ$b$よりも大きくなる。よって，解説の式（7.2.1）の規定を満足しない。

問題D-5.（選択）

（1）1.00（Table UW-12（1）による）

(2)

球形タンクの板厚計算にはUG-27（d）の式を用いるが，この式を用いるための条件である板厚≦0.356R，$P\leqq0.665SE$であることを確認した後，板厚の計算を行う。

（ア）SA-516 Gr.60の場合：

P=1.5MPa, 0.665SE=0.665 × 118 × 1.00=78.5MPa　$P \leqq 0.665SE$ を満足するので，UG-27（d）の式を用いて球殻の板厚を計算する。UG-27（d）の式にP=1.5MPa，R=5,800mm，S=118MPa，E=1.00を代入すると，必要板厚t=1.5 × 5,800/（2 × 118 × 1.00 − 0.2 × 1.5）=8,700/（236 − 0.3）=8,700/235.7=36.9mm

小数点以下を切り上げ腐れ代を足すと，最小設計板厚：37+3=40mmとなる。この厚さは0.356R以下を満たす。

（イ）SA-516 Gr.70の場合：

P=1.5MPa，0.665SE=0.665 × 138 × 1.00=91.8MPa

同様に$P \leqq 0.665SE$を満足するので，UG-27（d）の式を用いて球殻の板厚を計算する。

UG-27（d）の式にP=1.5MPa，R=5,800 mm，S=138MPa，E=1.00を代入すると，必要板厚t=1.5 × 5,800/（2 × 138 × 1.00 − 0.2 × 1.5）=8,700/（276 − 0.3）=8,700/275.7= 31.6mm

小数点以下を切り上げ腐れ代を足すと，最小設計板厚：32+3=35mmとなる。この厚さは0.356R以下を満たす。

(3)

（ア）SA-516 Gr.60の場合：

設計板厚が40mmで規定の38mmを超えるため，PWHTは必要。

（イ）SA-516 Gr.70の場合：

設計板厚が35mmで規定の32mm超え38mm以下の範囲にあるため，95℃以上の予熱を行うとPWHTは不要。予熱を行わないか，95℃未満の予熱を行う場合は，PWHTが必要。

問題D-6.（選択）

(1) 2.5mm（腐食または壊食のおそれがある場合には，3.5mm以上）

(2) 6 mm（成形後の腐れ代を除いた値）

(3) 両側全厚すみ肉重ね溶接継手

(4) 0.55

(5) 材料の許容引張応力の0.8倍

(6) 許容引張応力は引張強さの1/4か，降伏点の1/1.5のいずれか小さい方の値となり，

この場合100MPaとなる。許容せん断応力は，その0.8倍となるので80MPaとなる。

(7) 含めてよい。

(8) 適用できない。

(9) 認めていない。全線RTを実施しなければならない。

(10) それぞれの呼び厚さの差の1/2以下。

「施工・管理」

問題P-1.（英語選択）

(1) 入熱が大きいので，通常，予熱は不要である。しかし，溶接点の母材温度が32°F（0℃）未満の場合には，0℃まで予熱しなければならない。

(2) 溶接点の周囲（すべての方向）に対し溶接部の最大厚さ（ただし，最低3 in（75mm））以上

(3) 各パスの溶接開始直前

(4) 調質鋼に対する溶接入熱は予熱・パス間温度の上限に対応して低くしなければならない。

(5) 調質鋼ではガスガウジングの使用が禁止されている。

問題P-2.（英語選択）

(1) Section Ⅸに準拠する。

(2) 溶接技能者やオペレータ，および被溶接物が適切に保護されていない限り，溶接しない。

(3) 初層の健全性を確保するために，裏溶接の前に裏側をチッピング，グラインダ研削または溶融除去する。

(4) 溶接金属およびHAZ

(5) 補修溶接部の深さ

問題P-3.（選択）

(1)

発生する問題：じん性が低下する（シャルピー吸収エネルギーが低下する)。

原因：溶接金属に大気から窒素（酸素）が混入するため。

(2)

留意点１，２：

以下から２つ挙げる。

・流量計でシールドガス流量を調整・確認する。

・作業開始前にボンベ内のガス残量を確認する。

・シールドガスの供給圧力を適正にする。

・ノズルのつまりを防止する（ノズル内面に付着したスパッタを除去する)。

・シールドガスの配管途中（ホースのジョイントなど）での漏洩を防止する。

(3)

留意点１，２：

以下から２つ挙げる。

・ノズル高さ（トーチ高さ）を適正にする。

・防風対策を行う（強風の場合は，溶接しない)。

・ノズルの変形，取付不良がないことを確認する。

・シールドガスの純度・混合比，露点を適正に維持する。

問題P-4.（選択）

(1)

ラメラテアは，熱影響部およびその隣接部に，鋼板の圧延方向と平行に発生する階段状の割れである。この割れは，圧延方向に引き延ばされた非金属介在物（多くはMnS，一部に酸化物系介在物も見られる）とマトリックスとの界面が溶接による板厚方向の引張応力で開口したものである。水素が影響するとも言われている。

(2)

継手例１，２：

・厚板で溶着量の多い（開先付き）T 継手

・厚板で溶着量の多い（開先付き）角継手

・厚板で溶着量の多い（開先付き）十字継手

(3)

防止法１，２，３：

以下から３つ挙げる。

・S含有量の少ない鋼材の採用（例：S≦0.008％）

・板厚方向の絞り値が大きな鋼材の採用（例：絞り25％以上）

・板厚方向の溶接による収縮力（引張力）が低減できる継手設計の採用

・開先内のバタリング

・積層順序の適正化

・低水素系溶接棒，マグ溶接などによる溶接金属の低水素化

問題P-5.（選択）

(1)

理由１，２：

以下から２つ挙げる。

①極低温での溶接金属のじん性が優れている（共金系では－162℃で十分なじん性が得られない）。

②線膨張係数が9％Ni鋼の値に近い。

③耐力は母材の9％Ni鋼と比較して低いが，引張強度は母材に近い。

④熱影響部のぜい性破壊が起こりにくい。

(2)

予熱は不要である。Ni合金の溶接材料を使えば低温割れを生じないので，予熱の必要はない。(なお，パス間温度は150℃以下と低めにして，高温割れが生じないようにする。)

(3)

留意点１，２：

以下から２つ挙げる。

①高温割れが初層のクレータに生じやすいので，入念なクレータ処理が必要である。また，溶接入熱を低めにして高温割れを防ぐ。

②ビードが垂れやすく，溶込みが小さい。運棒操作やオシレート条件に留意し，溶接条件を厳しく管理する。

③磁気吹きが起こりやすい。鋼板の脱磁処理，マグネットリフトの使用禁止，母材へのケーブル接続位置や接続方法の工夫などの対策を講じる。

問題P-6.（選択）

(1)

塩化物水溶液，高温高純度水，およびポリチオン酸などから１つ

(2)

応力面，材質面から次のようなことが述べてあればよい。溶接熱影響部には降伏点レベルの引張溶接残留応力が存在すること，およびオーステナイト系ステンレス鋼の溶接熱影響部には鋭敏化域が生じることにより，SCCが発生しやすい。

(3)

防止策１，２：

以下から２つ挙げる。

①低入熱の溶接による鋭敏化の軽減

②スリーブ取付けや肉盛溶接による腐食環境からの遮断

③ピーニング法（ショットピーニング，ウォータジェットピーニ

ング，レーザピーニング，超音波ピーニングなど）による表面残留応力の圧縮化

④内面溶接水冷法（HSW）による内面溶接残留応力の圧縮化
⑤高周波誘導加熱法（IHSI）による内面溶接残留応力の圧縮化
⑥振動法，機械的方法による残留応力の低減
⑦外面バタリング溶接による内面残留応力の低減
⑧固溶化熱処理による鋭敏化域の解消

「溶接法・機器」

問題E-1.（選択）

現象の名称：磁気吹き

発生原因：

磁界を形成する磁束は，鋼板中に比べて大気中の方が通りにくいため，アークが母材端部に近づくと非対称な磁界が形成される。溶接電流によって生じる磁場（磁界の強さ）が非対称になると，強磁場から弱磁場に向かって電磁力が発生する。そのため，アークに板の端部から中央部へ向かう電磁力が作用し，その影響を受けてアークは板中央部（ビード側）に向かって偏向する（振られる）ようになる。

軽減対策１，２：

以下から２つ挙げる。

①母材（アース）ケーブルを数ヵ所に分けて接続する。
②母材（アース）ケーブルの接続位置を変える。
③アーク長をできるだけ短くした溶接を行う（アーク電圧をできるだけ低くする）。
④ジグ，母材の脱磁処理を行う。
⑤母材端部に鋼製タブ板を付ける。

問題E-2.（選択）

原因１～５：

以下から５つ挙げる。

①コンタクトチップの摩耗（通電不良）

②ライナの摩耗

③送給ローラ溝の摩耗

④不適切な送給ローラの加圧（加圧力不足，過度な加圧力設定）

⑤トーチケーブルの急激な曲げ

⑥母材側ケーブルの接触不良（通電不良）

⑦不適切な溶接条件の選定（低過ぎるアーク電圧設定，高過ぎるアーク電圧設定）

⑧溶接ケーブルを巻いた状態での使用（インダクタンスの増加）

⑨磁気吹き（母材側ケーブルの接続位置不良，母材形状・位置）

⑩入力電圧（一次電圧）の低下，大幅な変動

問題E-3.（選択）

(1)

名称１，２：

以下から２つ挙げる。

①酸化トリウム（ThO_2）

②酸化ランタン（La_2O_3）

③酸化セリウム（Ce_2O_3）

④酸化ジルコニウム（ZrO_2）

⑤酸化イットリウム（Y_2O_3）

(2)

メリット１，２：

以下から２つ挙げる。

①電極の熱負荷が軽減され，純タングステンの場合より電極消耗を少なくできる。

②アークの起動性に優れ，良好なアーク起動（瞬時アーク起動）が行える。

③純タングステンの場合より使用電流範囲を拡大できる（許容最

大電流値を大きくできる)。

④タングステン巻込みを生じにくい（酸化トリウム入りを除く)。

(3)

酸化物により，電子放出に必要なエネルギー(仕事関数）が低減でき，電極からの熱電子放出が容易となるため。

問題E-4.（選択）

(1)

溶接欠陥１，２：

アンダカット，ハンピング

(2)

領域Ｃでは，溶接電流が大きく溶接速度も大きいため，アークによる母材の掘下げ作用が強くなり，母材の溶融幅がビード幅より広くなって，アンダカットが発生しやすくなる。また，溶融金属は一旦溶融池の後方へ押しやられた後，逆流して溶融池前方に戻されるが，溶接速度が大きくなると溶融池は後方へ長く伸びて形成され，十分な溶融金属が前方まで戻りきる前に後方で凝固し，溶融池前方でのビードを形成する溶融金属量が不足するため，ハンピングが生じる。

問題E-5.（選択）

炭素鋼の切断に酸素（空気）が用いられる理由：

アシストガスとして酸素を用いると，酸素と鉄の酸化反応熱により切断性能を向上させることができる。空気を用いた場合は，酸素の場合に比べると，切断性能は劣る。

ステンレス鋼の切断に窒素が用いられる理由：

アシストガスとして窒素を用いれば，切断部の酸化を防止し，切断面が滑らかになり，ドロスの少ない良質切断が可能になる。酸素や空気を用いると，高融点のクロム酸化物を含むスラグが切断部表面に付着し，良質な切断が困難になる。

●2019年11月３日出題●

特別級試験問題

「材料・溶接性」

問題M-1.（選択）

下図はHT490鋼とHT780鋼の溶接用連続冷却変態図（CCT図）を示したものである。以下の問いに答えよ。

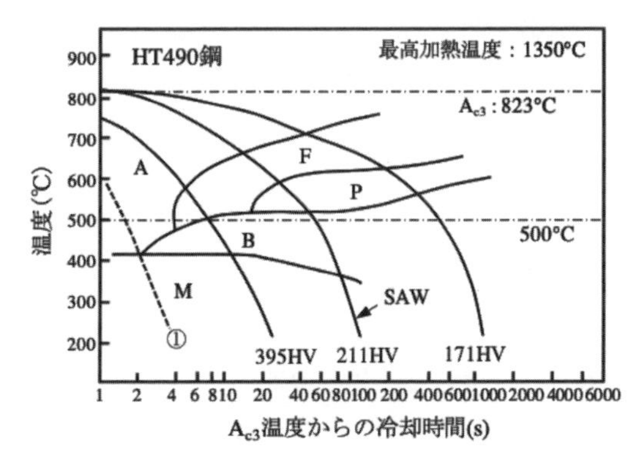

(a) HT490 鋼

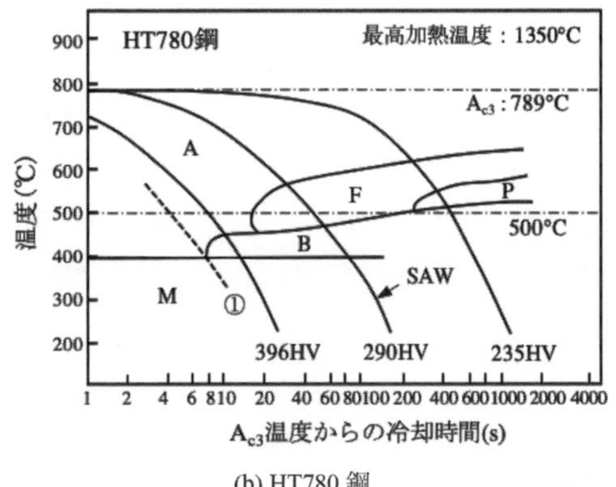

(b) HT780 鋼

(1) HT490鋼とHT780鋼をサブマージアーク溶接（SAW）相当の

冷却速度で室温まで冷却した際の組織と硬さを記せ。

HT490鋼：

HT780鋼：

(2) 溶接入熱が小さくなると，オーステナイトからフェライトへの変態開始温度は，どのようになるか。また，その理由を冶金的見地から説明せよ。

変態開始温度：

理由：

(3) 図中の①の冷却速度は何を表しているか。また，HT490鋼とHT780鋼の焼入れ性はどちらが高いか，その理由をこの冷却速度を用いて説明せよ。

①の冷却速度：

焼入れ性の高い鋼：

その理由：

問題M-2.（選択）

低合金鋼の溶接性について，以下の問いに答えよ。

(1) 一般に調質高張力鋼の溶接では，溶接入熱の上限と下限が設定されている。その理由を簡単に説明せよ。

上限設定：

下限設定：

(2) 大入熱溶接用鋼の開発コンセプトを，粒成長抑制と粒内変態促進の観点から説明せよ。

粒成長抑制：

粒内変態促進：

問題M-3.（選択）

溶接部で発生する高温割れについて，以下の問いに答えよ。

(1) 高温割れは，凝固割れ，液化割れと延性低下割れに大別される。それぞれの発生メカニズムを述べよ。

凝固割れ：

液化割れ：

延性低下割れ：

(2) ステンレス鋼溶接部に発生する凝固割れの対策を材料学的観点から２つ挙げよ。

対策１：

対策２：

問題M-4.（選択）

ステンレス鋼と低合金鋼の異材溶接について，以下の問いに答えよ。

(1) ステンレス鋼と低合金鋼の異材溶接では，溶接金属の組織は母材と溶接材料の化学組成及び希釈率（溶込み率）により推定できる。下図のシェフラ組織図中において，低合金鋼（Cr-Mo鋼）とステンレス鋼（オーステナイト系ステンレス鋼）の両母材，及び，溶接材料（オーステナイト系ステンレス鋼）の化学組成を示す点をそれぞれP，Q，Rとし，希釈率30%で溶接した場合の溶接金属の組織を推定する手順を図示し，その概要を説明せよ。ただし，本溶接では，両母材を均等に溶融させるものとする。

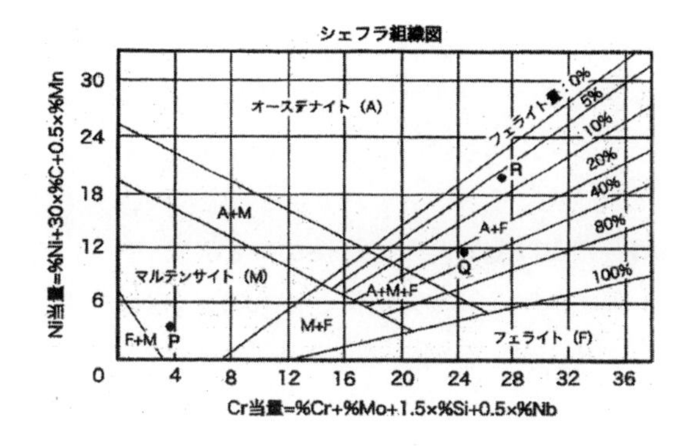

(2) ステンレス鋼と低合金鋼を異材溶接する場合，溶接金属の組織制御が重要となる。どのような組織に制御すべきか。その理由とともに述べよ。

組織：

理由：

問題M-5.（選択）

チタン及びチタン合金の溶接性について，以下の問いに答えよ。

(1) チタン及びチタン合金のティグ溶接では，大気混入による欠陥の発生や材質劣化に留意する必要がある。大気の混入が溶接部に及ぼす影響について説明せよ。

(2) チタンの溶接部の評価では，表面の色を良否の判断基準にしているが，その理由を述べよ。また，溶接部の合否の判断基準をJIS Z 3805 に準拠して説明せよ。

理由：

判断基準：

「設計」

問題D-1.（英語選択）

AWS D1.1/D1.1M:2010 Structural Welding Code - Steel（閲覧資料）の規定に関する以下の問いに日本語で答えよ。

(1) 断続すみ肉溶接における個々のすみ肉溶接長さの下限値，及びサイズ10mmのすみ肉溶接の有効長さの下限値は，それぞれいくらか。(2.4.2参照)

断続すみ肉溶接におけるすみ肉溶接長さの下限値：

サイズ10mmのすみ肉溶接の有効長さの下限値：

(2) 繰返し応力が作用する溶接継手で，禁止されているものを4つ挙げよ。(2.18参照)

1)

2)

3)

4)

問題D-2.（英語選択）

ASME Boiler and Pressure Vessel Code, Section VIII - Division 1（閲覧資料）UW-6について，以下の問いに日本語で答えよ。

(1) 容器の製造者（Manufacturer）の責任は何か。

(2) 容器の使用者（User）が製造者（Manufacturer）に伝えることは何か。

(3) 強度の異なる２つの母材を溶接するとき，どのように溶接材料を選べばよいか。

(4) 化学成分の異なる２つの母材を溶接するとき，どのように溶接材料を選べばよいか。

(5) 非鉄金属の母材を溶接するときは，どのように溶接材料を選べばよいか。

問題D-3.（選択）

日本建築学会の鋼構造設計規準 - 許容応力度設計法 -（閲覧資料）について，以下の問いに答えよ。

(1) 構造用鋼材の長期応力に対する許容応力度は，基準値Fに基づいて決定される。F値はどのように定めているか。

(2) 長期応力に対する許容引張応力度は，F値に対して安全率をいくらとしているか。

(3) 本設計規準が対象とする疲労は，どの程度の繰返し数を対象としているか。

(4) 許容疲労強さは，鋼種又は鋼材のF値に依存するか。

(5) 完全溶込み溶接継手の溶接線に垂直方向に繰返し応力が作用する場合，基準疲労強さはスカラップを有する溶接継手の何倍か。

問題D-4.（選択）

道路橋示方書・同解説（閲覧資料）に準拠してSM490 鋼製の鋼橋を設計するとし，下に示す静荷重が作用する溶接継手が設計強度上安全かどうか，計算過程を示して検証せよ。なお，片側の有効溶接長さは梁の深さ（200mm）に等しいものとし，矩形断面の断面係数Zは，$Z=bh^2/6$（b：梁の厚さ，h：梁の深さ）で，$1/\sqrt{2}=0.7$とする。

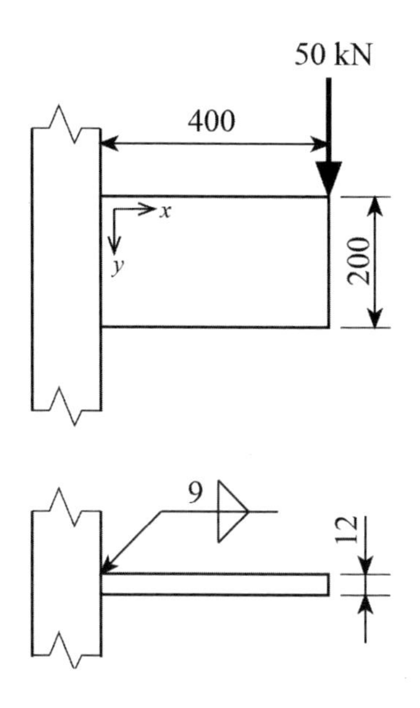

問題D-5.（選択）

ASME Boiler and Pressure Vessel Code, Section VIII - Division 1（閲覧資料）UG-27に従って，横置き円筒型圧力容器を設計する。設計条件は下記のとおりである。

・設計圧力（P）：2.5MPa

・胴板の内径（直径）：3.6m

・腐れ代：3mm

・設計温度：常温

・胴板の溶接継手の形式：完全溶込み両側突合せ溶接継手で，100%放射線透過試験を実施する。

(1) この容器の継手効率（E）はいくらか。Table UW-12に従って答えよ。

(2) 容器の材料にSA-516 Gr.70（引張強さ：485～620MPa，降伏強さ≥260MPa）を使用した場合の，胴板の最小必要板厚を小数点以下を切り上げて求めよ。なお，SA-516 Gr.70 の常温における最大許容応力Sは138MPaである。

(3)(2) で計算に用いた式が適用できることを検証せよ。

(4) 本規格では，P-1 材のPWHT に関して次の規定がある。

Postweld Heat Treatment is mandatory under the following conditions:

(1) for welded joints over 38 mm nominal thickness;

(2) for welded joints over 32 mm nominal thickness through 38 mm nominal thickness unless preheat is applied at a minimum temperature of 95℃ during welding.

SA-516 Gr.70を胴板に使用して100℃の予熱を行った場合，この容器に対するPWHTの要否を判定せよ。

問題D-6.（選択）

JIS B 8265：2010（閲覧資料）の規定について，以下の問いに答えよ。

(1) 全半球形鏡板と円筒胴の周継手は，分類A～Dのどれに分類されるか。(6.1.3)

(2) 裏当てを用いる突合せ片側溶接継手で，裏当てを残す場合の継手の形式は何か。(6.1.4)

(3) 設計上，溶接継手効率を0.95 以上とするための継手の形式，及び放射線透過試験の割合を述べよ。(6.2)

継手の形式：

放射線透過試験の割合：

(4) 板厚20 mm の円筒胴の突合せ長手継手における食違いの許容値はいくらか。(6.3.1)

(5) 板厚20 mm の円筒胴の突合せ溶接継手に放射線透過試験を実施する場合，余盛高さの制限値はいくらか。(6.3.3)

「施工・管理」

問題P-1. (英語選択)

AWS D1.1/D1.1M:2010 Structural Welding Code-Steel（閲覧資料）の「5.3 Welding Consumables and Electrode Requirements」に関し，以下の問いに日本語で答えよ。

(1) 5.3.2.1「Low-Hydrogen Electrode Storage Conditions」

①AWS A5.1 及びAWS A5.5 に従う低水素系被覆アーク溶接棒を密封された状態で購入した場合，開封後はどのように保管しなければならないか。

②再乾燥は何回まで許されるか。

(2) 5.3.2.4「Baking Electrodes」

①AWS A5.1に従う低水素系被覆アーク溶接棒がTable 5.1 の許容時間を超えて大気に曝された場合，ベーキング温度と保持時間はどうしなければならないか。

ベーキング温度：

保持時間：

②AWS A5.5 に従う低水素系被覆アーク溶接棒がTable 5.1 の許容時間を超えて大気に曝された場合，ベーキング温度と保持時間はどうしなければならないか。

ベーキング温度：

保持時間：

③最終ベーキング温度に上昇させるまでに，炉内で溶接棒をどのような条件下に置いておかなければならないか。

問題P-2.（英語選択）

ASME Boiler and Pressure Vessel Code, Section VIII, Div.1 Part UW（閲覧資料）の規定に関し，以下の問いに日本語で答えよ。

(1) 突合せ溶接継手で許容される目違い量を決める要素は何か。(UW-33)

(2) 板厚50mmの圧力容器円筒胴の長手溶接継手に許容される余盛高さはいくらか。(UW-35（d))

(3) 片側溶接の開先合せで特別注意すべきことは何か。(UW-37（d))

(4) PWHTはいつ行うべきか。(UW-40（e))

(5) 部分抜取り放射線透過試験において，抜取り程度と放射線透過写真の最小長さから求まる最小抜取り率（長さ換算）はいくらか。(UW-52（b)(1）と（c))

問題P-3.（選択）

JIS Z 3420:2003「金属材料の溶接施工要領及びその承認－一般原則」，及び，JIS Z 3422-1:2003「金属材料の溶接施工要領及びその承認―溶接施工法試験」に従い，溶接施工要領書（WPS: Welding Procedure Specification）に関して，以下の問いに答えよ。

(1) 溶接施工要領書（WPS）とはどういう文書か，目的を含め簡単に述べよ。

(2) 溶接施工要領書（WPS）を作成するまでの手順を説明せよ。

(3) 現状承認を受けている最大板厚を14 mmとする。新たに板厚36 mmの多層溶接継手の溶接施工法の承認を受ける必要が生じた。溶接施工法試験を実施する板厚をその選定理由とともに述べよ。なお，JIS Z 3422では，承認される板厚範囲は，試験材の板厚をtとしたとき$0.5t$～$2t$（最大150mm）である。

問題P-4.（選択）

溶接変形の低減とその矯正法について，以下の問いに答えよ。

(1) 溶接による変形を低減するための方法を３つ挙げよ。

(2) 溶接変形の機械的矯正法と熱的矯正法をそれぞれ１つずつ挙げよ。また，その施工上の注意点を挙げよ。

機械的矯正法：

注意点：

熱的矯正法：

注意点：

問題P-5.（選択）

鋼の溶接継手に溶接後熱処理（PWHT）を行うと，再熱割れが生じる場合がある。再熱割れについて，以下の問いに答えよ。

(1) 再熱割れが発生しやすい鋼を２つ挙げよ。

①

②

(2) 再熱割れの特徴を述べよ。

(3) 再熱割れ防止策を２つ挙げよ。

①

②

問題P-6.（選択）

供用中の低合金鋼製圧力容器の配管で，溶接部に漏れが検知された。これに関して以下の問いに答えよ。

(1) 漏れの発生原因として可能性のある損傷を２つ挙げよ。

①

②

(2) 補修溶接の実施に当たり，溶接管理技術者として行うべき事項を４つ挙げよ。

①

②

③

④

「溶接法・機器」

問題E-1.（選択）

アーク溶接現象に関する次の２つの用語について，簡単に説明せよ。

(1) 電磁ピンチ力

(2) 磁気吹き

問題E-2.（選択）

ティグ溶接では，電極の極性によってアークの挙動や溶接結果が大きく影響される。それぞれの極性におけるアークの特徴，溶込み形状，電極への影響，及び適用材料について簡単に説明せよ。

(1) 棒マイナス（EN）極性の場合

①アークの特徴：

②溶込み形状：

③電極への影響：

④適用材料：

(2) 棒プラス（EP）極性の場合

①アークの特徴：

②溶込み形状：

③電極への影響：

④適用材料：

問題E-3.（選択）

細径ワイヤを高速で供給するマグ溶接に多用されているワイヤ送給の制御方式，及び溶接電源の外部特性の名称を，それぞれ記せ。また，それらの組合せが用いられる理由を説明せよ。

(1) ワイヤ送給制御方式の名称

(2) 溶接電源の外部特性の名称

(3) 上記（1）及び（2）の組合せが用いられる理由

問題E-4.（選択）

プラズマアークに関する、以下の問いに答えよ。

(1) プラズマアークの発生方式には、「移行式」と「非移行式」がある。それぞれの概要を簡単に記せ。

移行式プラズマアークの発生方式の概要：

非移行式プラズマアークの発生方式の概要：

(2) ステンレス鋼のプラズマ溶接では、一般に移行式が用いられている。その理由を２つ挙げよ。

問題E-5.（選択）

アーク溶接ロボットに採用されている「協調制御」について簡単に説明せよ。また，協調制御を利用したロボット溶接の適用事例を２つ挙げ，その概要を記せ。

(1) 協調制御の説明

(2) 協調制御を利用したロボット溶接の適用事例とその概要

適用事例１：

その概要：

適用事例２：

その概要：

●2019年11月３日出題　特別級試験問題●
解答例

「材料・溶接性」

問題M-1.（選択）

(1)

HT490 鋼：組織はフェライト＋パーライト＋ベイナイト＋マルテンサイトで，硬さは211HV

HT780 鋼：組織はフェライト＋ベイナイト＋マルテンサイトで，

硬さは290HV

(2)

変態開始温度：低下する。

理由：オーステナイト→フェライト変態にはCの拡散をともなう。溶接入熱が小さくなると冷却速度が速くなり，Cの拡散が追いつかなくなるため。

(3)

①の冷却速度：100%マルテンサイトとなる限界の冷却速度（臨界冷却速度）

焼入れ性の高い鋼：HT780鋼

その理由：冷却曲線①（臨界冷却速度）から，100%マルテンサイトとなる冷却時間Δ$t_{8/5}$は，HT780鋼で約4s，HT490鋼で約2sで，HT780鋼はより遅い冷却速度でもマルテンサイトが生成される。すなわち，焼入れ性が高くなっている。

問題M-2.（選択）

(1)

上限設定：HAZ粗粒域でのじん性低下を防止するため（HAZ軟化を抑制する目的もある）。溶接入熱が過大になると，粗大化したオーステナイトからの冷却変態相（フェライト，ベイナイト，マルテンサイト）が粗くなって，じん性が低くなる。

下限設定：冷却速度の増加による硬化組織の形成を防止するため。（硬化組織が形成されると低温割れの発生リスクが高くなる）

(2)

粒成長抑制：溶接熱影響部のオーステナイト粒界をピン止めする粒子（TiN など）を利用し，オーステナイト粒の成長を抑制する。

粒内変態促進：オーステナイト粒内に分散させた粒子（窒化物，硫化物，酸化物など）を核としてフェライト変態を促進させ，微細なアシキュラーフェライトを形成し，オーステナイトからの冷却変態組織を微細化する。

問題M-3.（選択）

（1）

凝固割れ：凝固割れは，凝固の最終段階において存在する液膜に凝固収縮や熱収縮によるひずみが作用することにより発生する。凝固温度範囲が大きい材料ほど凝固割れ感受性が高い。

液化割れ：液化割れは，（融点降下元素の偏析や低融点化合物の生成によって融点が低下した）溶接熱影響部または前層溶接金属部の粒界が溶接熱で局部溶融することにより形成された液膜に，溶接冷却過程での収縮ひずみが作用することにより発生する。多層溶接部に発生することが多い。

延性低下割れ：延性低下割れは，溶接熱サイクル過程の固相状態の温度域において，熱応力により粒界が開口することにより生じる。粒界の強度を低下させる要因としては，P，Sなどの不純物元素の偏析や，炭化物，金属間化合物などの析出物がある。

（2）

対策1：鋼材および溶接材料の不純物元素（P，Sなど）量の低減。

対策2：溶接金属中にδフェライトを適量（一般に5％ 以上）含有させる。

（適切なCr_{eq}/Ni_{eq}の溶接材料の選択）

問題M-4.（選択）

（1）

図中の点PとQを結び中点（両母材が均等に溶融するため）をXとする。点XとRを結び，希釈率30%で内分（線分XR上の点Rから3:7に内分）する位置Yが溶接金属の組織となる。

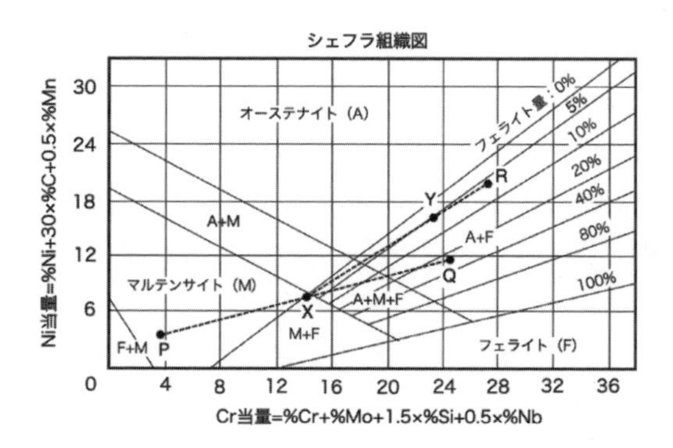

(2)

組織：マルテンサイトを含まず，適量のδ フェライトを含むオーステナイト組織（ただし，Cr_{eq} が過大となることを避ける）

理由：マルテンサイトが生成する範囲を避けることで低温割れの回避を，また，適量のδフェライトを含ませることで高温割れの回避を図るため。（高温加熱や熱処理などで粗粒化ぜい化やシグマ相ぜい化が生じることを避けるため，フェライト量が約25%を超えないようにする。）

問題M-5.（選択）

(1)

チタンは，活性であり，高温になると酸化や窒化が起こりやすくなると同時に，溶融部では酸素，窒素，水素の固溶度が高くなり，これらの気体を吸収して，著しく硬化，ぜい化を引き起こす。また，微細なブローホールが生じやすい。

(2)

理由：チタンを大気中で加熱すると，酸化や窒化による表面被膜の厚さによって色が変わって見えるため，大気からのシールドの良否を色によって評価できることによる。

判断基準：チタン表面の色は，ガスシールドが不十分となるにつれて，銀色→金（麦）色→紫色→青色→青白色→暗灰色→白色

→黄白色と変化する。JIS Z 3805では，銀色から青色までを合格としている。なお，青白色～黄白色となると，硬化やぜい化した状態となっている。

問題D-1．（英語選択）

(1)

断続すみ肉溶接におけるすみ肉溶接長さの下限値：38mm（1-1/2in）(2.4.2.4より）

サイズ10mmのすみ肉溶接の有効長さの下限値：40mm（サイズの4が下限値）(2.4.2.3より）

(2)

1）裏当て金なし，または鋼以外の，4章で認定されていない裏当てを使用した片側開先溶接継手。ただし，二次部材または応力の作用しない部材，および計算された応力の方向に平行な角継手に適用する場合を除く。(2.18.1)

2）V開先やU開先が使用できる所で下向き姿勢で溶接したレ形およびJ形開先突合せ継手。(2.18.2)

3）サイズが5 mm（3/16in.）未満のすみ肉継手。(2.18.3)

4）溶接線垂直方向の繰返し引張応力が作用する，裏当てを残したTおよび角完全溶込み溶接継手。(2.18.4)

問題D-2．（英語選択）

(1)

溶接材料と溶接方法の選定に対する責任。(UW-6)

(2)

意図した使用条件に対して容器が十分な機能を満足するために，特定の溶接材料を選定する必要のある場合は，その旨を伝える。(UW-6)

(3)

溶接金属の引張強さが低い方の母材の強度以上となるような溶接

材料の選定。(UW-6 (a))

(4)

溶接金属の成分が，どちらか一方の母材の成分と類似か，またはそれに代わる容認できる成分となるような溶接材料の選定。(UW-6 (d))

(5)

非鉄金属の製造者，または当該産業界の推奨に従う溶接材料の選定。(UW-6 (e))

問題D-3.（選択）

(1)

鋼材の引張強さ（規格値）の70%と降伏点（規格値）のうち小さい方の値。(解説5.1)

(2)

1.5（本文および解説5.1）

(3)

1×10^4回（1万回）を超える繰返し数。(本文および解説7.1)

(4)

依存しない。(解説7.2)

(5)

２倍（100/50=2）(表7.1)

問題D-4.（選択）

荷重を支える断面はのど断面なので，梁の厚さに代えてすみ肉溶接ののど厚の総和を用いて考える。

すみ肉溶接のサイズSは 9 mmなので，のど厚$a=S/\sqrt{2}=9 \times 0.7=6.3$mmとなり，のど厚の総和は$6.3 \times 2=12.6$mmで，有効のど断面積は$6.3 \times 2 \times 200=2520$mm^{2}となる。

溶接部に加わる曲げモーメントMは

$M=50 \times 400=20000$kN·mm

であり，曲げモーメントによる溶接部の縁応力（最大曲げ応力）σ_bは

$\sigma_b = M/Z = 20000 \times 10^3/((6.3 \times 2 \times 200^2)/6) = 238.1\text{N/mm}^2 \rightarrow 239\text{N/mm}^2$

である。すみ肉溶接の場合，この縁応力σ_bをせん断応力τ_xとして伝えるとみなす。すなわち

$\tau_x = 239\text{N/mm}^2$

である。

また，荷重Pによってすみ肉溶接ののど断面に生じるせん断応力τ_yは

$\tau_y = 50 \times 10^3/2520 = 19.8\text{N/mm}^2 \rightarrow 20\text{N/mm}^2$

である。

SM490材（厚さ12mm）の許容せん断応力（度）τ_aは表-3.2.4より，$\tau_a = 105\text{N/mm}^2$である。よって

$$\left(\frac{\tau_x}{\tau_a}\right)^2 + \left(\frac{\tau_y}{\tau_a}\right)^2 = \left(\frac{239}{105}\right)^2 + \left(\frac{20}{105}\right)^2 = 5.22 > 1.0$$

で式（7.2.7）の1以下を満足せず，安全でない。

問題D-5.（選択）

(1)

1.00（Table UW-12 Type No.（1）による）

(2)

円筒型容器の長手継手に対する最小必要板厚の計算には，UG-27(c）の式（1）を用いる。

この式に，P=2.5MPa，R=1800mm，S=138MPa，E=1.00を代入すると，

$t = (2.5 \times 1800) / (138 \times 1.00 - 0.6 \times 2.5)$

$= 4500/(138 - 1.5) = 4500/136.5 = 32.97 \rightarrow$ 小数点以下を切り上げて33mmとなる。

(3)

UG-27（c）の式（1）が使える条件として，次の2点を検証する。

・胴板の板厚が内半径の1/2を超えないこと。

腐れ代を加えた板厚は36mmで，内半径の1/2=1800 × 0.5= 900mmより小さい

・設計圧力Pが0.385SEを超えないこと。

設計内圧Pは2.5MPaで，$0.385SE=0.385\times138\times1.00=53.13$MPaより小さい

以上から，UG-27（c）の式（1）が適用できる。

(4)

腐れ代を加えた板厚は36mmで，32mmから38mmの間にあり，95℃を超える予熱を行っているのでPWHTを行わなくてもよい。

問題D-6.（選択）

(1)

分類A

(2)

B-2継手

(3)

継手の形式：B-1継手（表2より）

放射線透過試験の割合：20%以上（表2より）

(4) 3.5mm

6.1.3から，胴板同士の長手継手は分類Aとなる。表3から，分類Aで板厚が50mm以下の場合の食違いの許容値は，$t/4=20/4=5$mmとなる。ただし，最大3.5mmという規定があるので，この場合の許容値は3.5mmとなる。

(5)

アルミニウムおよびアルミニウム合金以外の場合：2.5mm（表4より）

アルミニウムおよびアルミニウム合金の場合：5.0mm（表5より）

「施工・管理」

問題P-1.（英語選択）

(1)

①開封後すぐに少なくとも120℃（250° F）の温度に保持された炉に保管しなければならない。

②１回。

(2)

①ベーキング温度：260℃（500° F)～430℃（800° F）
保持時間：少なくとも２時間

②ベーキング温度：370℃（700° F）～ 430℃（800° F）
保持時間：少なくとも１時間

③最終ベーキング温度の半分を超えない温度に30分以上置いておかなければならない。

問題P-2.（英語選択）

(1)

継手の分類（カテゴリー）と，継手の薄い方の板厚。

(2)

３mm（1/8in.)。(カテゴリーＡより)

(3)

溶接線全長にわたって，溶接継手底部が完全に溶込み，融合不良が生じないようにすること。

(4)

UCS-56（f）で許される場合を除いて，水圧試験前で補修溶接が終わった後。

(5)

最小抜取り率は１％。(150mm/15m)

(抜取り程度は50ft（15m）あたり１か所で，放射線透過写真の最小長さが６in.（150mm）であることによる)

問題P-3.（選択）

(1)

溶接の再現性を保証するために，溶接施工要領に要求される確認事項を詳細に記述した文書。

(2)

①過去の溶接施工の経験，溶接技術の一般的知識などを用いて，承認前（仮）の溶接施工要領書pWPS（preliminary Welding Procedure Specification）を作成する。

②次のいずれかの方法で承認を受ける。（１つ挙げる）

・溶接施工法試験による方法

・承認された溶接材料の使用による方法

・過去の溶接実績による方法

・標準溶接施工法による方法

・製造前溶接試験による方法

③溶接施工法承認記録（WPQR：Welding Procedure Qualification Record　または WPAR：Welding Procedure Approval Record）を作成する。

④WPQRまたはWPARに基づき，承認された溶接施工要領書（WPS）を作成する。

(3) 次のいずれかが書いてあればよい。

・試験材の２倍の板厚まで承認されるので，経費削減の意味から18mmで試験を実施する。

・実施工における問題点の有無を検討するため，36mmの板厚で試験を実施する。

・現状認められている板厚14mmから連続でできるだけ厚板まで承認範囲に入るようにするため，最小板厚が14mm（$0.5t$=14mm）となるように，28mmで試験を実施する。この場合新たな承認範囲は14mmから56mmとなり，現状認められている範囲から連続で，かつ今回対象の36mmも含まれる。

・将来，もっと厚い板厚に適用する可能性を考慮して，できるだけ大きな板厚まで承認範囲に入れるため，今回の対象板厚が下限値となるように72mmの板厚で試験を実施する。

（0.5t=36mmより，t=72mmとなる。承認される範囲は36mm～144mm）

問題P-4.（選択）

(1) 下記から３つ挙げる。

・健全な溶接が可能な範囲で溶接入熱を小さくする。
・溶着量の少ない開先形状にする。
・逆ひずみ法を適用する。
・適切な溶接順序を採用する。
（構造物の中央から自由端に向けて溶接。すなわち，収縮変形を自由端に逃がす）
（溶着量（収縮量）の大きい継手を先に溶接し，溶着量（収縮量）の小さい継手を後から溶接する。）
・部材の寸法精度および組立精度を向上させる。
・拘束ジグを用いる。（角変形などの防止）
・裏側からの先行加熱を行う。（すみ肉Ｔ継手などの角変形の低減）

(2)

機械的矯正法：プレス，ローラなどによる矯正。（１つ挙げる）

注意点：過度の矯正は，延性・じん性低下と溶接部に割れなどの損傷をもたらすことがあるので避ける。

熱的矯正法：線状加熱，点加熱（お灸）などによる矯正。（１つ挙げる）

注意点：過度な加熱や冷却は，材質が変化する可能性があるので避ける。

問題P-5.（選択）

(1) ①，②

以下から２つ挙げる。

・Cr-Mo鋼

・Cr-Mo-V鋼

・780N/mm^{2}級高張力鋼など

(2)

再熱割れは粒界割れで，溶接熱影響部の粗粒域に発生し，細粒部や母材には発生しない。

(3) ①，②

以下から２つ挙げる。

・ΔＧまたはP_{SR}の値が小さい（０以下が目安）材料を選ぶ。

・余盛止端部をグラインダなどで滑らかに仕上げる。

・テンパビードをおいて，HAZの粗粒を細粒化する。

・溶接入熱を小さくして，HAZの粗粒化を抑制する。

問題P-6.（選択）

(1) ①，②

以下から２つ挙げる。

・応力腐食割れ（SCC）

・(局部）腐食

・水素ぜい化割れ

・疲労損傷

・クリープ損傷

・ぜい性破壊。

(2) ①，②，③，④

以下から４つ挙げる。

・漏れ部の調査を行い，漏れ原因を究明する。

・原因に応じて，補修溶接の技術的可能性，補修溶接法，必要コスト等を総合的に検討する。

・補修範囲を決めるとともに，補修溶接要領，補修工法，PWHT条件等を決定する。

・補修溶接部の検査要領を検討・決定する。
・補修溶接施工要領書を作成するとともに承認を得る。
・品質記録（補修記録，検査記録，PWHT記録等）を作成する。
・品質記録をもとに，元の溶接施工要領書の改訂，または設計変更を行い，再発防止の処置を講ずる。

「溶接法・機器」
問題E-1.（選択）

(1)

溶接電流によってアークの周囲に磁界が形成され，フレミング左手の法則に従う電磁力が発生する。この電磁力はアークや溶滴の断面を収縮させる力として作用する。このような作用を生じる力を電磁ピンチ力という。電磁ピンチ力はプラズマ気流の発生や溶滴移行特性に大きく影響する。

(2)

溶接電流によって発生した磁界や母材の残留磁気が，アーク柱を流れる電流に対して著しく非対称に作用すると，その電磁力によってアークが偏向する現象。磁気吹きは磁性材料の直流溶接で発生しやすく，極性が頻繁に変化する交流溶接や非磁性材料の直流溶接などで発生することは比較的少ない。

問題E-2.（選択）

(1)

①アークの特徴：陰極点（電子放出の起点）が電極の先端近傍に形成され動き回ることは少ないため，電極直下に集中性（指向性）の強いアークが発生する。
②溶込み形状：ビード幅が狭く，溶込みは深い。
③電極への影響：電極に加えられる熱量はEP 極性に比べて少なく，電極の消耗は少ない。

④適用材料：ティグ溶接で多用される極性であり，炭素鋼・低合金鋼・ステンレス鋼・ニッケル合金・銅合金・チタン合金など，アルミニウム合金とマグネシウム合金を除くほとんどの金属に幅広く適用される。

(2)

①アークの特徴：陰極点が母材表面上を激しく動き回り，アークの集中性は著しく劣るが，母材表面の酸化皮膜を除去するクリーニング（清浄）作用が得られる。

②溶込み形状：ビード幅が広く，溶込みは浅い。

③電極への影響：電極に加えられる熱量は多く，電極は過熱されて電極消耗が極めて多い。

④適用材料：クリーニング作用が必要な，強固で高融点の表面酸化皮膜を持つアルミニウム合金やマグネシウム合金などの溶接に適用される。しかし，この極性が直流で使用されることはなく，交流として利用される。

問題E-3.（選択）

(1)

定速送給制御

(2)

定電圧特性

(3)

マグ溶接では，アークの状況に応じてワイヤの溶融速度を瞬時に制御してアーク長を適正に保つことが必要である。定電圧特性電源を用い，ワイヤを一定の速度で送給することにより，アーク長の変化に応じて溶接電流が自動的に増減する。その電流変動によって，アーク長を元の長さに復元・維持する電源の自己制御作用が生じる。定電圧特性と定速送給制御を組み合わせることによって，特別なアーク長制御を付加しなくても，アーク長を適正な値に保持できる。

問題E-4.（選択）

(1)

移行式プラズマアークの発生方式の概要：タングステン電極とノズル電極との間に高周波高電圧で小電流のパイロットアークを起動し，このパイロットアークを介して，タングステン電極と母材との間にプラズマアークを発生させる方式。タングステン電極が陰極，母材が陽極となる。通常の溶接・切断には，この移行式プラズマが用いられる。

非移行式プラズマアークの発生方式の概要：タングステン電極とノズル電極との間にプラズマアークを発生させる方式。タングステン電極が陰極，ノズル電極が陽極となる。母材への通電が不要で，非導電材料への適用も可能である。パイロットアークは非移行式プラズマアークである。

(2) 以下から２つ挙げる。

・母材への入熱量を大きくすることができ，熱効率が良いため。
・集中したアークが得られ，深い溶込みが得られるため。
・ノズル電極への熱負荷が小さく，ノズル電極の消耗が少ないため。

問題E-5.（選択）

(1)

　複数台のロボットやポジショナなどを組合わせた溶接システムにおいて，システムを構成するロボットやポジショナの動作を，１つの制御装置で同期させて制御する方式のこと。例えば，１台のロボットがワークを保持し，他のロボットにトーチを搭載して，常に下向姿勢で溶接が行えるようにするなど。

(2)

適用事例１，２
その概要１，２
以下から２つ挙げる。
◇事例：建築鉄骨の仕口部材の溶接

概要：ポジショナを用い，コーナー部で溶接ロボットの動作に同期してポジショナを回転させると，コーナー部でのトーチの移動量を大幅に低減でき，溶接姿勢を常に下向に保つことができる。

◇事例：パイプ交差部の鞍型溶接継手の溶接

概要：１台の溶接ロボットにトーチを取り付け，他方のロボットにワークを保持させて溶接すると，ほとんどの溶接部に対して下向姿勢に近い溶接姿勢での溶接が可能となる。また，ティーチング作業を簡素化することができる。

◇事例：自動車の足回り部品の溶接

概要：１台の溶接ロボットにトーチを取り付け，他方のロボットには足回り部品を保持させる。この２台のロボットを人間の両腕のように協調して動作させると，溶接姿勢，トーチ角度および溶接速度などを一定に保った溶接が可能となる。

●2019年6月9日出題●

特別級試験問題

「材料・溶接性」

問題M-1.（選択）

高張力鋼とその溶接性について，以下の問いに答えよ。

(1) 非調質高張力鋼，調質高張力鋼及び近年開発されたTMCP鋼の，それぞれの製造方法（熱処理）と金属組織の特徴を説明せよ。

非調質高張力鋼：

調質高張力鋼：

TMCP鋼：

(2) 780N/mm^{2}級高張力鋼の溶接上の問題点を２つ挙げよ。

(3) TMCP鋼の溶接性の特徴を非調質高張力鋼，調質高張力鋼と比較して説明せよ。

問題M-2.（選択）

低炭素鋼溶接熱影響部の組織と特性ついて，以下の問いに答えよ。

(1) 低炭素鋼溶接熱影響部は，粗粒域，混粒域，細粒域，部分変態域（二相加熱域）及び未変態域に大別できる。このうち，粗粒域，細粒域，部分変態域（二相加熱域）の加熱温度範囲と特性を述べよ。

粗粒域：

細粒域：

部分変態域（二相加熱域）：

(2) 低炭素鋼の多層溶接熱影響部では，前層溶接で形成された粗粒域が次パス溶接による熱影響を受け組織が複雑になる。多重の熱履歴を受けた粗粒域は，金属組織的に粗粒HAZ（CGHAZ），細粒HAZ（FGHAZ），二相域加熱HAZ（IRCGHAZ），粗粒焼戻しHAZ（SRCGHAZ）に分類される。これらのうち，粗粒HAZ

（CGHAZ）と二相域加熱HAZ（IRCGHAZ）は，ぜい化しやすい。その理由を記せ。

粗粒HAZ（CGHAZ）：

二相域加熱HAZ（IRCGHAZ）：

問題M-3.（選択）

軟鋼及び高張力鋼用ソリッドワイヤについて，以下の問いに答えよ。

(1) YGW11（G49A0UC11）ワイヤ及びYGW15（G49A2UM15）ワイヤに用いられるシールドガスはそれぞれ何か。

YGW11（G49A0UC11）ワイヤ：

YGW15（G49A2UM15）ワイヤ：

(2) YGW11ワイヤ及びYGW15ワイヤに含まれるSi及びMnの役割を述べよ。また，YGW15ワイヤのSi及びMn含有量が，YGW11ワイヤに比べ低く規定されている理由を記せ。

役割：

理由：

(3) YGW15ワイヤをYGW11ワイヤ用のシールドガスで溶接すると，溶接部の機械的特性はどのようになるか。また，その理由を記せ。

機械的特性：

理由：

問題M-4.（選択）

二相系ステンレス鋼とその溶接性に関して，以下の問いに答えよ。

(1) 二相系ステンレス鋼母材の金属組織とその特性を述べよ。

(2) 二相系ステンレス鋼の溶融線近傍の熱影響部で生じる組織変化とその特性を述べよ。

(3) 二相系ステンレス鋼溶接部の組織及び特性の改善のため，合金元素として窒素が添加される。その理由を記せ。

問題M-5. （選択）

Ni基合金とその溶接性について，以下の問いに答えよ。

(1) 代表的なNi基合金を１つ記せ。

(2) Ni基合金は耐熱材料としての強化機構により，大きく２種類に分類できる。どのように分類できるか。

(3) Ni基合金の溶接割れの種類と，それに影響を及ぼす元素を３つ挙げよ。

溶接割れの種類：

影響を及ぼす元素：

「設計」

問題D-1. （英語選択）

AWS D1.1/D1.1M:2010 Structural Welding Code-Steel（閲覧資料）の規定に関する以下の問いに日本語で答えよ。

(1) Fig.2.7に示すように，可撓継手（flexible connection）を溶接する場合，回し溶接部の最大長さをすみ肉サイズの４倍以下としているが，その理由を記せ。(2.9.3.3参照)

(2) 母材板厚が８mmの重ね継手において，母材端に沿うすみ肉溶接のサイズは最大いくらとすべきか。(2.4.2.9参照)

(3) 不完全溶込み開先溶接継手がのど断面に平行にせん断応力を受ける場合，許容応力（度）はいくらか。ただし，母材ネット断面のせん断応力（度）は，母材の降伏点の0.4倍を超えないものとする。(Table2.3参照)

(4) すみ肉溶接サイズが６mmのとき，荷重を受け持つすみ肉溶接の最小有効長さは何mmか。(2.4.2.3参照)

(5) 突合せ完全溶込み開先溶接継手の溶接線に直角方向の繰返し荷重が加わるとき，余盛をグラインダで除去した場合と余盛付きの場合のそれぞれにおいて，疲労設計上の応力カテゴリーは何か。(Table2.5参照)

余盛なしの場合のカテゴリー：
余盛ありの場合のカテゴリー：

問題D-2.（英語選択）

ASME Boiler and Pressure Vessel Code, Section VIII - Division 1（閲覧資料）UG-25は，腐食について規定している。以下の問いに日本語で答えよ。

(1) UG-25 (a) では，この規格で要求される場合を除いて，“corrosion allowance（腐れ代）”を決めるのは誰と規定しているか。
(2) UG-25 (e) で，“Telltale hole（知らせ穴）”を設ける目的は何か。
(3) UG-25 (e) で，知らせ穴を設けてはいけないと規定しているのは，どのような容器か。ただし，多層巻円筒の通気口に対する規定ULW-76で許容される場合を除く。
(4) UG-25 (f) で，腐食が懸念される容器において“drain opening（ドレン穴）”を設ける位置はどこか。

問題D-3.（選択）

右図のように吊り金具（重量20kN）を溶接により取り付けた。吊り金具の材質はSM400で，図に示す方向に荷重$P=50$kNがかかるものとして，以下の問いに答えよ。

なお，$1/\sqrt{2}=0.7$とする。

中立軸に対する断面２次モーメントIは，

$$I=\frac{bh^3}{12}$$

また，断面係数Zは，$Z=\frac{bh^2}{6}$

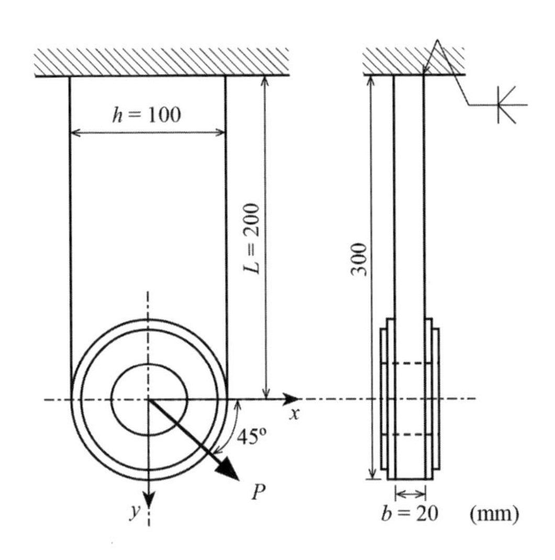

(1) 溶接部に作用するせん断応力（度）はいくらか。

(2) 溶接部に作用する曲げモーメントはいくらか。また，それにより生じる最大曲げ応力（度）はいくらか。

(3) 溶接部のｙ方向に生じる最大垂直応力（度）σ_yはいくらか。なお，３つの垂直応力の合計になることに留意せよ。

(4) 鋼構造設計規準に基づいて，この溶接継手が強度上安全であるか否かを評価せよ。

問題D-4.（選択）

図のような外力Pを受ける溶接継手がある。道路橋示方書（閲覧資料）の規定で各溶接継手は認められるか。認められる場合は（　　　）内に○印を，認められない場合は×印を記し，その理由を［　　　］内に記せ。

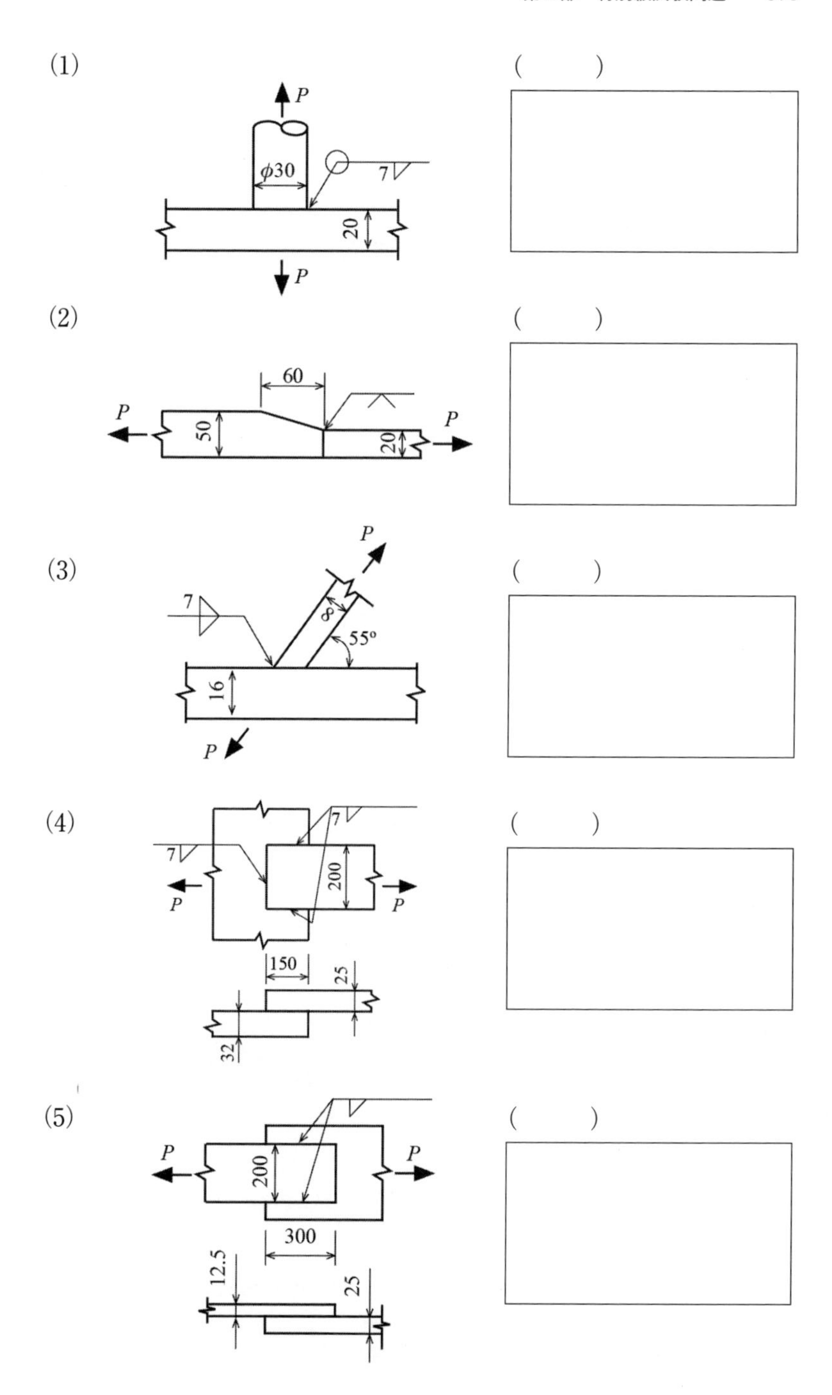
(1)
P
φ30
7
20
P
(2)
60
P
50
20
P
(3)
P
7
8
55°
16
P
(4)
7
7
200
P
P
150
25
32
(5)
P
200
P
300
12.5
25

問題D-5.（選択）

常温で気体を加圧貯蔵する球形タンクをJIS B 8265：2010（閲覧資料）により設計・製作する。設計条件は，下記のとおりである。

・設計圧力（P）：1.5MPa

・球形タンクの内径（D_i）：16m

・腐れ代：３mm

・設計温度：常温

・溶接継手の形式：全て表１のB-1継手で，100%放射線透過試験を実施する。

(1) 胴板にJIS G 3106のSM570（最小0.2%耐力：450N/mm^2，引張強さ：570～720N/mm^2）を使用する場合，解説添付書「許容引張応力の設定基準」の2.1.1に従って許容引張応力を求めよ。小数点以下は切り捨てること。

(2) 胴板にJIS G 3115 SPV 450（最小0.2%耐力：450N/mm^2，引張強さ：570～700N/mm^2）を使用する場合，同基準の2.1.6に従って許容引張応力を求めよ。ただし，使用材料の降伏比（r）の値にはr=450/570=0.79を用い，小数点以下は切り捨てること。

(3) 上記（1）(2）のそれぞれの場合で，E.2.3の内径基準の式を用いて，この球形タンクの胴板の必要板厚を求めよ。ただし，小数点第２位を切り上げて解答せよ。

(4) (3）の結果から，上記（2）の材料を使用した場合の，この球形タンクの設計・施工上の利点を述べよ。

問題D-6.（選択）

JIS B 8265：2010（閲覧資料）の規定について，以下の問いに答えよ。

(1) 裏当てを用いた突合せ片側溶接継手（裏当てを残す）で継手効率を0.85としたい。放射線透過試験の最小割合はいくらか。(6.2参照）

(2) 板厚が32mmの胴板の突合せ周継手端面の食違いの許容値はい

くらか（6.3.1参照）

(3) 内圧を保持する円筒形胴板の成形後の内径を測定したところ，以下の結果を得た。この胴板の真円度の合否を判定し，その理由を記せ。(7.2.2参照)

・最大内径：2,010mm

・最小内径：1,995mm

・平均内径：2,003mm

・設計内径：2,000mm

(4) 炭素鋼製圧力容器の溶接後熱処理を行うに当たり，最低保持温度を567℃にしたい。溶接部の厚さは50mmである。この場合の最小保持時間を求めよ。(S.5.1.2e）参照)

「施工・管理」

問題P-1.（英語選択）

AWS D1.1/D1.1M：2010 Structural Welding Code-Steel（閲覧資料）の「5.10 Backing」と「5.31 Weld Tabs」に関し，以下の問いに日本語で答えよ。

(1) 繰返し荷重を受ける非中空構造体（管状でない構造物）に鋼製裏当て金を用いて開先溶接をする場合，どのような事が規定されているか。(5.10.4参照)

(2) 溶接線方向に繰返し荷重を受ける非中空構造体の開先裏面に鋼製裏当て金を取り付ける場合，どのような事が規定されているか。(5.10.4.1参照)

(3) 静的荷重を受ける構造体の開先溶接に鋼製裏当て金を用いる場合，どのような事が規定されているか。(5.10.5参照)

(4) 繰返し荷重を受ける非中空構造体の溶接タブに関し，どのような事が規定されているか。(5.31.3参照)

問題P-2.（英語選択）

ASME Boiler and Pressure Vessel Code, Section VIII, Div.1 Part

UW（閲覧資料）の規定に関し，以下の問いに日本語で答えよ。

(1) 母材温度が10℉（−12℃）の場合，母材表面を溶接前にどのように処置することが推奨されるか。(UW-30)

(2) 溶接による板厚減少が許される条件を2つ述べよ。(UW-35(b))

①

②

(3) 補修溶接時には，欠陥をどのような方法で除去すべきか。(UW-38)

(4) 炉で数回に分けてPWHTする場合，加熱部の重なり3ft（1m）は適切か。その理由とともに記せ。(UW-40（a）(2))

問題P-3.（選択）

溶接構造物を製作する際に，品質管理及び品質保証においてトレーサビリティが求められることが多い。

以下の問いに答えよ。

(1) トレーサビリティとは何か。

(2) トレーサビリティを確保するための具体的管理項目を溶接施工の観点より5つ挙げよ。

(3) トレーサビリティによって何ができるかを記せ。

問題P-4.（選択）

鋼のぜい性破壊について，以下の問いに答えよ。

(1) ぜい性破壊の特徴及び破面の特徴をそれぞれ2つ挙げよ。

ぜい性破壊の特徴：

破面の特徴：

(2) ぜい性破壊の3要因は，①応力集中，②低じん性，③引張応力である。各要因毎に溶接施工面からみた防止法を述べよ。

①応力集中：

②低じん性：

③引張応力：

問題P-5.（選択）

Cr-Mo鋼を用いた厚肉高温高圧容器を製作する。内面は，本体溶接後にオーステナイト系ステンレス鋼で肉盛溶接する。溶接管理技術者として検討することを溶接施工（品質）及び溶接コストの観点から，それぞれ２つ挙げて説明せよ。

（1）溶接施工（品質）

①

②

（2）溶接コスト

①

②

問題P-6.（選択）

長年にわたり，高温高圧水素雰囲気で運転してきた圧力容器の定期解放検査で，内面の肉盛溶接部（オーステナイト系ステンレス鋼）が母材（2 1/4Cr-1 Mo 鋼）からはく離しているのが見つかった。このはく離割れ（ディスボンディング）について，以下の問いに答えよ。

（1）推定される割れ種類とその原因を述べよ。

（2）はく離割れ感受性を低減するための対策を述べよ。

「溶接法・機器」

問題E-1.（選択）

溶接アークの硬直性について以下の問いに答えよ。

（1）溶接アークの硬直性とはどのような現象か。その概要を記せ。

（2）溶接アークの硬直性が生じる理由を記せ。

（3）溶接アークの硬直性が損なわれる事例を１つ挙げよ。

問題E-2.（選択）

インバータ制御直流溶接電源におけるインバータ回路の役割を２つ挙げ，それによって得られる効果をそれぞれ簡単に説明せよ。

役割１：

その効果：

役割２：

その効果：

問題E-3.（選択）

パルス周期に同期した溶滴移行が行われるパルスマグ溶接（シナジックパルスマグ溶接）では，４つのパルスパラメータ（パルス電流I_p，パルス期間T_p，ベース電流I_b及びベース期間T_b）が溶接現象に大きく影響する。以下の問いに答えよ。

(1) 溶滴移行形態と大きく関係するパルスパラメータは何か。

(2) 溶滴移行形態に及ぼす影響が最も少ないパルスパラメータは何か。

(3) パルスマグ溶接（シナジックパルスマグ溶接）で得られる長所とその理由を記せ。

長所：

理由：

問題E-4.（選択）

マグ溶接ロボットに用いられるセンサの名称を２つ挙げ，それらの原理と主な機能をそれぞれ説明せよ。

名称①：

①の原理：

①の機能：

名称②：

②の原理：

②の機能：

問題E-5.（選択）

作動ガスにArやAr+H_2混合ガスを用いるプラズマ切断では電極に酸化物入りタングステンを用いるが，作動ガスに空気を用いるエアプラズマ切断では電極にハフニウム（Hf）が用いられる。以下の問いに答えよ。

(1) エアプラズマ切断の電極にハフニウム（Hf）が用いられる理由を記せ。

(2) 電極は，ハフニウム（Hf）を銅シースへ圧入した構造となっている。この理由を記せ。

●2019年６月９日出題　特別級試験問題●
解答例

「材料・溶接性」

問題M-1.（選択）

(1)

非調質高張力鋼：圧延のまま，または，焼ならしの状態で仕上げた高張力鋼であり，フェライト・パーライト組織からなる。（ベイナイト組織となることもある。）

調質高張力鋼：焼入焼戻し処理を行うことにより強度を高めた鋼材であり，焼戻しマルテンサイトと微細炭化物からなる組織を有する。非調質鋼に比べ高い強度が得られる。

TMCP鋼：オンラインでの熱加工制御（TMCP）技術（制御圧延，加速冷却など）により高張力鋼としての性質を与えた鋼材であり，微細なフェライト・パーライト組織，または，ベイナイト（マルテンサイト）組織からなる。

(2) 以下のうち，２つ。

・低温割れの発生

・溶融線近傍の熱影響部のじん性低下（ボンド部ぜい化）

・溶接熱影響部の強度低下（HAZ軟化）

(3)

TMCP鋼は，強度を維持しつつ炭素当量Ceqまたは溶接割れ感受性組成P_{CM}を下げることができるので，予熱温度を低減できる。また，非調質高張力鋼，調質高張力鋼に比べて溶融線近傍の熱影響部での硬化やじん性低下が少ない特徴がある。一方，TMCP鋼は，加工熱処理により形成した強化組織が溶接熱により軟化（HAZ軟化）しやすいため，調質高張力鋼と同様，強度低下に注意が必要である。

問題M-2.（選択）

(1)

粗粒域：溶融境界線に接し約1250℃以上に加熱され，結晶粒が粗大化した領域で，小入熱溶接では硬化が，大入熱溶接ではぜい化が生じやすい。

細粒域：900～1100℃に加熱され，焼ならし効果により結晶粒が微細化した領域で，一般にじん性が良好である。

部分変態域（二相加熱域）：750～900℃（A_{c1}～A_{c3}点の間）に加熱され，層状パーライトの形状がぼやける（丸みを帯びる）。島状マルテンサイトの生成によってぜい化することがある。

(2)

粗粒HAZ（CGHAZ）：次パス溶接によって粗粒域が再度1250℃以上に加熱された部分であり，粗大化したオーステナイトから冷却されるので，冷却変態後の組織（フェライト，パーライト，ベイナイト）も粗大（結晶粒が粗大）で，硬さが上昇するとともにじん性が低下する。

二相域加熱HAZ（IRCGHAZ）：次パス溶接によって，粗粒域がA_{c1}～A_{c3}点の間の温度域（750～900℃）に再加熱された部分であり，フェライトと高炭素オーステナイト（二相域加熱中にオーステナイト相へのC濃化が進行）の二相状態となり，冷却過程において高炭素オーステナイトが島状マルテンサイト（M-A constituent）

に変態する。島状マルテンサイトは非常に硬く，ぜい性き裂の発生起点となりじん性を著しく低下させる。

問題M-3.（選択）

(1)

YGW11（G49A0UC11）ワイヤ：100%CO_2

YGW15（G49A2UM15）ワイヤ：Ar+CO_2（またはAr+O_2）混合ガス

(2)

役割：溶接金属の脱酸（と強度確保）

理由：シールドガス中のCO_2の比率が少ないため，CO_2の乖離によって生じる酸素が少なく，溶融金属中の脱酸反応を強くする必要がないため。

(3)

機械的特性：溶接金属の強度が所定の強度より低下する傾向を示す。

理由：シールドガス中のCO_2の比率が増加すると，溶融金属中の酸素量が増加し，酸素と親和力の強いSi，Mnの歩留まりが低下する。Ar+CO_2混合ガス用のYGW15ワイヤを100%CO_2で使用すると，Ar+CO_2混合ガスの場合より酸素量が高く，Si，Mnの歩留まりが低くなるため。

問題M-4.（選択）

(1)

二相系ステンレス鋼は，微細なフェライト・オーステナイトの混合組織（概ね１：１で分散した組織）からなり，優れた強度，耐食性を有し，じん性も比較的優れている。

(2)

溶融線近傍の熱影響部では，オーステナイトが固溶し，一旦フェライト単相となった後，冷却される。その冷却速度が速いため，オーステナイトの再析出が十分でなく，フェライト相が過多となる

(フェライト／オーステナイト相比が適正範囲から逸脱する)。また，フェライト相過多となった組織では，溶接熱サイクルの冷却過程で過飽和となったCおよびNがCr炭窒化物として析出しやすい。このため，じん性や耐食性が劣化しやすい。

(3)

窒素は拡散速度が速いので，溶接熱サイクル過程で十分拡散してオーステナイト相を生成することができる（オーステナイト相の安定化)。このため，窒素を添加すると，フェライト／オーステナイト相比を母材原質部に近づけ，Cr炭窒化物の析出を抑制する効果がある。

問題M-5.（選択）

(1)

アロイ600，アロイ625，アロイ690，アロイ718，アロイ713C (以上は，アロイの代わりにインコネルも可)，アロイC-276など (アロイの代わりにハステロイも可)

(2)

固溶強化型と析出強化型（Cr，Mo，Wなどによる固溶強化型と，NiとAl，Ti，Nbとの微細金属間化合物であるγ'，γ" などによる析出強化型に分類できる。)

(3)

溶接割れの種類：高温割れ（凝固割れ，液化割れ，延性低下割れ)

影響を及ぼす元素：P，S，Al，Ti，Nb（高温割れ感受性は合金元素の影響を大きく受け，不純物元素であるP，Sに加え，γ' やγ" を形成するAl，Ti，Nbなども割れ感受性を増大させる。一般に，(Al+Ti）量が6％を越えるNi基合金では，溶融溶接が困難である。このため，析出強化型合金は固溶強化型合金に比べ高温割れ感受性（特に，凝固割れ，液化割れ）が高い傾向にあり，Cr含有量が高い合金種では，延性低下割れ感受性も高いことが知られている。なお，溶接施工に際しては，個々の合金の割れ感受性に応じた溶接材料の選定，溶接入熱，パス間温度の管理が重要である。)

「設計」

問題D-1.（英語選択）

(1)

継手の柔軟性（たわみやすさ，しなやかさ）を確保するため。

(2) 6 mm

(3)

溶着金属の引張強さの規格値の0.3倍（Table 2.3のFillet Weldsの欄）

(4)

24mm。(少なくともすみ肉サイズの４倍は必要。)

(5)

余盛なしの場合のカテゴリー：B

余盛ありの場合のカテゴリー：C

問題D-2.（英語選択）

(1)

使用者または使用者が指定した代理者。(UG-25 (a)，１行目)

(2)

厚さが危険な程度にまで減少したときに，それを示す明確な兆候を確認するため。

(3)

致死的物質を入れる容器。(UG-25 (e)，３行目)

(4)

容器の実際にとりうる最低位置。(UG-25 (f)，１行目)

問題D-3.（選択）

(1)

溶接部に作用するせん断力：$P_x=P/\sqrt{2}$

せん断応力（度）：$\tau_x = P_x/A$（のど断面積）$=0.7P/(b \cdot h)$

$=0.7 \times 50 \times 10^3/(20 \times 100)$

$=17.5$（N/mm^2）

(2)

曲げモーメント $M=P_x \times L=(0.7 \times 50 \times 10^3) \times 200=7 \times 10^6$（N·mm）

最大曲げ応力（度）$=M/Z=7 \times 10^6/(20 \times 100^2/6)=210$（N/mm^2）

(3)

$\sigma_y=P$ の y 方向成分による応力＋自重による応力＋最大曲げ応力

$=0.7 \times 50 \times 10^3/(20 \times 100)+20 \times 10^3/(20 \times 100)+7 \times 10^6/(20 \times 100^2/6)$

$=17.5+10+210=237.5$（N/mm^2）

(4)

(5.24)式：$f_t^2 \geq \sigma_x^2+\sigma_y^2-\sigma_x \cdot \sigma_y+3\tau_{xy}^2$ を満たすかどうか検討する。

ここに，σ_x，σ_y：互いに直交する垂直応力度，τ_{xy}：σ_x，σ_y の作用する面内のせん断応力度 f_t は許容引張応力度で，(5.1) 式および表5.1より，$f_t^2=(F/1.5)^2=(235/1.5)^2 \approx 24544$

$\sigma_x^2+\sigma_y^2-\sigma_x \cdot \sigma_y+3\tau_{xy}^2=\sigma_y^2+3\tau_{xy}^2=237.5^2+3 \times 17.5^2=57325$

ゆえに，$f_t^2 < \sigma_x^2+\sigma_y^2-\sigma_x \cdot \sigma_y+3\tau_{xy}^2$ となり，強度上安全ではない。

問題D-4.（選択）

(1)（○）

有効溶接長はサイズの10倍以上かつ80mm以上と規定している(7.2.6項)。この場合は30 × 3.14=94.2（mm）で規定を満足する。

(2)（×）

厚さは徐々に変化させ，長さ方向の傾斜を1/5以下と規定している（7.2.10項)。この場合は30/60=1/2で規定を満足しない。

(3)（×）

材片の交角が60°未満のT継手には完全溶込み開先溶接を用いるのを原則とする（7.2.12項)。この場合はすみ肉溶接で規定を満足しない。

(4)(×)

主要部材の応力を伝えるすみ肉溶接のサイズSは，$S \geq \sqrt{2t_2}$（t_2：厚い方の母材の厚さ）とするのを標準とする（7.2.5項)。

サイズSは7 mmで，$S<\sqrt{2 \times 32}=8$であり，規定を満足しない。

(5)(○)

軸方向に引張力のみを受ける部材の重ね継手に側面すみ肉溶接のみを用いる場合は，溶接線の間隔は薄い方の板厚の20倍以下とする（7.2.11項（4）1))。この場合は12.5 × 20=250>200であり，規定を満足する。

問題D-5.（選択）

(1)

2.1.1a）より，設計温度が常温の場合，許容引張応力は1）の570/4=142.5N/mm^2（小数点以下を切り捨て142N/mm^2）と3）の450/1.5= 300N/mm^{2}の小さい方となる。142N/mm^2

(2)

2.1.6a）より，許容引張応力は450 × 0.5 ×（1.6 − 0.79）=182.25N/mm^2。

小数点以下を切り捨て，182N/mm^2

(3)

B-1継手で100%放射線透過試験の場合，継手効率ηは表２よりη =1。

(1)では0.665 $\sigma_a \eta$ =0.665 × 142 × 1=94.43，(2）では0.665 $\sigma_a \eta$ =0.665 × 182 × 1=121.03となり，どちらの場合も$P \leq$ 0.665 $\sigma_a \eta$が成り立つので，E.2.3a）の内径基準の式を用いて計算する。

(1)の場合：$t=PD_i/(4\sigma_a\eta - 0.4P)$=1.5 × 16,000/(4 × 142 × 1 − 0.4 × 1.5）≈ 42.298

小数点第２位を切り上げて腐れ代を加えると，必要板厚は42.3+3=45.3mm

(2)の場合：$t=PD_i/(4\sigma_a\eta - 0.4P)$=1.5 × 16,000/(4 × 182 × 1 − 0.4

×1.5）≈32.994

小数点第2位を切り上げて腐れ代を加えると，必要板厚は33.0+3=36.0mm

(4)

S.4.1a）の規定から，(2）のSPV450を用いた場合は，板厚が32mmを超え38mm以下となるので，95℃以上の予熱を行えばPWHTを省略できる。

問題D-6.（選択）

(1)

20%（表1より，裏当てを用いる突合せ片側継手で，裏当てを残す場合はB-2継手に分類される。表2より，B-2継手で放射線透過試験の割合が20%のとき，継手効率は0.85以下となるため。）

(2)

5mm（6.1.3より，胴板の周継手は分類Bなので，表3から板厚が32mmの場合の食違い許容値は，32/4（=8mm）以下，かつ，最大5mmまでと規定されている。したがって，この場合の許容値は5mmとなる。）

(3)

判定：合格

7.2.2a）から，

真円度＝(最大内径－最小内径)／設計内径

＝(2010 － 1995)/2000

=15/2000=0.0075

すなわち0.75%で，真円度の許容値1%以下なので，合格となる。

(4)

2.25時間。

母材が炭素鋼（P-1）の場合，最低保持温度を567℃にすることは，表S.1の595℃の規定保持温度から28℃の低減であるから，表S.2より板厚25mm以下の場合は，最小保持時間は2時間となる。

厚さが25mmを超える場合は，表S.2注a）から，超えた厚さ分について25mm当たりさらに1/4時間を加える必要がある。したがって，必要保持時間は2.25時間となる。

「施工・管理」

問題P-1.（英語選択）

(1)

溶接線に直角に応力が作用する場合は，鋼製裏当て金を除去しなければならない。さらにその継手はグラインダなどで滑らかに仕上げなければならない。溶接線に平行に応力が作用する場合や作用応力が問題とならない場合は，鋼製裏当て金は除去する必要はない。(ただし，オーナーから任された技術者の特別な指示がある場合はその限りでない。)

(2)

鋼製裏当て金の取り付け溶接は，全長を連続溶接しなければならない。

(3)

鋼製裏当て金の全長にわたる溶接をしなくてよい，また除去する必要もない。(ただし，オーナーから任された技術者の特別な指示がある場合はその限りでない。)

(4)

溶接が完了し，溶接部が冷却後に溶接タブを除去しなければならない。また，溶接始終端は滑らかに，かつ，隣接部材と同一平面に仕上げなければならない。

問題P-2.（英語選択）

(1)

溶接開始点から3in.(75mm)以内のすべての範囲の表面を手で温かく感じる温度(60°F(15℃)より高い温度）に予熱すること。

(2)

①いかなる点でも，板厚が材料の突合わせ面の最小必要厚さ以上であること。

②板厚減少は，1/32in.(1mm)または突合せ面の公称板厚の10%のどちらか小さい方を超えないこと。

(3)

機械的方法，または熱を用いたガウジング法。

(4)

加熱部の重なりは5ft(1.5m)以上必要なため，適切でない。

問題P-3.（選択）

(1)

考慮の対象となっているものの履歴，適用または所在を追跡できることをいう。例えば，材料や部品の入手先，製品実現工程の履歴，配送方法や引渡し後の所在を記録によってたどれること。

(2) 下記のうち５つ記述。

①鋼材および溶接材料のミルシート，②施工日時，天候（温度・湿度），③施工場所，④作業者名と所有資格，⑤予熱・後熱の有無と条件，⑥溶接条件（溶接法，電流・電圧・速度など），⑦補修の有無と条件，⑧PWHTの有無と条件

(3)

①事故やトラブルが生じた場合の原因究明

②使用者や客先からのクレームに対して製造時の記録を提出

問題P-4.（選択）

(1)

ぜい性破壊の特徴：以下のうち，２つ。

①延性－ぜい性遷移温度以下の低温で生じやすく，低応力でも発生する。

②き裂が高速で伝播し，大規模な破壊につながりやすい。

③ほとんど塑性変形を生じずに破壊する。

④破壊に要するエネルギーが小さい。

破面の特徴：以下のうち，２つ。

①平坦でキラキラした荒々しい破面である。

②肉眼でシェブロンパターン（山形模様）が見られ，き裂の発生点と進展方向が推定できる。

③ミクロ的には，リバーパターン（河川模様）が見られる。

(2)

①応力集中：アンダカット，溶込み不良，割れなどの欠陥（特に面状欠陥）の防止。

②低じん性：溶接入熱の制限およびパス間温度の管理。低温じん性の優れた材料の選択。

③引張応力：PWHTや機械的応力緩和法などによる残留応力低減。また，角変形や目違いによる２次応力の発生防止。近接溶接を避ける。

問題P-5.（選択）

(1) 次のうち，２つ挙げていればよい。

・低温割れを防止するため，予熱・パス間温度を200℃程度以上にする。また，直後熱（200～350℃で0.5～数時間程度）の実施要否を検討する。

・一般に溶接部のじん性は，PWHTにより溶接ままの状態より良くなる。しかし，焼戻しパラメータ（ラーソン・ミラーのパラメータ）がある値を超えると，じん性が低下する。そのため，PWHTを複数回施工する場合には，じん性に問題がないかどうかを検討する。

・肉盛溶接では，溶接入熱および希釈率に注意して，目標の品質を確保できる溶接施工法を検討する。

・再熱割れ防止の観点から母材成分（P_{SR}やΔG）に応じて溶接入熱を選定する。

(2) 次のうち，２つ挙げていればよい。

・本体溶接では，狭開先溶接を指向し，工場設備を勘案して，高能率な最適溶接法の採用を検討する。溶接法としてはサブマージアーク溶接，狭開先マグ溶接，電子ビーム溶接などの適用を検討する。

・肉盛溶接では，帯状電極を用いたサブマージアーク溶接またはエレクトロスラグ溶接の採用を検討する。

・直後熱の採用により，中間熱処理の削減を検討する。

・溶接品質不良率が小さくなるように溶接施工管理の内容を検討する。

問題P-6.（選択）

(1)

水素ぜい化割れであり，割れの原因は次のように考えられる。母材・肉盛溶接の境界部にはCrとNiの濃度遷移領域ができ，水素ぜい化感受性の高いマルテンサイト組織（ボンドマルテンサイト）が生じている。オーステナイト系ステンレス鋼肉盛溶接金属は，運転状態で多量の水素を吸蔵しており，肉盛溶接金属と母材とでは水素の拡散速度に違いがあることと，水素の固溶量の差により，運転停止時に肉盛溶接金属側境界部に高濃度の水素が集積する。このマルテンサイト組織およびPWHTで生じる浸炭層，水素集積，熱膨張の差による熱応力などが原因で運転停止時に水素ぜい化割れを生じる。

(2)

運転停止時に脱水素運転（たとえば200℃ × 5h）をする，運転停止時の冷却速度を緩やかにするなど，水素の集積を少なくする対策を講じる。

肉盛溶接の溶接入熱が高いと境界部の結晶粒が粗粒となり割れやすくなるため，溶接入熱を小さくする。また，浸炭層を小さくするため必要最小限の条件でPWHTを行う。

耐ディスボンディング性の優れた母材を採用する。（例えばV添加Cr-Mo鋼など）

「溶接法・機器」

問題E-1.（選択）

(1)

電流が比較的大きい場合，アークはトーチの軸方向に発生しようとする傾向があり，トーチを傾けてもアークはトーチの軸方向に発生する。このようなアークの直進性を“アークの硬直性”という。

(2)

アーク溶接では，その周囲に溶接電流による磁界が形成され電磁力が発生する。それによって，シールドガスの一部はアーク柱内に引き込まれ，電極から母材に向かう高速のプラズマ気流が発生する。アークはその影響を受けて強い指向性を示し，トーチを傾けてもアークはトーチの軸方向に発生しようとする。

(3)

・磁気吹き（溶接電流によって発生する磁場が非対称になると，アークに作用する電磁力も非対称となり，アークは強磁場から弱磁場の方向に偏向する。）

・小電流での溶接（電流値が小さくなると，電磁力は低下してプラズマ気流も弱くなり，小電流域でのアークは硬直性が弱まって不安定でふらつきやすくなる。）

問題E-2.（選択）

下記から2つ。

(1)

役割：商用交流を整流して得た直流を高周波交流に変換して溶接変圧器（トランス）へ入力する。

効果：溶接変圧器への入力交流周波数と溶接変圧器の体積は反比例するため，溶接変圧器（溶接電源）を小型・軽量化できる。

(2)

役割：溶接電源の出力制御周波数を高くする。

効果：溶接電源の出力を高い周波数で制御できるため，出力の応答性を高められる。（スパッタを低減，アーク起動性を向上できる。）

(3)

役割：溶接電源の変圧器における無負荷損失の発生を防止する。

効果：溶接休止時にはインバータ回路の動作が停止するため，変圧器には励磁電流が流れず無負荷損出が発生せず，省エネ効果が得られる。

(4)

役割：パルス幅制御で溶接電源の出力レベルを制御する。

効果：溶接電源の力率や効率の改善が可能となり，省エネ効果が得られる。

問題E-3.（選択）

(1) パルス電流（I_p）とパルス期間（T_p）

(2) ベース電流（I_b）

(3)

長所：薄板から厚板までの広範囲な継手でスパッタを低減した安定な溶接が可能となる。

理由：

・溶滴は，パルス期間中に生じる強い電磁ピンチ力の作用でワイヤ端から離脱し，溶融池へ短絡することなく移行する。そのため，短絡にともなうスパッタの発生を抑制できる。

・ベース期間の長／短によって平均電流の小／大を決定でき，小電流から大電流に至るすべての電流域で安定したスプレー移行（プロジェクト移行）を実現できる。

問題E-4.（選択）

下記から２つ。

(1)

名称：ワイヤタッチセンサ（または電極接触センサ，ワイヤアースセンサ）

原理：溶接ワイヤが母材と接触したときの電流（または電圧）の変化を利用して，接触部のロボットの位置情報から，その位置の３次元座標データを検出する。

機能：開先形状，溶接位置または部材の始終端部の位置の検出。

(2)

名称：アークセンサ

原理：トーチ高さ（ワイヤ突出し長さ）が変わると溶接電流が変化する現象を利用して，トーチの位置情報を得る。トーチのウィービング（または回転）によって生じる溶接電流の変化パターンから，トーチ位置の溶接線からのずれを検出する。

機能：溶接中のトーチ位置の自動修正。厚板開先内溶接やすみ肉溶接に対する溶接線ならい。

(3)

名称：光センサ（レーザポイントセンサ）

原理：レーザ光を距離センサとして利用し，トーチ/母材間などの距離を検出する。

機能：溶接線，溶接開始/終了位置，開先位置，溶接継手形状の検出。（ワイヤタッチセンサに比べ，センシング時間は格段に速く，検出精度にも優れる。）

(4)

名称：光センサ（光切断センサ）

原理：開先や段差によるレーザスリット光の反射状態の変化を検出器（カメラ）で認識し，得られた情報を画像処理して，制御情報を検出する。

機能：溶接位置，開先形状，トーチ位置の検出。

(5)

名称：光センサ（直視型視覚センサ）

原理：CCDカメラなどで撮影した画像を処理して，電極，アーク，および溶融池の状態や位置・形状を検出する。

機能：トーチ位置や溶接条件の制御。

問題E-5.（選択）

(1)

タングステンは融点が約3,400℃の高融点金属であるが，酸化すると1,400℃程度まで融点が急激に低下する。そのためエアプラズマ切断で使用すると消耗が著しく，電極として使用できない。

ハフニウム（Hf）の融点は約2,200℃であるが，酸化すると2,800℃程度まで融点が上昇し，電極の消耗が少ないため。

(2)

ハフニウム（Hf）の熱伝導性は極めて悪いため，棒状のハフニウム（Hf）を銅シースへ圧入することによって，電極の冷却を促進する構造となっている。

JIS Z 3410（ISO 14731）/WES 8103

【特別級・1級】筆記試験問題と解答例

―2024年度版 実題集―

定価はカバーに表示してあります。

2023 年 12 月 10 日　初版第 1 刷印刷
2023 年 12 月 20 日　初版第 1 刷発行

編　者　産報出版株式会社
発行者　久　木　田　　裕
発行所　産報出版株式会社

〒 101-0025　東京都千代田区神田佐久間町 1 丁目 11 番地
TEL 03-3258-6411 ／ FAX 03-3258-6430
ホームページ https ://www.sanpo-pub.co.jp

印刷・製本　株式会社 精興社

ISBN978-4-88318-189-6 C3057